U0818462

煤炭高等教育“十三五”规划教材

绿色化学

主　编　李小兵　吴　勉

副主编　周长春　蒋荣立

石　美

中国矿业大学出版社

·徐州·

内 容 简 介

绿色化学是20世纪90年代出现的一门新兴交叉学科，是国际化学研究的前沿与未来化学发展的主要领域之一，是一门从源头上减少或消除污染、实现资源循环利用的化学。绿色化学体现了科学发展观，是减少资源消耗、实现循环经济和可持续发展的重要科学基础。本书介绍了绿色化学的产生和发展、内涵和原则、方法和技术等内容。本书以绿色化学原理与应用为主线，从绿色原料、绿色合成技术、绿色溶剂、催化剂的选择，直至最后生成绿色化学产品。同时结合煤炭高校的特色，介绍了绿色精细化工技术和绿色煤化工技术。全书集科学性、应用性及先进性于一体，脉络清晰，着力引入绿色化学研究的最新成果。

本书可作为高等院校化学、化工、环境等相关专业本科生教材，也可作为相关行业科技工作者的参考资料。

图书在版编目(CIP)数据

绿色化学/李小兵，吴勉主编. —徐州：中国矿业大学出版社，2024.9

ISBN 978-7-5646-6089-5

Ⅰ. ①绿… Ⅱ. ①李… ②吴… Ⅲ. ①化学工业—无污染技术 Ⅳ. ①X78

中国国家版本馆CIP数据核字(2023)第248881号

书　　名　绿色化学
主　　编　李小兵　吴　勉
责任编辑　陈　慧
出版发行　中国矿业大学出版社有限责任公司
　　　　　　(江苏省徐州市解放南路　邮编221008)
营销热线　(0516)83885370　83884103
出版服务　(0516)83995789　83884920
网　　址　http://www.cumtp.com　**E-mail**:cumtpvip@cumtp.com
印　　刷　徐州中矿大印发科技有限公司
开　　本　787 mm×1092 mm　1/16　**印张** 11.5　**字数** 288千字
版次印次　2024年9月第1版　2024年9月第1次印刷
定　　价　32.00元
(图书出现印装质量问题，本社负责调换)

前　言

绿色化学是使人类和环境协调发展的国际前沿研究领域之一，其根本目的是从源头上减少或消除污染，实现资源循环利用。绿色化学吸收了当代化学、物理、生物、材料及信息等学科发展的最新理论和技术，具有明确的科学目标，适应当前社会需要，是一门新兴的交叉学科。绿色化学是化学学科发展的必然选择，是适应人类的需求而逐步形成的，是化学发展的高级阶段。

绿色化学涉及化学有机合成、催化、分析化学、生物、化学等学科，内容广泛。本书以绿色化学产品的形成过程为主线，以绿色化学原理为基础，从绿色原料、绿色合成技术、绿色溶剂、催化剂的选择，直至最后生成绿色化学产品。同时结合煤炭高校的特色，介绍了绿色精细化工技术和绿色煤化工技术。本书内容紧密结合绿色化学学科的基础性、新颖性、科学性和先进性。编写本书的目的是普及和传播绿色化学的理念，使学生学习绿色化学的基本概念、基本原理、基本方法、基本技术和发展规律，以及将这些基本原理、方法、技术应用于工农业生产和日常生活中。

全书题材新颖、内容丰富、知识面宽、实用性强，既有学术意义，又有实用价值。

本书可作为高等院校化学、化工、环境等专业的绿色化学教材，也可作为从事化学和环境保护工作的科研人员、企业管理干部以及高等院校相关专业师生的学习参考书。

在编写过程中参阅和引用了大量相关文献资料和学术著作，在此谨向原文作者表示衷心的感谢！

由于绿色化学发展迅速，其科学成果层出不穷，涉及的学科知识面广，加之编著者水平有限，书中难免有疏漏之处，敬请广大读者批评指正。

编　者

2023 年 9 月

目　录

第一章 绪 论

第一节 化学工业发展与面临的困境

一、化学工业的巨大成就

化学是一门中心的、实用的和创造性的学科，为人类社会发展作出了巨大的贡献。化学工业给人类提供了极为丰富的化工产品。这些化工产品为人类创造了巨大的物质财富，极大地丰富了人类的物质生活，促进了社会的文明与进步，彻底改变了人类的衣、食、住、行。化学工业在国民经济中占有极为重要的地位，成为国民经济的基础工业和支柱产业。化学学科与化学工业的发展已经使人类社会的面貌发生了翻天覆地的变化。20 世纪化学工业的主要成就可见表 1-1。

表 1-1 20 世纪化学工业的主要成就

领域	年代	主要成就	作 用
生物医药	1928	发现第一个抗生素——盘尼西林	减轻疼痛、预防疾病、保健益寿
	1953	发现 DNA 双螺旋结构	
化肥、化工、农药	1913	合成氨化肥的生产	使粮食和蔬菜增产，减轻人口增长对食品需求的压力
	1939	杀虫剂 DDT 的发明	
石油工业	1921	天然气、轻烃蒸气裂解制造乙烯	奠定石油工业发展基础
	1930	开始生产聚氯乙烯	开发出合成纤维、橡胶、塑料、洗涤剂、涂料、黏合剂、家电部件等一系列石化产品，遍及衣、食、住、行
	1938	生产出化纤尼龙	
	1939—1945	开始生产顺丁橡胶	

二、资源与环境的挑战

化学工业在给人类带来巨大福祉的同时，也消耗了大量的自然资源，并造成了严重的环境污染，已经严重威胁着人类的生存和地球的命运。当前，人类正面临着有史以来最严重的环境危机，突出表现为十大环境问题：全球变暖、臭氧层破坏、酸雨、淡水资源危机、能源短缺、森林资源锐减、土地荒漠化、生物多样性减少、有毒化学品污染和危险废物危害。在这十大环境问题中有七项与化学工业直接有关，引发了人们严肃的思考。20 世纪 30 年代以来世界范围内先后发生了多次环境公害事件，如比利时马斯河谷烟雾事件、美国洛杉矶光化学烟雾事件、美国多诺拉烟雾事件、英国伦敦烟雾事件、日本水俣病事件、日本富山骨痛病事件、日本四日市哮喘病事件、日本米糠油事件和日本核污染水事件等。西方国家工业化发展的经验和教训值得我们注意和吸取。那种“先污染，后治理”的粗放型发展模式，不仅浪费了自然资源和能源，而且治标不治本，甚至有可能会造成二次污染。

在我国，随着经济社会的发展，与化学相关的行业造成的污染问题也十分突出，化学物质引起的环境污染已占到总环境污染的 80%～90%。

长期以来，化学工业都是以不可再生资源特别是化石资源作为能源和材料的基础来源。然而，人类将面临不可再生资源(在人类生活的时间尺度范围内)——化石原料和矿物资源逐渐耗尽与短缺的窘境。

因此，化学工业的发展迫切需要寻求减少或消除化学工业对环境污染问题的措施和良策。从源头上防止污染，实行清洁生产，实现废物的“零排放”，这是绿色化学的核心和目标。

三、可持续发展理念

可持续发展是 20 世纪 80 年代以来形成的一种全新发展理念，是新的科学发展观。随着科学技术的发展和社会生产力的极大提高，人类创造了前所未有的物质财富，加速了社会文明进程。与此同时，粗放型发展带来的生态环境恶化问题严重阻碍着国民经济发展和人民生活质量提高，并威胁到人类的基本生存。面对这种严峻形势的挑战，人类不得不重新审视社会经济行为和工业化发展历程，认识到以前以消耗大量资源和能源来追求经济数量增长、以“高投入、高消耗、高污染”为特征的粗放型发展模式已不能适应当今和未来的发展要求，必须寻求一条资源、经济、环境、社会相互协调的，既能满足当代的需要又不影响后代发展的模式。正是在这样的历史背景下，可持续发展理念应运而生。

1972 年，联合国在瑞典斯德哥尔摩召开了第一次人类环境大会，共有 113 个国家和地区参加，大会形成的《人类环境宣言》向全球发出呼吁，在决定世界各地的行动时，必须更加审慎地考虑它们对环境产生的后果。大会还决定成立世界环境与资源委员会，责成其负责制订长期环境对策，研究有效解决环境问题的途径。世界环境与资源委员会于 1987 年发表了研究报告《我们共同的未来》，指出以可持续发展为基本纲领，并将可持续发展定义为既符合当代人类的需求，又不损害后代人满足其需求能力的发展。

1992 年召开的世界环境与发展大会，有 178 个国家、17 个联合国机构、33 个政府组织参加。会议通过了《里约环境与发展宣言》(后被称为《地球宪章》)和《21 世纪议程》，就合理利用资源、保护生态环境、实现社会经济的可持续发展达成共识，从而正式奠定了全球发展的最新战略——可持续发展战略。

2002 年 9 月，在南非约翰内斯堡召开了全球可持续发展高峰会议，进一步讨论和评价了绿色化学的进展情况，确立绿色化学与可持续发展的行动方案，强化参会国的承诺，大力推进可持续发展战略的实施。

2012 年 6 月，联合国在巴西里约热内卢召开联合国可持续发展大会，通过《我们希望的未来》成果文件，成立了可持续发展目标开放工作组，旨在制定一套全球可持续发展目标，为制定 2015 年后国际发展议程提供重要指导。

2013 年 3 月，可持续发展目标开放工作组正式成立。在联合国系统的支持下，同全球主要利益攸关方广泛接触。经过 17 个月的讨论，于 2014 年 8 月向第 68 届联合国大会提交可持续发展目标的建议报告，提出了 17 项可持续发展目标和 169 项具体目标，为将可持续发展目标纳入 2015 年后发展议程奠定了基石。

2015 年，联合国确立了世界各国应当坚持追求的 17 项可持续发展目标以及 169 项具体目标以及 232 项衡量指标，共涉及 193 个联合国成员国和数量庞大的民间组织。这些目标涵盖能源、教育、经济、消除贫困、大气变化、管理、性别平等等众多领域，并在千禧年发展目标之后继续指导 2015 到 2030 年间的全球可持续发展工作。

为应对世界面临的环境问题，实现可持续发展战略目标，世界各国都在行动，取得了不少成绩。如德国在世界上最早制定了循环经济与废物利用法律，并大力发展循环经济；日本制定了建设循环型社会的法律体系，旨在发展经济过程中注意节约资源；美国在发展工业生态学方面走在了世界前沿；欧洲各国强调提高资源利用率的重要性，大力发展绿色产业和废弃物回收业，做到了在人均资源消耗量减少的情况下保持经济增长。

化学工业带来的大量环境与资源问题往往使人们把化学与污染联系在一起，为了实现化学工业的可持续发展，科学家们提出了“绿色化学”新理念。绿色化学是从源头上预防和消除污染，最大限度地从资源合理利用、环境保护和生态平衡等方面满足人类可持续发展的一门科学，是实现经济、生态和社会可持续发展的科技支撑，是可持续发展理论的重要组成部分。

第二节 绿色化学的兴起和发展

一、绿色化学在国外的发展

1. 兴起阶段(1990—1994 年)

1990 年，美国联邦政府通过了《防止污染行动》的法令，将污染的防止确立为国策。其基本内涵是对化学产品及其生产过程通过预防污染来减少污染物的产生，体现了绿色化学的思想，是绿色化学的雏形。该法令强调防止污染物形成，而不是对已污染的环境进行治理。它的颁布推动了绿色化学在美国的兴起和迅速发展。同年，联合国环境署在全球推动“清洁生产”，呼吁世界各国施行从末端污染控制逐渐转向一体化污染预防，减少对环境的污染。

1991 年，“绿色化学”的概念由美国化学会(ACS)首先提出，并成为美国环境保护署的重要环境政策，从而确立了绿色化学的重要地位。同年美国环境保护署污染预防和毒物办公室启动“为防止污染改变合成路线”的奖励基金。1992 年，美国环境保护署对六项化学合成方法的改进进行了奖励。这些合成方法从不同的角度考虑了减少对人类健康和环境污染造成的不良影响。随后美国环境保护署污染预防和毒物办公室与美国国家自然科学基金会签署了共同资助绿色化学研究的计划。1994年,美国环境保护署研究和发展办公室又与美国国家自然科学基金会成立了新科学成果研究小组,该研究小组每年召开题为“可持续环境工艺”的专题研讨会。

2. 发展阶段(1995—1998年)

1995年3月16日,美国总统克林顿设立了总统绿色化学挑战奖,从1996年开始每年颁发一次。这是化学领域唯一的总统级科学奖,下设五个奖项,即更新合成路线奖、变更溶剂/反应条件奖、设计更安全化学品奖、小企业奖及学术奖。该奖项旨在推动社会各界合作推进防止污染和工业生态学研究,鼓励重大创造性科学技术突破,从根本上减少乃至杜绝化学污染。美国环境保护署和美国国家科学基金会设立专项基金,资助有重要应用前景的绿色化学课题。美国环境保护署污染防治和毒物办公室制订了“为环境而设计”和“绿色化学”的研究计划。另外,1997年,美国国家科学院举办了第一届绿色化学与工程会议,展示了有关绿色化学的重大研究成果,包括生物催化、超临界流体中的化学反应、工艺流程和反应器设计以及“2020年技术展望”等。1998年,主题为“绿色化学:全球性展望”的第二届绿色化学与工程会议召开,会议由美国化学会主办,会上高度评价了在对环境友好的合成和过程开发中所取得的重大成果。1997年,美国国家实验室、部分大学和企业联合成立了绿色化学院,美国化学会成立了绿色化学研究所。同年,德国制订了“为环境而研究”的计划,主要包括区域性和全球性环境工程、实施可持续发展的经济及进行环境教育等三个主题,计划的年度预算达6亿美元。日本也在这一时期制订了以环境无害制造技术等绿色化学课题为内容的“新阳光计划”。

3. 高潮阶段(1999年—)

1999年,绿色化学在全球科学界与工业界得到迅猛发展。第一本英文国际杂志 *Green Chemistry* 创刊,绿色化学网站出现在互联网上。绿色化学 Gordon 会议在英国牛津多次召开,欧洲掀起了绿色化学研究浪潮。澳大利亚皇家化学研究所设立了“绿色化学挑战奖”,下设科研技术奖、小型企业奖及绿色化学教育奖等三个奖项,其重点是更新合成路线、更新反应条件、设计更安全化学品,旨在推动绿色化学在澳大利亚的发展,奖励为防止环境污染而研究的易推广的化学革新及改进,表彰为绿色化学教育的推广作出重大贡献的单位和个人。

2000年,英国“绿色化学奖”由英国皇家化学会(RSC)、Salters 公司、Jerwood 慈善基金会、工商部以及环境部联合设立,完成首届颁奖仪式,旨在鼓励更多的人投身于绿色化学的研究工作,推广工业界的最新科研成果。

2000年,美国化学会出版了第一本绿色化学教材。

2002年,日本设立“绿色和可持续发展化学奖”,由日本绿色与可持续化学网发起,该组织由日本化学及其相关行业的代表共同组成,每年评选一次。

2005年,诺贝尔化学奖授予了法国科学家伊夫·肖万、美国科学家罗伯特·格拉布和理查德·施罗克,以表彰他们在绿色化学方面的突出贡献。

2010 年，美国化学会全国会议上传出消息，美国绿色化学和绿色工程的支持者们已经在着手创建一种能够明确鉴别绿色化学品和绿色工艺的综合性工业标准。有了这个绿色标准，化学品生产商和用户就可根据明确的判断条件，来衡量化学品及其衍生物的环境影响和可持续发展特性。

2013 年 6 月 30 日—7 月 5 日，在德国南部城市林道召开世界最大规模的诺贝尔奖得主演讲大会，会议以“绿色化学”为主题，35 位获得诺贝尔奖的科学家与来自 78 个国家的 600 多名杰出科学家在一起，讨论生化过程和结构，以及更好地生产、转换和存储化学能量等问题。

2019 年 12 月，首届非洲化学教育研究会议在埃塞俄比亚的亚的斯亚贝巴大学(UAA)举行，由非洲化学学会联合会(FASC)与 UAA 合作资助，来自非洲大陆各地的大学工作人员和化学教育工作者参加了会议。会议旨在推广绿色化学和绿色化学概念。

2020 年 8 月，在德国德累斯顿举行了第五届绿色与可持续化学国际会议，会议涵盖广泛议题，主要有：绿色合成与催化研究进展、绿色分析技术、二氧化碳利用、可持续化学与气候变化等，旨在为绿色化学和可持续发展铺平道路。

2022 年，在美国弗吉尼亚州雷斯顿举办了第 26 届绿色化学与工程会议(GC&E)。该会议由美国化学会的绿色化学研究所主办，是致力于绿色化学和工程持续时间最长的全球会议，也是在绿色化学和可持续发展方面顶级学术交流和推动工业进步的主要论坛。

2023 年 6 月，第 27 届绿色化学与工程会议在美国加利福尼亚州长滩市以线上线下相结合的形式举办。会议主题为“闭环：化学创造可持续未来”，关注化学品生命周期的各个阶段，旨在促进绿色化学和工程界向系统思维方法转型，创造更可持续的未来。

美国化学会、英国皇家化学会、德国化学会、日本化学会等均大力发展绿色化学教育，诺丁汉大学(University of Nottingham)、约克大学(York University)、莫纳什大学(Monash University)、麻省大学(University of Massachusetts)等多所知名大学已开设“绿色化学”专业。

绿色化学受到了世界各国的高度重视，发展绿色化学与技术已经成为各国政府关注的重要问题和任务之一。政府直接参与、产学研密切合作已成为国际绿色化学研究和开发的显著特点，有关绿色化学的国际学术会议数量不断增加，体现了全球化合作趋势。

二、绿色化学在我国的发展

1994 年，我国政府发表了《中国 21 世纪议程》白皮书，制定了“科教兴国”和“可持续发展”战略，将推行清洁生产作为优先实施的重点领域。

1995 年，中国科学院化学部确定了绿色化学与技术的院士咨询课题，并建议科技部组织调研，提出了发展绿色化学与技术、消灭和减少环境污染源的七条建议，将绿色化学与技术研究工作列入“九五”基础研究规划。

1996 年，召开了工业生产中绿色化学与技术专题研讨会，就工业生产中的污染防治问题进行了交流讨论。

1997 年，由国家自然科学基金委员会和中国石油化工总公司联合资助的“九五”重大基础研究项目“环境友好石油化工催化化学与化学反应工程”正式启动。项目涉及我国石油化工的一些重要过程，开展了采用无毒无害原料、催化剂和“原子经济”反应等新技术的探索研究，为解决现有生产工艺存在的环境问题奠定了基础。同年，中国科技大学绿色科技与开发中心举行了专题讨论会，并出版了《当前绿色科技中的一些重大问题》论文集。在北京举行了以“绿色化学”为主题的香山科学会议，中心议题为“可持续发展问题对科学的挑战——绿色化学”，分析了绿色化学在解决可持续发展问题中的重要地位。

1998 年，中国科技大学举办了第一届国际绿色化学高级研讨会，来自中国、美国、英国、俄罗斯的专家、学者 70 余人出席了会议，中国科学院朱清时院士、美国环境保护署绿色化学组负责人 Paul Bullin 博士、美国加州理工学院 Seinfled 教授分别做了大会邀请报告。该会议是国际绿色化学重要系列会议之一，在促进国内的绿色化学发展方面起到了重要作用。

1999 年，在第 16 次九华科学论坛上专家们从可持续发展的战略高度，对绿色化学的基本科学问题进行了充分研讨，并就如何在“十五”期间优先安排和部署我国在绿色化学领域的研究工作提出了建议，确定了绿色化学研究重点，包括绿色合成技术、方法学和过程的研究，可再生资源的利用和转化中的基本科学问题，以及绿色化学在矿物资源高效利用中的关键科学问题。该年，国家自然科学基金委员会设立了“用金属有机化学研究绿色化学中的基本问题”重点项目。

2000 年，将绿色化学作为“十五”规划优先资助领域。

2006 年，正式成立了中国化学会绿色化学专业委员会，旨在促进绿色化学的研究与开发，加强绿色化学的学术交流与合作。此外，一些高等院校也先后成立了绿色化学研究机构，开设了“绿色化学”课程。

2013 年 11 月 30 日，全国绿色化学化工科学与技术学科博士后论坛在杭州市浙江工业大学举行。论坛以“绿色化学化工领域的新理论与新技术”为主题，从绿色化学合成技术、可再生能源的开发与利用、节能降耗新工艺和新方法、保护生态和环境友好的新技术等方面开展学术交流与讨论。

2014 年，在上海召开主题为“化学构筑美好生活”的中法绿色化学学术交流会议，以期开拓中国在可持续发展绿色化学领域的创新研究和相关产业，为全球的环境安全和人类健康保护作出贡献。

2015 年，首届绿色化学与技术国际会议在广西桂林召开，致力于打造一个交流研究前沿、分享绿色化学与技术先进方法的平台。同年，党的十八届五中全会将“绿色发展”纳入“十三五”规划五大发展思路，为绿色化学发展提供了政策支持。

2017 年 7 月，举办了以“绿色化学前沿与机遇，化学可持续发展”为主题的“一带一路”国际绿色化工高端论坛。该研讨会围绕可持续材料的发展、绿色化学与化工、绿色合成路线以及中国绿色化学发展的机遇与战略等议题展开了激烈的讨论，为与会者就绿色和可持续化学的交流和合作提供了机会。

2023 年 4 月，中国化学会首届全国绿色化学学术会议在浙江召开，会议以“面向双碳目标与可持续发展的绿色化学”为主题。大会围绕绿色、低碳、可持续发展新格局下的绿色化学前沿科学与技术，全面展示了我国化学工作者在绿色化学领域的最新进展和成果，深入探讨所面临的机遇、挑战及未来发展方向，加强了学术界与产业界的交流与合作，推动了我国绿色化学与技术的发展，贡献于“碳达峰、碳中和”以及高质量发展目标。

第三节 绿色化学的内涵

一、绿色化学的概念

绿色化学(green chemistry)又称环境友好化学(environmental friendly chemistry)或可持续发展化学(sustainable chemistry)，宗旨是用化学原理和新化工技术来减少或消灭那些对人类健康、社区安全、生态环境有害的原料、催化剂、溶剂和试剂、产物、副产物等的使用和产生。绿色化学是当今国际化学科学研究的前沿，吸收了当代物理、生物、材料、信息等学科的最新理论和技术，是具有明确的科学目标和社会需求的新兴交叉学科。

美国的 P. T. Anastas 教授是绿色化学倡导人，他在 1992 年提出了“绿色化学”概念：减少或消除有害物质使用和产生的化学和工艺设计。从这个概念看，绿色化学的基础是化学，而其应用和实施是化工。

绿色化学以体现当代最新科学技术的物理学、化学、生物学办法和手段，突出从源头上根除污染，实现化学化工与生态环境协调发展的宗旨，研究环境友好的新反应、新过程、新产品。从科学观点看，绿色化学是对传统化学思维方式的更新和发展；从环境观点看，绿色化学要求从源头上消除污染；从经济观点看，绿色化学合理利用资源和能源，降低生产成本，符合经济可持续发展的要求。

二、绿色化学的特点

绿色化学主要有以下四个特点：① 绿色化学能够实现对自然资源的充分利用，采用无毒、无害的原料提高资源的利用率；② 在不对环境造成危害的前提下实现化学反应，减少废物向环境的排放量；③ 提高原子的利用率，力图使所有作为原料的原子都进入产品中，提高化学物质的分解率，实现生产过程的“零排放”；④ 生产出对环境和人类健康有利的化学产品。

绿色化学与传统化学的不同之处在于前者更多地考虑社会的可持续发展，促进人和自然关系的协调，是人类用环境危机的巨大代价换来的新认识、新思维和新科学，是更高层次上的化学；与环境化学的不同之处在于绿色化学是研究与环境友好的化学反应和技术，特别是新的催化反应技术，如酶催化反应、膜催化反应、清洁合成技术、生物工程技术等，而环境化学则是研究影响环境的化学问题；与环境治理的不同之处在于绿色化学是从源头上防止污染的生成即污染预防，环境治理则是对已被污染的环境进行治理即“末端治理”。

三、绿色化学的研究内容

绿色化学是研究和开发能减少或消除有害物质的使用与产生、生产环境友好化学品及其工艺过程的科学，达到从源头上防止污染的目的。因此，绿色化学研究的基本内容主要有以下 5 个方面：

（1）原子经济性反应和零排放。绿色化学要求最大限度地利用原材料，最大限度地减少副产物、废物的排放，或使此反应的副产物成为彼反应的原料。从原子的角度讲，尽可能使反应原料中的原子全部参与目标产物的形成，从而达到反应的原子经济性。

（2）原料的绿色化。传统化学反应很多是采用不可再生资源（如煤、石油），或者是对环境有害的物质[如氢氰酸、光气（碳酰氯）、苯、甲苯、硫酸二甲酯等]作原料，而绿色化学则致力于使用无毒、无害和可再生资源，替代有毒的、对环境有害的原料来生产化学品。

（3）催化剂的绿色化。许多化学反应中催化剂是必不可少的，而传统化学反应中催化剂多是一些酸、碱或含重金属的催化剂，它们的排放会对环境造成巨大的污染。应该寻找对环境无毒无害的绿色催化剂取代那些对环境有毒有害的催化剂，如生物酶催化剂、固体酸催化剂。

（4）溶剂的绿色化。目前，广泛使用的有机溶剂（如苯、甲苯等）多是有害的，具有挥发、易燃、有毒的特点。绿色化学要求尽量避免使用那些对环境有害的溶剂，而采用环境友好型的溶剂。

（5）产品的绿色化。绿色化学要求生产的产品是绿色的，不应对环境造成损害。如生产的塑料应该是能降解的绿色塑料，生产的农药应该是低残毒的绿色农药，生产的制冷剂不应对大气臭氧层造成破坏。

参考文献

[1] 周淑晶，冯艳茹，李淑贤. 绿色化学[M]. 2 版. 北京：化学工业出版社，2023.

[2] 李清寒，赵志刚. 绿色化学[M]. 北京：化学工业出版社，2017.

[3] 沈玉龙，曹文华. 绿色化学[M]. 2 版. 北京：中国环境科学出版社，2009.

[4] 徐汉生. 绿色化学导论[M]. 武汉：武汉大学出版社，2002.

第二章　绿色化学原理

第一节　化学反应原子经济性与环境效益

一、原子经济性的概念

评价一个合成过程效率的高低，传统方法以产率为评价指标。实际上一个产率为100%的化学反应过程，在生成目标产物的同时也可能产生大量的副产物或废物，而这些副产物或废物无法在产率中体现。因此，美国著名化学家 Trost 教授在 1991 年首先提出了“原子经济性”的概念，即原料分子中有多少原子转入目标产品中。原子经济性的目标是设计化学合成时尽可能地使原料分子中的原子更多或全部地转入最终产品中。

原子经济性可以用原子利用率来衡量：

$$\text{原子利用率}=\frac{\text{目标产物的相对分子质量}}{\text{化学反应计量式中反应物的相对分子质量总和}}\times 100\% \tag{2-1}$$

原子经济性是在原子水平上评估原料转化程度的新方法，一个化学反应的原子经济性越高，原料中的物质进入产品的量就越多。理想的原子经济性反应是原料中的原子全部进入产品，不产生副产物或废物，实现废物“零排放”。因此，原子经济性的特点就是最大限度地利用原料。

二、化学反应的原子经济性

为了评价某一合成方法对环境是否友好，确定合成路线中每一步反应的类型是非常重要的。一个有效的化学工艺所包括的化学反应，不仅要有高的选择性，而且必须具有较好的原子经济性。下面比较有机合成中常见的四类反应的原子经济性。

1. 重排反应

重排反应是指将分子的原子通过改变相互间的相对位置、键的形式等途径重整，产生一个新分子的反应，其原子利用率为 100%。这类反应包括 Beckmann 重排、Claisen 重排、Fries 重排、Wolff 重排等。其反应通式为：

$$A \longrightarrow B$$

例如，生产尼龙-6 时用到的 Beckmann 重排反应：

(2-2)

2. 加成反应

加成反应是不饱和分子与其他分子在反应中相互加合成新分子的反应。加成反应是将反应物的原子加到某一基团上,完全利用了原料中的原子,其原子利用率为 100%,是理想的原子经济性反应。其反应通式为:

$$A+B \longrightarrow C$$

例如,离子液体[Bmim]BF_4(1-丁基-3-甲基咪唑四氟硼酸盐)中 $Ni(acac)_2$(乙酰丙酮镍)催化的乙酰丙酮与甲基烯基酮的 Michael 加成反应:

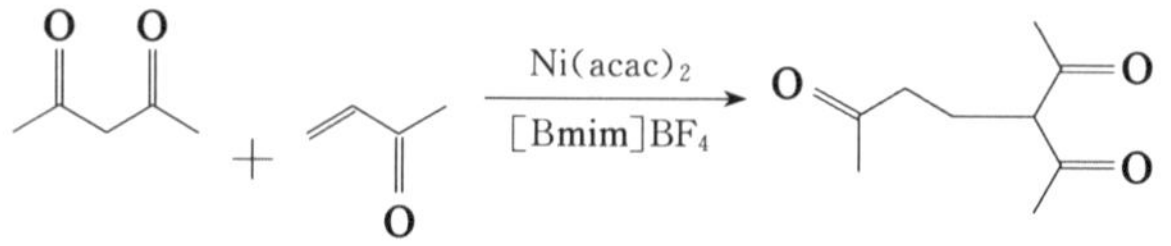

(2-3)

3. 取代反应

取代反应是有机化合物分子中的原子或基团被其他分子的原子或基团所取代的反应,烷基化、芳基化、酰基化反应等均为取代反应。若一个分子中的某些原子或基团被另一个分子中的原子或基团替换,则离去基团成为该反应的一个副产物(或废弃物),因而降低了该转化过程的原子经济性。其反应通式为:

$$A-B+C-D \longrightarrow A-C+B-D$$

例如,己醇与二氯亚砜的反应:

$$CH_3(CH_2)_4CH_2OH+SOCl_2 \longrightarrow CH_3(CH_2)_5Cl+SO_2+HCl \quad (2\text{-}4)$$

相对分子质量　102　119　120.5　64　36.5

原子利用率=[120.5 ÷(102+119)]×100%=54.5%。

由于生成了副产物 SO_2 和 HCl,原子利用率仅为 54.5%。

4. 消除反应

消除反应是从有机化合物分子中相近的两个碳原子上除去两个原子或基团,生成不饱和化合物的反应,包括脱氢、脱卤素、脱卤化氢、脱水、脱醇、脱氨反应以及一些降解反应等。消除反应是通过消去基团的原子来产生最终产物,被消去的原子成为副产物。因此,消除反应不是原子经济性反应。

例如,氢氧化三甲基丙基铵热分解生成丙烯、三甲胺和水,如以丙烯为目标产物,其原子利用率仅为 35.30%。

$$CH_3CH_2CH_2N(CH_3)_3OH \xrightarrow{加热} CH_3CH=CH_2+(CH_3)_3N+H_2O \quad (2\text{-}5)$$

原子利用率的计算基本都是按照化学反应计量式计算的。目前还不可能实现所有合成反应的原子利用率都达到 100%,所以有必要从原料、催化剂、反应路线等多方面来寻求改进途径,提高原子利用率。在基本有机化工原料的生产中,有不少已采取了原子经济性反应,如乙烯直接氧化制备环氧乙烷、丁二烯和氢氰酸制备己二腈、丙烯氢甲酰化制备丁醛、甲醇羰基化制备乙酸等都是原子经济性反应。

三、环境效益

根据绿色化学的观点，制造各种化学品时，必须同时考虑对环境造成的影响。荷兰有机化学家 Roger A. Sheldon 提出了环境因子（E）的概念，定义为：

$$E=\frac{\text{产生废弃物的质量}}{\text{目标产品质量}} \tag{2-6}$$

在这里，对每一种化工产品而言目标产物以外的任何产物都是废物，环境因子值越大表示过程产生的废物就越多，造成的资源浪费和环境污染也越大。

对于原子利用率为 100％的原子经济性反应，由于在目标产物之外无其他副产品。因此其环境因子值为零。

据统计，现有化工及相关生产部门中，石油化工行业的环境因子值约为 0.1，是各行业中较小的，制药工业和精细化工业的环境因子较大，如表 2-1 所示。

表 2-1　不同化工及相关生产部门的环境因子

工业部门	生产量/t	E	工业部门	生产量/t	E
煤炭、石油化工	$10^6\sim10^8$	～0.1	精细化工	$10^2\sim10^4$	5～50
基本化工	$10^4\sim10^6$	＜1～5	制药	$10\sim10^3$	25～100

在这些废物中，主要是在纯化产品时中和反应所产生的无机盐，往往是步骤越多废物就越多。从表 2-1 可以看出，精细化工业（如染料业）和制药工业等废物较多，这主要是因为这些行业生产过程中涉及了较多的原子利用率低的反应，且步骤又较多。因此，如何减少合成步骤，提高反应的原子经济性，开发无盐生产工艺是目前化学化工界面临的重要任务之一。

环境因子仅仅体现了废物与目标产物的相对比例，废物排放到环境中后，其对环境的影响和污染程度还与相应废物的性质以及废物在环境中的毒性行为有关。要更为精确地评价一种合成方法、一个过程对环境的好坏，必须考虑废物排放量和废物环境行为本质的综合表现，这一综合表现可用环境商（EQ）来描述：

$$\mathrm{EQ}=E\cdot Q \tag{2-7}$$

式中：E 为环境因子，Q 为指定废物在环境中的行为给出的废物对环境的不友好程度。例如，可将无害的氯化钠的 Q 值定义为 1，依据毒性和回收难易程度等的不同，将不同重金属的 Q 指定为 100～1 000。

尽管有时对不同地区、不同部门、不同生产领域而言，同一物质的 EQ 值可能不相同，但它仍然是衡量和选择环境友好生产过程的重要因素，若再加上溶剂等反应条件、反应物性质、能耗大小等各因素，则对合理选择化学反应和化学过程更有意义。

第二节 绿色化学的任务

一、设计安全有效的目标分子

从源头上消除污染，首先必须保证所需要的物质分子(目标分子)是完全有效的。因此，绿色化学的一个关键任务就是设计安全有效的目标分子或设计比被代替的其他分子更安全有效的目标分子。

设计安全化学品的概念并非近年才提出的，早在1983年在美国首都华盛顿就已经召开过相关的专题学术讨论。设计安全化学品就是“利用分子结构与性能的关系(structure-activity relationships，SAR)和分子控制方法，获得最佳的所需功能的分子，且分子的毒性最低”。最理想的情况就是，分子具有最佳的使用功能且没有毒性，这里所指的毒性包括对人类、其他所有动物、水生生物和植物以及其他环境因素的毒性。然而，有时需要在分子功效和毒性之间寻求某种平衡。

安全有效化学品的设计包括如下两个方面的内容：

(1) 新的安全有效化学品的设计。人类社会和科学技术的发展需要具有某种功能的新型分子，这就需要我们根据分子结构与功能的关系，设计出新的安全有效的目标分子。

(2) 对已有的有效但不安全的分子进行重新设计，使这类分子保留其已有的功效，消除不安全的性质，得到改进的安全有效的目标分子。

迄今，世界上化合物种类已超过1 800万种，且每年还要增加约60万种。生产一个化学品的传统方法是首先合成一个化合物，再试验其性质，若不满足需要则另行合成。这样，工作量十分庞大且成本高，对资源和环境都会造成不利影响。目前，由于计算机和计算技术的发展，对分子结构与性能的关系研究的不断深入，分子设计和分子模拟研究已引起人们的广泛关注，“实验台＋通风橱＋计算机”三位一体的新化学实验室已经普及，安全有效化学品的设计将会得到更大、更快的发展。

二、寻找安全有效的反应原料

1. 用无毒无害原料取代有毒有害原料

在有机合成反应中，许多原料是有毒的，比如光气、氰化物、丙烯腈以及甲醛等。这些原料有的可能直接危及人类的生命，严重污染环境，有的则会给人类的健康和安全以及环境造成间接的危害。绿色化学的任务之一就是要研究如何用无毒无害的原料来代替这些有毒有害的原料，生产我们需要的相对安全的产品。找到和利用对环境、对人类更加安全的反应原料，就可以减少有害物质的使用，从而减少对人类和环境的危害。

【例 2-1】 用二氧化碳代替有毒有害的光气生产聚氨酯

聚氨酯是一种重要的高分子材料，广泛用于涂料、黏合剂、合成纤维、合成橡胶和塑料等。其传统生产工艺为：用胺与光气合成异氰酸酯，再合成聚氨酯。

$$RNH_2 + COCl_2 \longrightarrow RNCO + 2HCl \qquad (2\text{-}8)$$

$$RNCO + R'OH \longrightarrow RNHCOOR' \tag{2-9}$$

这一工艺不但使用了剧毒的光气作为原料，而且还生成对环境有害的副产物氯化氢（HCl），对人类的健康和环境均有较大的危害。美国孟山都公司开发了以二氧化碳代替光气与胺反应生成异氰酸酯的新工艺，不仅避免了使用剧毒物质光气，而且生成的副产物为水，同时解决了两方面的问题。

$$RNH_2 + CO_2 \longrightarrow RNCO + H_2O \tag{2-10}$$

$$RNCO + R'OH \longrightarrow RNHCOOR' \tag{2-11}$$

【例 2-2】 改变工艺，避免使用有毒有害的氢氰酸

甲基丙烯酸甲酯是一种重要的化工原料，是生产透明塑料聚甲基丙烯酸甲酯（有机玻璃）的单体。其传统生产工艺为：丙酮先与氢氰酸加成得到丙酮氰醇，然后水解、酯化得到甲基丙烯酸甲酯。

$$CH_3\overset{\overset{\displaystyle O}{\|}}{C}CH_3 \longrightarrow H_3C-\underset{\underset{\displaystyle CN}{|}}{\overset{\overset{\displaystyle OH}{|}}{C}}-CH_3 \xrightarrow[H_2SO_4]{CH_3OH} H_2C=\overset{\overset{\displaystyle CH_3}{|}}{C}-COOCH_3 \tag{2-12}$$

这一工艺除氢氰酸有剧毒之外，还有硫酸带来的腐蚀和污染问题，原子经济性（47%）不高。

日本旭化成公司成功开发了异丁烯直接氧化生产甲基丙烯酸酯的技术，取代了有毒原料氢氰酸，并大幅度降低了生产装备的建设费用。德国巴斯夫公司则成功开发了以丙醛和甲醛为原料生产甲基丙烯酸酯的新工艺。美国孟山都公司以无毒、无害的二乙醇胺为原料，代替剧毒原料氢氰酸，开发了经过催化脱氢生产氨基二乙酸钠的绿色工艺，改变了过去以氨、甲醛和氢氰酸为原料的两步合成路线。美国壳牌公司以丙炔为原料经羰基化、酯化生产甲基丙烯酸甲酯，原子利用率为 100%。其反应式如下：

$$H_3CC\equiv CH + CO + CH_3OH \xrightarrow{Pd} H_2C=\overset{\overset{\displaystyle CH_3}{|}}{C}-COOCH_3 \tag{2-13}$$

【例 2-3】 改变原料生产己二酸

己二酸是一种重要的化学品，是生产尼龙、聚氨基甲酸酯、润滑剂等的重要原料。传统的生产工艺是由苯加氢制得环己烷，然后通过空气氧化合成环己酮和环己醇，最后用硝酸氧化得到己二酸。

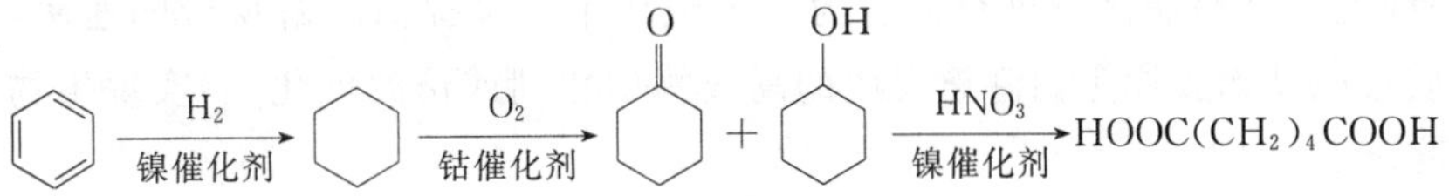

(2-14)

这一工艺的缺点是所采用的起始原料苯是致癌物质，且反应工艺路线长，反应条件苛刻，转化率低；生产过程中还要释放出氧化亚氮副产物，会造成酸雨、臭氧消耗、光化学烟雾和全球变暖等环境问题。

Kazuhiko Sato 等人发明了一种合成己二酸的新方法，该方法用环己烯与过氧化氢直接发生氧化反应，生成己二酸：

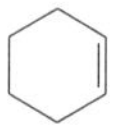

$$+4H_2O_2 \xrightarrow[\text{相转移催化剂}]{Na_2WO_4[CH_3(n\text{-}C_8H_{17})_3N]HSO_4} HOOC(CH_2)_4COOH+4H_2O \quad (2\text{-}15)$$

这一过程不需要使用溶剂，不再使用有毒的原料苯，氧化剂过氧化氢的腐蚀性也远比硝酸小，同时不产生有害污染物，因此是一条安全、清洁的己二酸生产途径。

Draths 和 Frost 则发展了用葡萄糖生产己二酸的工艺：

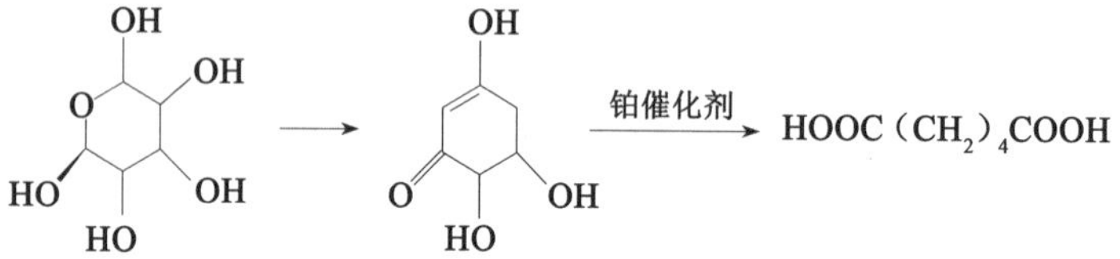

(2-16)

这一方法不仅未使用有毒有害的苯做原料，而且采用了可再生生物质资源葡萄糖，拓宽了己二酸合成的原料来源。

2. 以可再生资源为原料

在 19 世纪中叶，大多数工业有机化学品都来自植物提供的生物质，少数来自动物生物质。工业革命采用煤作为化工原料，在发明了从地下抽取石油的便宜方法后，石油就成了主要的化工原料，目前 95%以上的有机化学品都是由石油加工而得到的。因为煤、石油等均是不可再生的资源，因此利用可再生的生物质作为化学化工原料的研究受到人们的普遍重视，这也是保护环境和实现可持续发展的一个长远和重要的发展方向，是绿色化学的重要研究方向之一。

生物质原料主要有两类，即淀粉和木质纤维素。玉米、小麦、土豆等是淀粉类的代表，农业废料(如玉米秆、麦秆等)、森林废物和草类等是木质纤维素的典型代表。木质纤维素是地球上最丰富的生物质，而且每年约以 1 640 亿 t 的速度不断再生，但至今人类仅利用了其中的约 1.5%。淀粉和纤维素都含有糖类聚合物，降解成单体后就可用于发酵。比如，从生物质中提取的蔗糖和葡萄糖就可以作为化学化工原料，在酶催化或细菌作用下生产人类所需要的化学物质。

一般生物质都是由有机高分子或超分子组成的，在有效利用它们之前，通常需要先把它们降解为小分子。纤维素也可降解为葡萄糖，但它常处于结晶状态且难溶于水，故难于水解。另外，在纤维素中，葡萄糖单体之间是由 β-1，4-甙键连接在一起的，它比淀粉中的 α-1，4-甙键更难水解；再者，纤维素和半纤维素紧密地连接在一起，也妨碍了纤维素的降解，故纤维素的降解过程十分复杂。在自然生态系统中，无论是农作物秸秆还是动物胶原蛋白，其降解都是通过酶催化来进行的。为了不破坏生态又提高降解反应的速率，就需要找出每种木质素或动物胶原蛋白降解反应的高效酶催化剂或仿酶催化剂，实现生物质大分子的选择性降解。

2003 年，美国总统绿色化学挑战奖学术奖获得者 Cross 等人的工作在这方向开辟了一个新的局面，他们利用农业废料聚多糖类物质来合成新的聚合物。该工作利用可再生的农业废料作原料，解决了原料的可持续性和污染问题，其合成原理是生物催化转化，因而无须像传统聚合物合成时那样需要用许多试剂，且其产物可以完全生物降解，因而不存在使用后对环境产生污染的问题。

三、寻找安全有效的合成路线

原料和目标产物确定之后，合成路线对环境友好与否具有十分重要的影响。美国斯坦福大学 Paul A. Wender 曾指出，一条理想的合成路线应该是采用价格便宜的、易得的反应原料，经过简单的、安全的、环境可接受的和资源有效利用的工艺，快速和高产率地得到目标分子，而不管这一目标分子是天然物分子还是根据需要设计的分子。大多数的合成都是由相对简单的原料合成较为复杂的分子，通常有两种方法来逼近以最少步骤获得目标分子复杂性较大增加这一理想合成目标：既可采用已知的由一步反应增大分子复杂性的反应方法，也可采用每一步增大一点分子复杂性，由此逐步增大分子复杂性的多步反应方法。因此，设计和发展增大目标分子复杂性的反应路线对复杂合成十分重要。在寻找安全有效的合成路线时，一个特别需要考虑的问题就是合成路线的原子经济性。

合成路线每一步均利用原子经济的化学反应，那么整个路线必然也是原子经济的。但由于化学反应本身受到化学原理的制约，大多数情况下要在一条合成路线中达到每一步都是原子经济的有一定的困难，所以要对合成路线进行全面分析，通过对合成路线中各步的整合，达到最终整条合成路线的原子经济性。

比如，由硝基苯合成对苯二胺可以选择如下 4 条合成路线：

(1) 合成路线 1

分步反应为：

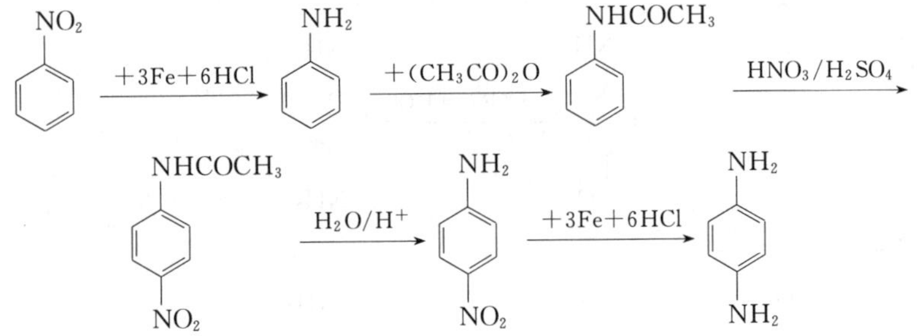

(2-17)

总反应式为：

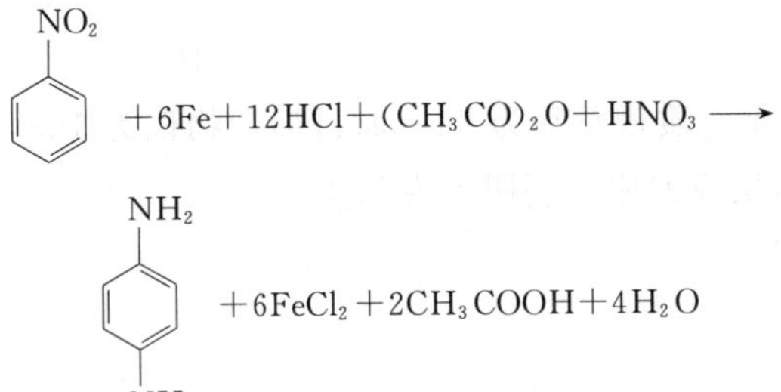

(2-18)

该反应物中原子的相对质量总和为 1 062，而目标产物仅为 108，即每生产 108 g 对苯二胺就要产生 954 g 废物，反应的原子利用率仅为 10%。

(2) 合成路线 2

分步反应为：

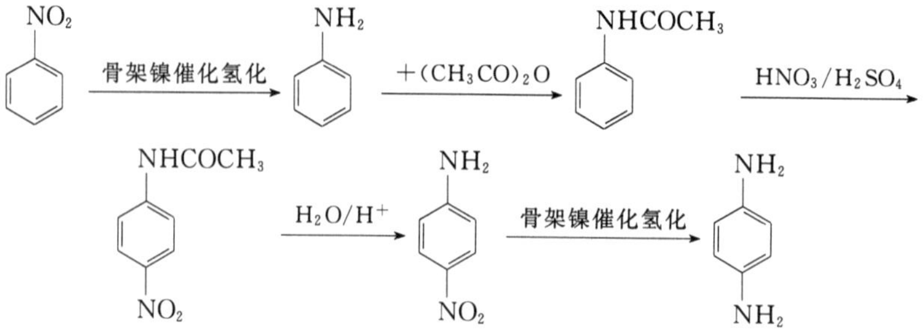

(2-19)

总反应式为：

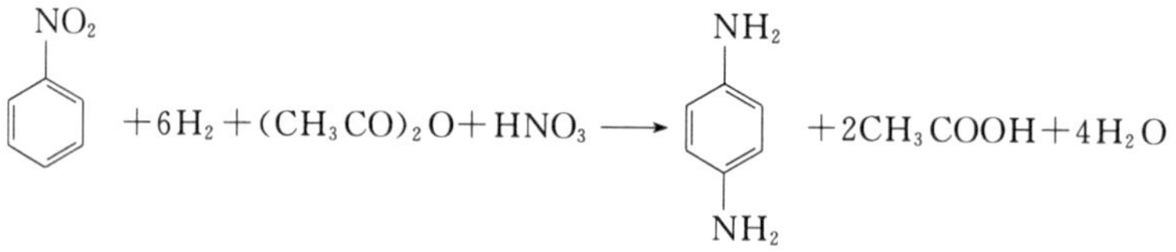

(2-20)

该反应物中原子的相对质量总和为 300，而目标产物仅为 108，即每生产 108 g 对苯二胺就会有 192 g 废物产生，反应的原子利用率为 36%。

(3) 合成路线 3

分步反应为：

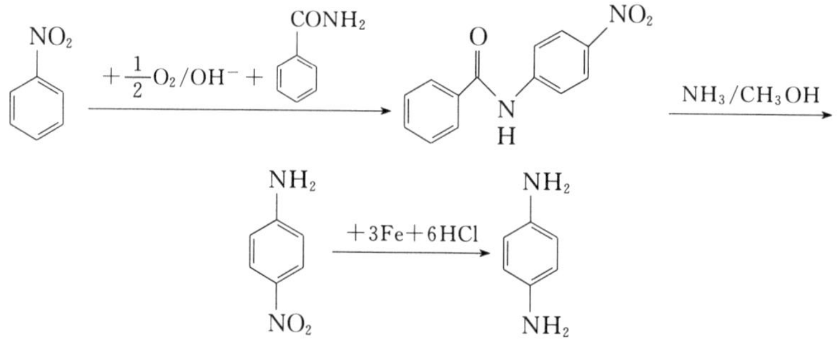

(2-21)

总反应式为：

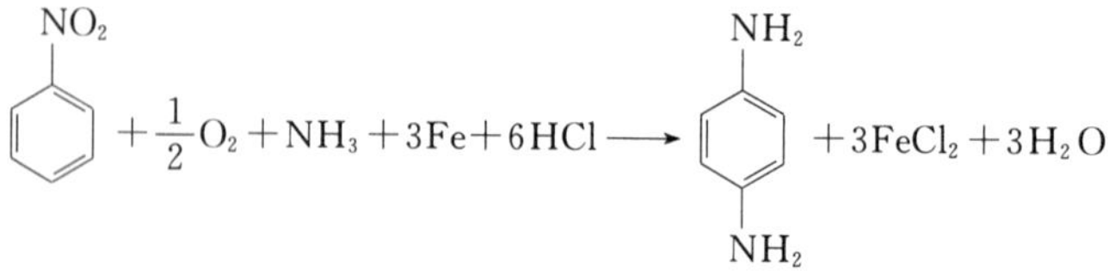

(2-22)

该反应物中原子的相对质量总和为 543，而目标产物仅为 108，即每生产 108 g 对苯二胺就会产生 435 g 废物，反应的原子利用率为 20%。

(4) 合成路线 4

分步反应为：

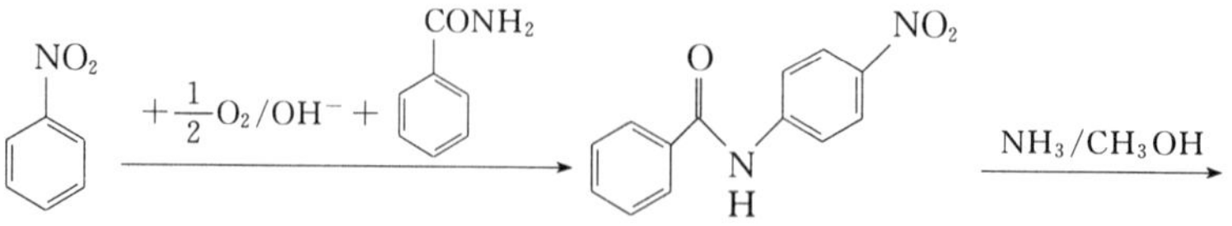

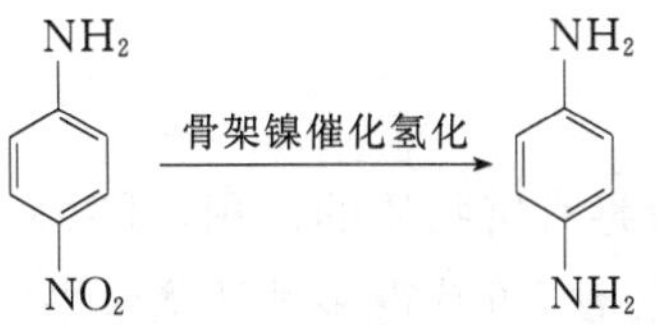

(2-23)

总反应式为：

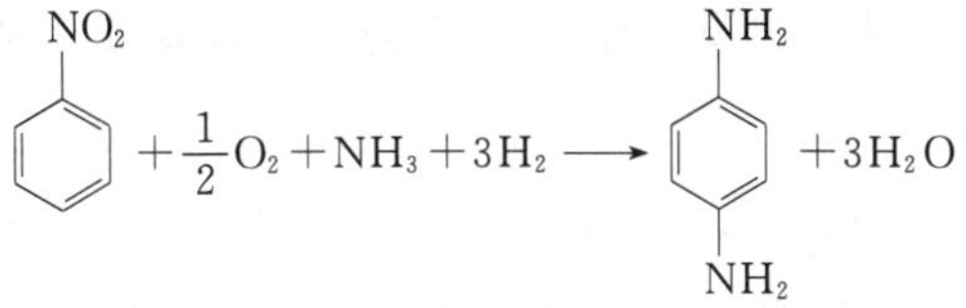

(2-24)

该反应物中原子的相对质量总和为 162，而目标产物为 108，即每生产 108 g 对苯二胺只生成 54 g 废物，反应的原子利用率为 67%。

在合成路线 1 和 2 中，由于要保护—NH_2 基团不在硝化过程中被氧化，所以与合成路线 3 和 4 相比，每生产 1 分子目标产物总要多使用 1 分子乙酸酐，多生成 2 分子乙酸废物。从各路线的原子利用率看，路线 4 的原子利用率明显高于其他路线。因此，在没有更好路线的情况下，路线 4 是由硝基苯合成对苯二胺的原子经济性较好的路线，这正是孟山都公司合成对苯二胺的特色路线。

在设计新的安全有效的合成路线时，既要考虑使产品的性能优良、价格低廉，又要使产生的废物和副产品最少、对环境无害，其难度是可想而知的。计算机是人脑的延伸，利用计算机进行辅助设计，可以减轻人脑的劳动。

1969 年，Corey 等和 Bersohn 就开始用计算机来辅助设计合成路线。现在这个方法已经越来越成熟了，其做法是：

(1) 建立一个尽可能全的化学反应的数据库，对计算机进行训练，告诉并教会计算机，哪些物质在一起在什么样的条件下会发生什么样的化学反应。

(2) 提出要求，即确定目标产物和可能采用的原料。

(3) 让计算机找出能生产目标产物的反应及所需原料。

(4) 以上一步的原料为目标产物再做搜寻，找出该目标产物的合成反应及原料。依次类推，直到得出预定的原料。

(5) 比较各条可能的反应路线的经济性、技术性、安全性及环境效应，从中选出最佳路线。

这种方法存在的一个问题是，在搜寻过程中可能出现的选择很多，且合成路线越长，可能的选择就越多。比如，对于结构较复杂的分子很容易找出 30 种合成方法，那么进行第 2 步搜寻时，就可能找出 900(30^2)种方法。以此类推，到第 5 步就可找出 2 430 万(30^5)条可能的路线。如果每一条路线都进行实验，肯定是不现实的。如果化学工作者仅靠人脑确定取舍，从 2 430 万条路线中找出一条路线，那是不可想象的。只有借助计算机，赋予它某种“智能”，让其按我们设定的方法自动地比较所有可能的合成路线，随时排除不合适的路线，才能最终找出经济、不浪费资源、不污染环境、安全可靠的最佳合成路线。

四、寻找新的转化方法

在化学化工过程中要减少有毒有害物质的使用,可以采用多种方法。近年来的研究发现,采用一些特别的非传统化学方法,可获得多种环境效果。

1. 催化等离子体方法

合成燃料油,传统的思维方式是先由二氧化碳与甲烷重整生成合成气,再采用费-托合成将合成气转化为燃料油:

$$CO_2 + CH_4 \xrightarrow{\text{镍催化剂}} 2CO + 2H_2 \xrightarrow{\text{费-托合成}} \text{燃料油} \quad (2\text{-}25)$$

这一过程的缺点是,合成气是一个高耗能的过程,且使用的催化剂易积炭而失活。刘昌俊等采用催化等离子体的方法实现了一步直接合成燃料油,改善了产品的选择性,降低了单位产品的能耗。在这一过程中催化剂增强了等离子体的非平衡性,而等离子体又促进了催化剂的催化作用。

2. 电化学方法

采用电化学过程也可以消除有毒有害原料的使用,而且还可以使反应在常温常压下进行。自由基反应是有机合成中一类非常重要的 C—C 键形成反应,传统的实现自由基环化的方法是使用过量的三丁基锡烷。但这样的过程不但原子利用率低,而且锡试剂有毒又难以除去,会造成污染。采用维生素 B_{12} 作催化剂进行电化学还原环化,就完全避免了传统方法的缺陷。维生素 B_{12} 是天然的无毒的手性化合物,以它为催化剂进行电化学还原反应,产生自由基类中间体,从而实现温和条件下的自由基反应:

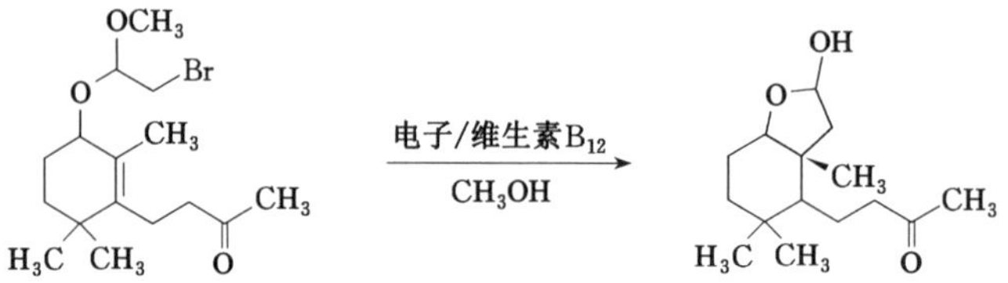

(2-26)

3. 光化学及其他辐射方法

采用光和其他辐射方法,也可革命性地改变传统过程,消除有毒有害物质的使用。

例如,传统的二噁烷、氧或硫杂环己烷的开环反应要用重金属作催化剂,在一定试剂作用下才能进行,而 Epling 等采用可见光作为"反应试剂"直接使保护基团开环,避免了使用重金属造成的环境污染。

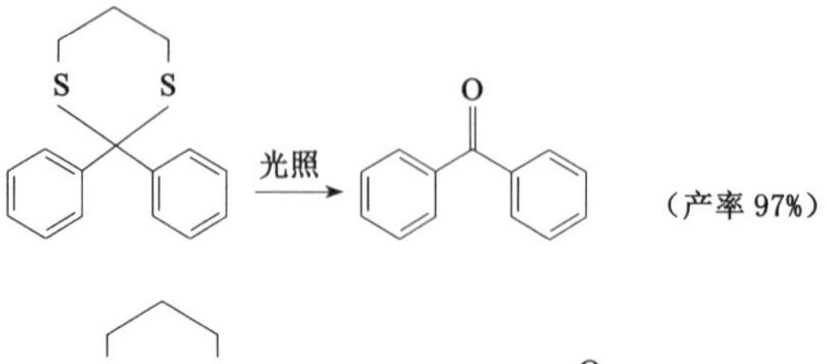

(2-27)

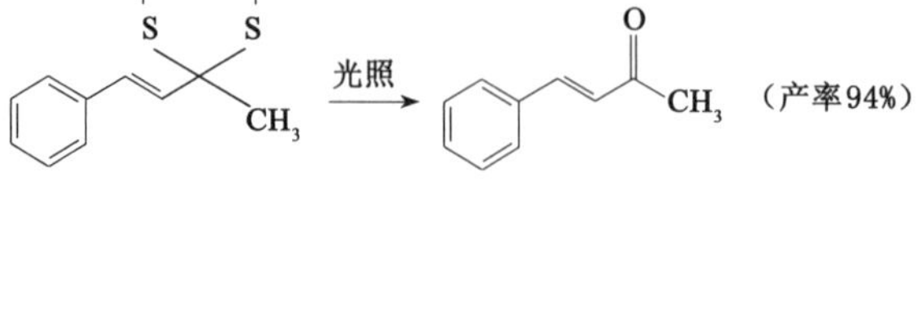

(2-28)

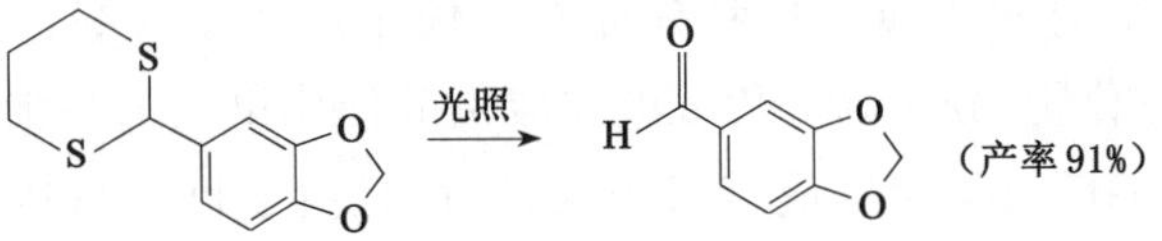

(2-29)

五、寻找安全有效的反应条件

在合成化学品的过程中,采用的反应条件对整个过程及环境的影响起着决定性的作用。反应的经济性比较容易评价,目前考虑较多的是能耗。过程对环境的影响程度由于评估比较困难,目前仍然考虑不多。化学化工产业对人类、对环境的影响不仅来自其原料及产物,一切与整个过程相关的其他因素对人类和环境也有很大的影响。在这些因素中,反应所用的催化剂和反应介质是两个重要的因素。

1. 寻找安全有效的催化剂

由于催化剂在化学反应中起到加快反应速率,降低反应温度、压力等多种作用,几乎所有的化学化工过程均要使用催化剂。在石油炼制的烃类裂解、重整、异构化等反应及石油化工的烯烃水合、芳烃烷基化、醇酸酯化等反应中,常采用氢氟酸、硫酸、三氯化铝、磷酸、三氟化硼等作为催化剂。这类酸催化反应都是在均相条件下进行的,在工业生产中存在许多缺点。例如,在工艺上难以实现连续生产,催化剂不易与原料和产物分离,催化剂对设备有较大的腐蚀作用,对环境造成污染,危害人体健康和社区安全等。因此,需要研究开发环境友好的催化剂来取代这些传统的催化剂。

(1) 活性组分的负载化

克服这些催化剂缺点的方法之一就是使其负载化,或均相催化剂的多相化。把这些液体酸固载在蒙脱土等多孔性固体物质上,使有毒有害催化剂转变为环境友好型催化剂。例如,传统的 Friedel-Crafts 反应常用氢氟酸、硫酸或三氯化铝、三氟化硼等作催化剂,最常采用的是三氯化铝。三氯化铝虽然有容易获得、价格便宜等优点,但它也有如下缺点:① 必须在无水条件下操作,遇水就会释放出氯化氢;② 有腐蚀性,难于操作;③ 在烷基化反应中,由于会生成多烷基化产物和其他异构化副产物,故烷基化产物的选择性不高;④ 在酰基化(酰化、苯甲酰化、磺酰化)反应中,由于产物分子的复杂性,需要大于化学计量的三氯化铝;⑤ 产物混合物的分解需要加入水,从而释放出大量的氯化氢,也会产生有机氯化物,使产物不纯。

把三氯化铝负载在蒙脱土上后,构成负载型催化剂,如 K10-$AlCl_3$,用于芳香族化合物的烷基化反应,不但具有与传统三氯化铝同样高的催化活性,而且其单烷基化的选择性高于三氯化铝和其他传统催化剂。在这一催化剂的制备过程中,溶剂的选择、载体的选择、三氯化铝的负载量等均对催化剂的活性和选择性有很大的影响。通过简单的过滤就可使催化剂复原,重新投入使用。

又如,把氯化锌负载于蒙脱土上,得到一种新型的傅氏反应催化剂,已构成了一种新的工业催化剂的基础。

(2) 用固体酸代替液体酸

用固体酸代替传统的液体酸也是使有毒有害催化剂转变为绿色催化剂的有效方法。利用酸性白土、混合氯化物、分子筛等代替液体酸是酸催化史上的一大革新，这不仅可以在一定程度上缓解或彻底解决均相反应带来的问题，而且由于可在高达 700～800 K 的温度范围内使用，大大扩展了酸催化反应的热力学应用范围。

例如，在 Friedel-Crafts 酰基化反应中，传统方法需要用腐蚀性的、易水解的无水三氯化铝催化剂，依此法生产 1 t 酰化产物将同时生成 3 t 对环境有害的酸性富铝废弃物及蒸气。为克服传统酸催化剂带来的对环境的危害，学术界和化工界致力于发展环境友好的催化剂，比较成功的有无毒的 Envirocats 系列。其中多相催化剂 Envirocat EPZG 用于催化对氯二苯甲酮的合成反应。对氯二苯甲酮是一种合成药物中间体，由苯与对氯苯甲酰氯经傅氏反应生成：

(2-30)

用该催化剂取代传统的三氯化铝，催化剂用量降为原来的 1/10，废弃物氯化氢的排放量减少了 3/4，而产率比传统方法有较大提高，增加到 70%，且产物选择性增大，邻位产物量极少。

又如，由苯与乙烯烷基化生成乙苯的反应，传统方法是利用三氯化铝、三氟化硼、氢氟酸做催化剂，其工艺存在设备腐蚀严重，操作条件苛刻，收率低，脱氯化氢、氯代烷烃困难，催化剂与反应物、产物难于分离，有废水需要处理，氢氟酸有毒等诸多缺点，而 Mobil 公司与 Badger 公司共同开发的掺磷 ZSM-5 分子筛克服了上述缺点。再如，中国石油化工股份有限公司石油化工科学研究院研制成功的钴-*β*-沸石-氧化铝固体酸催化剂用于苯的烷基化反应也很好地克服了液体酸的缺点。

2. 寻找安全有效的反应介质

化学化工过程中许多情况下都要用到有机溶剂和助剂，但这些溶剂和助剂不是构成目标分子的物质，不能结合到最终产物中，将成为废弃物进入环境，而这些有机溶剂不仅危害人体健康，对水、大气也有污染。例如，在从蒸汽裂解副产 C_4 馏分中抽提丁二烯时，一些工厂仍在使用剧毒的乙腈作溶剂，一些工厂则使用有毒的 *N*，*N*-二甲基甲酰胺(DMF)作抽提剂。因此，为了减少对人类、环境的危害，必须研究对人类、环境友好的溶剂。当前绿色化学研究中，在溶剂方面最活跃的是以超临界流体(SCF)，特别是超临界二氧化碳、超临界二氧化碳/水以及水作溶剂的有机反应。

(1) 采用超临界流体作为反应介质

超临界流体是指处于超临界温度及超临界压力下的流体，是一种介于气态与液态之间的流体状态。其密度接近于液体(比气体大 3 个数量级)，而黏度接近于气态(扩散系数比液体大 100 倍左右)。通常，超临界流体具有价格低廉、无毒无害且性质可调节等特点。由于超临界流体在不同的超临界区域内有不同的流体性质，可以通过控制超临界流体的超临界条件来调整其性能，以满足化学反应所需要的介质条件。

目前，已经有许多使用超临界二氧化碳作为反应溶剂的报道，二氧化碳在聚合反应、亲电反应、酶转化等反应中已被证明是很好的溶剂。此外，超临界二氧化碳在烃类的烷基化反应、异构化反应、氢化反应、氧化反应中都具有重要作用。在超临界流体中，由于溶解度增大，可减少多核芳香族化合物在催化剂表面的结焦，从而减缓催化剂的失活；又由于扩散能力的增强，反应物易到达催化剂活性中心，产物易从活性中心脱离，从而减少副反应，提高了反应的选择性。

我国在利用二氧化碳作溶剂方面也开展了一些研究工作。例如，中国科学院广州化学研究所在烯烃羰基化反应中进行了二氧化碳既作溶剂又作反应物的研究，取得了可喜的结果；在丙烯酸自由基聚合反应中，使用二氧化碳作溶剂，通过链转移和交联剂控制聚合物的相对分子质量及相对分子质量分布，取得了比较理想的效果；用二氧化碳作溶剂、四氢呋喃作共溶剂，研究了 2,5-对二十烷基苯乙烯和丙烯酸的聚合反应，取得了一些新的成果。

(2) 水作溶剂的两相催化法

在采用安全无害溶剂方面，另一个重要的研究方向就是以水为溶剂的两相催化方法。利用水溶性均相络合催化剂，催化剂在水中有很大溶解度，它和有机反应物组成两相催化体系，反应在有机相和水相的界面上进行，利用催化剂中心原子配体性质、表面活性剂等，使体系在两相界面上形成胶束，以增大两相接触界面，并增大界面上反应物的局部浓度，利用胶束的结构效应还可控制产物的立体选择性。这样，不仅能满足反应条件温和、活性高、选择性好的要求，反应之后有机相与水相也极易分离；同时，用水作溶剂也避免了有机溶剂对环境的污染。例如，丙烯的氢甲酰化反应，传统方法是使用钴作催化剂，在高压下进行反应：

$$CH_3CH{=}CH_2+H_2+CO \xrightarrow[\text{高压}]{\text{钴催化剂}} CH_3CH_2CH_2CHO \quad 90\% \tag{2-31}$$

这种方式对反应条件要求比较严格，同时产物与催化剂分离也较困难，钴还会造成一定程度的环境污染。但采用铑(Rh)和钯(Pd)的水溶性配合物作催化剂进行两相反应，不仅克服了上述缺点，生成正丁醛的选择性也由 90%增大到 98%：

$$CH_3CH{=}CH_2+H_2+CO \xrightarrow[H_2O]{Rh/TPPTS} CH_3CH_2CH_2CHO \quad 98\% \tag{2-32}$$

反应式中 TPPTS 为三苯基膦三磺酸钠。

第三节　绿色化学原则

绿色化学的研究者们总结出了一些绿色化学原则，可作为实验化学家开发和评估一条合成路线、一个生产过程、一个化合物是不是绿色的指导原则和标准。

1998 年，Anastas 和 Warner 从源头上减少或消除化学污染的角度出发，提出了著名的绿色化学 12 条原则(twelve principles of green chemistry)，作为开发环境友好产品和工艺的指导原则，这些原则现已成为世界化工界的共识：

(1) 污染预防优于污染治理：防止产生废弃物，从源头制止污染，而不是从末端治理污染。

(2) 最大限度地利用资源:设计路线,使反应过程中所用的原料和试剂都能最大限度地进到最终产物中。

(3) 最大限度地使用或产生无毒或毒性小的物质:在合成中尽量不使用和产生对人类健康和环境有害的物质,不进行有危险的合成反应。

(4) 设计更安全的化学品:设计具有高使用效益、低环境毒性的化学品。

(5) 采用无毒无害的溶剂和助剂:尽量不用溶剂等辅助物质,不得已使用时它们必须是无害的。

(6) 合理使用和节约能源:生产过程应该在温和的温度和压力下进行,使能耗最低,高效率地使用能量。

(7) 利用可再生原料合成化学品:尽量采用可再生的原料,特别是用生物质代替石油和煤等矿物原料。

(8) 尽可能避免衍生反应:尽量减少副产物。

(9) 尽可能使用性能优异的催化剂。

(10) 设计可降解化学品:化学品在使用完毕后应能降解成无害的物质并且能进入自然生态循环。

(11) 防止污染的快速监测和控制:发展实时分析技术以便监测有害物质的形成。

(12) 减少或消除制备和使用过程中的事故隐患:选择合适的物质及生产工艺,尽量减少发生意外事故的风险。

一、污染预防优于污染治理

化学的发展改变了客观世界和人类社会,创造了物质财富,显著提高了人类的生活质量,但是近年来出现了一个严重的问题,即环境污染。发达国家出现一系列因水体、大气污染引发的公害事件,如日本水俣病事件、洛杉矶光化学烟雾事件、伦敦烟雾事件等,严重恶化了当地的生态和生存环境,造成巨大的经济损失。人类赖以生存的环境空间不断遭受破坏,导致人类自身的健康和生活质量受到严重影响。不论是农药 DDT 对生态的危害,还是造成胎儿畸形的药物,都使得人们对化学工业、化学品的疑虑越来越多。

绿色化学正是在环境治理陷入困境中兴起的。绿色化学从根本上来说是环境友好化学,它设计、生产、运用环境友好化学品,并且生产过程是环境友好过程,从而防止污染,降低环境和人类健康受到危害的风险。绿色化学是对传统化学思维方式的更新和发展。它的目的是把现有化学和化工生产的技术路线从"先污染,后治理"改变为"从源头上根除污染",从源头上避免和消除对生态环境有毒有害的原料、催化剂、溶剂和试剂的使用及产物、副产物等的产生,力求使化学反应具有原子经济性,实现废物的"零排放"。绿色化学与环境治理是不同的概念:环境治理是对已被污染的环境进行治理,使之恢复到被污染前的状态;绿色化学则是从源头上阻止污染生成的新策略,即预防污染,如果没有污染物的使用、生成和排放,也就没有环境被污染的问题,因此防止污染优于污染治理。

绿色化学是具有明确的社会需求和科学目标的交叉学科。只有通过发展绿色化学的途径，从科学研究着手发展环境友好的化学与化工技术，才能解决环境污染与可持续发展的矛盾，促进人与自然环境的协调与和谐发展。

二、提高反应的原子经济性

产率是实际得到的目标产品的质量与理论上相同数量原料转换为目标产品的质量之比。产率为100％的反应过程，尽管看起来很完美，但在生成目标产物的同时，可能还会产生大量的废物。而在用产率这一指标评价时产生的废物量是不能体现出来的。因此，用产率来评价一个合成过程的效率和效益是不完善的。为克服产率这一评价指标的不足，可以使用原子经济性来衡量所有反应物转变成最终产品的程度。如果所有反应物中原子都被完全转化到产品中，则反应具有100％的原子经济性。通常的化学反应类型可由原子经济性来进行评价：

(1) 重排反应。重排反应是100％原子经济性反应，它通过原子重整产生新的分子，所有的反应原子都转化到产物中。

(2) 加成反应。加成反应也是100％原子经济性反应，如环加成、烯烃溴化等，将反应物加到底物上，充分利用了原料中的原子。

(3) 取代反应。取代反应中被取代的基团是最终产物中不需要的废物，反应的原子经济性降低，而且其非原子经济程度则视不同的试剂和底物而定。

(4) 消除反应。消除反应是原子经济性最低的反应，所使用的任何未转化至产品的试剂和被消去的原子都成为废物。

绿色化学的核心是实现原子经济性反应，但在目前的条件下不可能使所有化学反应的原子经济性达到100％。因此，应不断寻找新的反应途径来提高合成反应过程的原子利用率，或对传统的化学反应过程进行改造，不断提高化学反应的选择性，达到提高原子利用率的目的。

三、绿色化学合成

合成方法的设计在一个化工生产过程中占有极其重要的地位，其不仅决定采用何种原料，还决定了该过程的后续分离、废物处理等工序。在有些化学合成过程中，由于使用了对人类健康和环境有害的原料和溶剂，或排放了大量的污染性废物，给人类的健康和环境带来了严重的不利影响。现在绿色化学将化学作为一个解决污染的方法，通过化学与化学技术本身的改进来实现污染的预防，所以进行化学合成方法设计时，要注意将化学合成中使用和产生的物质的毒害降至最低，甚至要消除毒害，实现绿色合成至无害化学合成，达成对人类健康和环境安全的目标。

绿色合成的核心是合成效率，合成效率包括两个方面：一是选择性（化学、区域、非对映体和对映体选择性）；二是原子经济性。这样在合成中仅仅依靠过去那些传统的当量消耗试剂起活化和导向作用就不行了，而需依靠自身几乎不消耗的催化剂来催化反应，同时解决选择性和原子经济性的问题。

为了人类健康和环境安全，合成化学家在进行化学合成设计时要考虑反应的毒害问题。一般有两种途径降低毒害，即减少化学品的暴露和降低化学品的危害。但是减少暴露也存在弊端，一方面减少暴露往往伴随着生产成本的增加，另一方面控制暴露有可能使反应失败从而面临更大的风险。因此，现在的合成化学家主要考虑降低危害的途径，运用所有的知识对合成进行改进，使化学反应的危害降低。

美国麻省理工学院 S. J. Lippard 教授曾经说过，化学最重要的是制造新物质，这就需要化学合成。绿色合成的基本原则就是按照绿色化学的原则和方法来设计合成反应和进行合成，在设计合成反应时，既要考虑产品性能好，又要价格经济，还要产生最少的废物和副产物，而且要求对环境无害。Wender 提出理想的化学合成应该是用简单的、安全的、环境友好的、资源有效的操作，快速、定量地把廉价、易得的起始原料转化为目标分子。绿色合成的基本原则是：

（1）化学反应的原子经济性。化学反应路线的设计尽量使反应原料中的每个原子都参加反应，并全部转化为目标分子，无副反应发生，无有害物质生成。这样既充分利用了资源，又不污染环境。

（2）化学反应的清洁性。选用对环境无污染、对人无害的物质作为反应的原料。采用环境友好的反应技术和反应媒介，如电子束、高能射线和超临界物质作为反应媒介。

（3）化学工艺的循环性和闭路性。通过设计化学工艺使原料、副产物、媒介物和能源均处于闭路循环之中，整个工艺流程输入的只是原料和必要的能量，产出的是产品，其余的物质和能量处于工艺过程的内部循环，即所谓的“零排放”工艺。

（4）化学反应技术的可持续性。利用新技术，特别是生物技术、基因技术、酶技术等来开发新的化学反应和合成新的化合物。

（5）化学生产的可持续性。充分利用自然界可再生的自然资源代替不可再生资源作为化学反应的原料，充分利用自然界可再生的能源代替不可再生能源。如利用可再生的植物资源代替不可再生的矿物资源生产化工原料，利用太阳能、沼气、水能和风能代替石油和煤炭，使化工生产能持续发展。

目前，化学工作者的种种努力只是初步的，在一条合成路线中，绿色合成可能只是局部的。绿色化学的真正发展需要对传统的、常规的合成化学方向进行全面的诸如从观念上、理论上和合成技术上的发展与创新。这种需求既是对合成化学的挑战，也为合成化学提供了前所未有的机会。

四、设计安全化学品

1. 安全化学品的含义

设计安全化学品的定义是利用构效关系和分子改造的手段使化学品的毒理效力及其功效达到最适当的平衡。由于化学品往往很难达到完全无毒或最强的功效，所以两个目标的权衡是设计安全化学品的关键，应该在这些产品被期望功效得以实现的同时，将它们的毒性降到最低。以此为依据，在对新化合物进行结构设计的同时，对已存在的有毒的化学品进行结构修饰、重新设计也是安全化学品设计的研究内容。

早在 20 世纪 80 年代，设计安全化学品的观念就已被提及。Ariens 就曾提出化学家应在合成、分子毒理及药理三方面进行综合考虑，以使化学更好地为人类服务。

但很久以来，化学家多关注化学品的功效，他们的知识技能大都专注于化学品的物理化学性质，以及通过化学取代、分子改造来改变其物化性质使其达到期望的商用性能。设计安全化学品使化学家在设计时有了新的考虑角度，即发展和应用对人类健康和环境无毒、无危险性试剂、溶剂合成化学品。什么才算安全或绿色化学呢？这要从一个化学产品的整个生命周期来看。如果可能，该产品的起始原料应来自可再生的原料，产品本身必须不会引起环境或健康问题。当产品使用后，应能再循环利用或易于在环境中降解为无害物质。

2. 设计安全化学品的一般原则

对于任何化学品的设计都应该把对人身健康和对环境无危害作为必须遵守的一个原则，发展和应用对人类健康和环境无毒、无危险性的化学原料、溶剂及其他实用化学品。化学家必须掌握设计安全化学品的知识，建立判别化学结构与生物效应的理论体系，他们必须能从分子水平避免不利的生物效应，同时还必须考虑化学品在环境中可能发生的结构变化、降解，在空气、水、土壤中的扩散以及潜在的危害。因此不仅要考虑化学品对生物的直接影响，还要警惕间接的、长远的影响，如酸雨、臭氧层破坏等。

设计安全化学品一般要遵循以下两个原则：

① “外部”效应原则，即通过分子设计改善分子在环境中的分布、人和其他生物机体对它的吸收性质等重要物理化学性质，减少有害生物效应。例如通过分子结构设计，增大物质降解速率、降低物质的挥发性、减少分子在环境中的残留时间、减少物质在环境中转变为具有有害生物效应物质的可能性等；通过分子设计降低或阻止人类、动物或水生生物对物质的吸收。

② “内部”效应原则，即通过分子设计，增大生物解毒性，避免物质的直接毒性，避免间接生物致毒性或生物活化。

3. 设计安全化学品的实施基础

设计安全化学品首先要了解形成特定功能的分子结构是如何实现其功效的，以及对人类健康和环境可能造成危害的程度。在此基础上，通过对分子结构进行调控，使得化学品的功能得到最大的发挥，而固有的危害降到最低，从而实现安全化学品的设计。设计安全化学品有以下几种途径：

(1) 如果从作用机制上了解到某个反应是毒性产生的必要条件，那么可以在确保该分子功能的前提下，通过改变分子结构使该反应不再发生，从而避免或降低该化学品的危害性。

(2) 在毒性机理不明确的情况下，可以分析分子结构中某些官能团与毒性之间的关系，设计时尽量通过避免、降低或去除同毒性有关的官能团来降低毒性。

(3) 降低有毒物质的生物利用率。如果一种物质是有毒的，只要其不能到达使毒性发生作用的目标器官，其毒性作用也就无法发生。因此，可以通过利用改变分子的物理化学性质(如水溶性和极性)来控制分子，使其难以或不能被生物膜和组织吸收，即通过降低吸收及生物利用率，在不影响该分子功能与用途的前提下，使分子既“有效”又“安全”。

为了解决化学品的污染问题，人们一直在努力开发对环境无害的工艺方法和产品。事实上，对于最早暴露出来的某些化学品的污染问题，通过努力已经找到了解决的方案。例如，为了对付塑料的“白色污染”，开发出了可降解的塑料；为了消除 DDT 等杀虫剂对生态环境的危害，合成出了保持原有功效、选择性高、不含氯、在生理条件下能快速分解为无毒和易代谢物质的新型杀虫剂。当今，人类既离不开化学，又不愿意在使用化学品的同时对自身造成危害，那么人类只能选择使用对人类和环境无毒、无害的化学品。

五、采用安全的溶剂和助剂

1. 溶剂和助剂的应用及其危害

在化学品的生产、加工、使用过程中，通常都会用到辅助性物质。这些辅助性物质一般作为溶剂、萃取剂、分散剂、反应促进剂、清洗剂等。目前，使用量最大、最常见的溶剂主要有石油醚、芳香烃、醇、酮、卤代烃等，人类每年向大气排放的这些挥发性有机溶剂超过 $2\,000 \times 10^4$ t。这些挥发性有机溶剂在阳光照射下，在地面附近形成光化学烟雾，导致并加剧人们肺气肿、支气管炎等症状，甚至诱发癌症病变。此外，这些溶剂还会污染水体、毒害水生动物及影响人类的健康。

随着保护环境呼声的日益高涨，各国纷纷制定各种限制或减少挥发性有机溶剂排放的措施，以期减轻对环境的危害。化学家在化学品的设计、制备和使用时必须考虑到尽可能不使用辅助性物质，如果必须使用也应是无害的。对于有毒、有害溶剂的替代品选择，通用指导性原则包括以下几点：① 低危害性。由于溶剂用量很大，因此在研制溶剂时必须考虑安全性。选择溶剂时首先要考虑的是其爆炸性或可燃性。② 对人体健康无害。挥发性溶剂很容易通过呼吸进入人体。一些卤代试剂可能有致癌的作用，有些试剂则对神经系统有毒害作用。③ 环境友好。要考虑溶剂的使用可能引起的区域性和全球性环境问题。

2. 超临界流体

超临界流体是指当物质处于其临界温度和临界压力以上时所形成的一种特殊状态的液体，是一种介于气态与液态之间的流体状态。这种流体具有液体一样的密度、溶解能力和传热系数，具有气体一样的低黏度和高扩散系数，同时只需改变温度或压力即可控制其溶解能力并影响以它为介质的合成速率。因此，超临界流体可作为某些有害溶剂的替代物。

由于超临界流体的特有性质，其在萃取、色谱分离、重结晶以及有机反应等方面表现出很强的优越性，从而在化学化工中获得实际应用。在有机合成中，超临界二氧化碳由于其临界温度和临界压力较低、具有能溶解脂溶性反应物和产物、无毒、阻燃、价廉易得、可循环使用等优点而成为最常用的超临界流体。

3. 以水为溶剂的反应

由于大多数有机化合物在水中溶解性差，而且许多试剂在水中不稳定，因此通常避免以水作为反应介质。但以水作为反应溶剂又有其独特的优越性，因为水是地球上自然丰度最高的“溶剂”，价廉、无毒、不危害环境。此外，水溶剂特有的疏水效应对一些重要有机转化是十分有益的，有时可提高反应速率和选择性，更何况生命体内的化学反应大多是在水中进行的。

4. 固定化溶剂

挥发性有机溶剂对人类健康与环境的影响主要来自其挥发性。解决这一问题的方法之一就是寻找固定化溶剂,使物质的溶解性能保持不变,但不再具有挥发性,因而可以避免暴露于环境而给人类造成危害。常用的方法是将溶剂分子固定到固体载体上,或直接将溶剂分子与高聚物的骨架连接。麻省理工学院的研究人员开发了一类聚合物溶剂,这类溶剂与常规用于化工过程的溶剂有类似的溶剂化性能,可用作反应或分离的介质。这种聚合物溶剂可通过机械分离方法(如采用超滤法)回收而不需要蒸馏过程。

5. 无溶剂反应

传统的观点是化学物质要在液态下或溶液中才起反应,而由于溶剂会污染环境及产品,无溶剂系统才是最佳选择。无溶剂体系是指不使用溶剂而进行反应的体系。无溶剂反应是绿色化学的研究方向之一,不仅对人类健康与环境安全具有显著的益处,而且有利于降低反应成本。

在无溶剂存在下进行的反应可分为三类,即反应物同时起溶剂作用的反应、反应物在熔融态反应以及固体表面反应。固态化学反应是在无溶剂条件下进行的反应,能在源头上阻止污染物,具有节省能源、无爆燃性等优点,且产率高、工艺过程简单,某些反应还具有立体选择性。特别是微波、超声波反应器出现之后,无溶剂反应更容易实现。

六、合理使用和节省能源

1. 化学工业中的能源使用

能量是人类赖以生存的重要物质基础,能量的存储和使用与经济发展、社会状况及生态环境直接相关。化学反应或化学过程的每一步都涉及能量的转变和传递。化学原料的获取、化学反应的发生、反应速率的控制、反应产物的分离和纯化等各个环节均伴随着能量的产生和消耗。化学工业中所利用的能量主要有热能、电能和光能。热能是常见的能量形式;电能则是化学工业中利用的主要能量形式,除物质传递、加热降温、反应控制等外,电化学过程是一种清洁技术,电化学合成也是一种新型绿色化学合成方法;光能是潜力最大的一种能源,如何用清洁、廉价的光化学反应代替传统的化学过程,特别是那些会产生有毒、有害的物质过程,是绿色化学研究的重要目标之一。

化学反应中有需要通过加热加速的反应,这类反应需要的能量通常被用来满足活化能。采用催化剂可以降低反应的活化能,因此采用合适的催化剂可以降低能耗。相反,若反应是强放热的,则需要冷却以移走热量来控制反应。在化工生产中有时也需要利用冷却来降低反应速率以避免反应失控导致严重的生产事故。无论是加热还是冷却,均需花费一定经济成本,并产生一定环境影响。

化学工业中最耗能源的过程之一是分离和纯化过程。分离与纯化通常可以通过精馏、萃取、重结晶、超滤来进行,都需要大量能量以保证产物与杂质的分离。通过优化设计尽可能减少这些过程,也可以减少能耗。

2. 新的能源利用技术

除了使用以上三种传统的能量以外，还可以利用新形式的能量来促进化学反应的进行，如微波和超声波。微波是一种进行快速化学转化(常常是在固态下)的技术，而传统上这些反应是在液态下完成的。在许多情况下，微波技术的明显优势表现在，为进行某一反应不需要长时间的加热。同时，在固态下反应也避免了对所用辅助物质额外加热的需求，而在溶液中进行该反应时这种额外的加热是必需的。超声波则能对一些类型的转化反应(如环化加成、电环化加成)起催化作用，使反应物分子周边的反应条件充分改变以促进化学转化。同其他任何形式的能源一样，需要对每一个反应进行评估，预测合成目标分子时采用超声波是否更有效。

3. 优化反应条件

在开发一个新工艺来合成某种化学品时，化学家往往只考虑优化反应工艺条件，以提高转化率或产率，而忽略了能量的需要。绿色化学则要求综合考虑化学过程中物质和能量的产生、输送和消耗的各个环节，通过对化学系统的设计、调整和优化，改变化学过程对能量的需求，在生态环境和经济效益许可的条件下，使化学过程对能量的需求达到最小，从而达到合理利用能源的目的。因此，在可能的情况下，化学家在设计反应过程和反应系统时，应考虑如何把能耗降到最低。

目前，除了从化学反应本身来消除环境污染、充分利用资源、减少能源消耗外，还可以通过化工过程强化，实现化工过程的高效、安全、环境友好及生产集约。化工过程强化是指在生产和加工过程中运用新技术和新设备，最大限度地减小设备体积或者提高设备生产能力，显著地提高能量效率，大量地减少废物排放。化工过程强化能充分利用能量，提高生产效率，显著降低能量消耗。

七、利用可再生资源合成化学品

1. 可再生资源与不可再生资源

自然资源是人类赖以生存和发展的物质基础，是人类生产资料和生活资料的基本来源，是维护环境和生态平衡的核心。节约与合理利用自然资源是保护环境及实施可持续发展战略的重要环节。为了研究自然资源的可持续利用问题，根据能否再生，可将自然资源分为可再生资源和不可再生资源。可再生资源是指能够通过自然力以某一增长率保持或增加蕴藏量的自然资源。例如，太阳能、风能、森林、各种野生动植物等，随着地球形成及其运动而存在，基本上是持续稳定产生的。不可再生资源是假定在任何对人类有意义的时间范围内，资源质量保持不变、资源蕴藏量不再增加的资源。石油、天然气、煤和金属矿产都属于这类资源，一旦用尽，无法再生。

2. 利用可再生资源合成化学品

将生物质资源转化为燃料和化工原料的方法有物理法、化学法、生物化学法等。化学法是通过热裂解、分馏、氧化还原降解、水解和酸解等方法将纤维素、木质素等大分子生物质降解成相对分子质量较小的碳氢化合物(可燃气体和液体)，直接作为能源或经处理后作为化工原料。生物法是将生物质降解为葡萄糖，然后转化为各种化学品。在各种转化过程中酶起关键作用，找到合适的酶或含酶微生物，是生物质高效、清洁、经济地转化为有用化学品的关键。

随着石油资源的短缺，利用可再生生物质资源生产汽油替代燃料非常重要。目前，用乙醇部分替代汽油作为机动车燃料已得到极大的应用，并且可以取得长期和明显的环境效益。但传统的以谷物为原料的发酵工艺，原料成本高、能耗大，乙醇生产成本较高。而以廉价的纤维素为原料，采用纤维素酶直接水解发酵生产乙醇，可以明显地降低成本。

还可以利用生物技术将生物质转化成其他各种化学品，例如将谷物中葡萄糖或甘油通过生物催化制备1,3-丙二醇，进而用于制备聚对苯二甲酸丙二醇酯（PPT）；以农业废物（如小麦秆等）为原料合成乳酸；将稻草、甘蔗渣等农业废物处理后得到酸、醇、酮等化工产品。

用生物质作为可再生资源来生产化学品的研究受到人们的普遍重视，也是保护环境和实现可持续发展的要求。然而，以生物质资源作为原料和能源材料也有其局限性，如生物质原材料不能连续供应，价格不具优势。

八、减少不必要的衍生步骤

随着化学合成特别是有机合成的技术和科学变得更加复杂，其要解决的问题也越来越具有挑战性。有时为了使一个特别的反应发生，通常需要对反应分子进行修饰，使其衍生为其他物质。控制和选择衍生作用、简化反应历程，是绿色化学设计的基本方法。

1. 保护基团

利用保护基团是合成化学上常采用的技术之一。对含有多个官能团的反应物分子进行多步化学反应时，在设计化学反应过程中可以对某些欲保留的官能团实行保护，使指定参与反应的官能团反应，进而达到高选择性和高产率。这一方法在精细化学品、药物、杀虫剂、染料等的制备工艺中极为常见。现在已有许多基团的保护方法，一个典型的例子是用苄基保护醇羟基。当要使某分子的某部分发生氧化反应时，该分子上的羟基也会同时被氧化，可以通过向反应物中加入苄基氯，使苄基氯和羟基作用生成苄基醚来保护醇羟基。此时再进行氧化反应，该分子的另一个部位被氧化而醚键不会被氧化。当氧化反应完成后，再使苄基醚键断裂而使羟基再生。

2. 暂时改性

在反应过程中为便于加工处理，需要加入一种物质与系统混合，改变某些物质的宏观性质或功能，这些性质包括黏度、分散度、蒸气压、极性和水溶性等，以满足各种处理方法的要求。当功能完成时，如不再需要保护基团，其母体化合物可以很容易地再生分离。但为改性而加入辅助材料，或改性过程中生成的盐类便成为废弃物。例如，在化学工艺中为完成某一操作过程，可利用沉淀、萃取、分离、相转移等技术使反应过程中的中间物和产物形成盐，在完成这一操作后再把它转变成原来的物质，这一分离手段在化工生产过程中被普遍采用。在聚合物加工过程中，为了降低其黏度，增加流动性，需要将聚合物溶解于某种溶剂中，加工成型后再利用溶剂的可挥发性通过蒸发分离等方法去除所加入的溶剂，最后得到所需的聚合物材料。在该过程中，溶剂的使用只是为了加工成型的需要，它最终成为废弃物，既消耗了资源，又对人类健康和生活环境造成了危害。

3. 加入官能团提高反应选择性

在进行合成设计时化学家们总是力图使每一个反应都有很高的选择性，比如分子中有多个反应位，聪明的方法就是使反应尽可能发生在我们期望的位置。实现这一目标的方法就是先使该反应位衍生成另一个反应物更有吸引力的基团且更易于离去，例如常用卤素衍生物来进行亲核取代反应，卤素的存在使得该反应位更易于发生亲核取代反应。卤素的吸附性使该位置带更多的正电荷，同时卤素又是很好的离去基团。当然，这里又会产生含卤素的废物。

在复杂的合成化学中，为得到目标产物，对分子进行修饰、衍生是必要的。衍生步骤不仅消耗资源和能源，而且必然产生废弃物，有时所需的试剂或产生的废弃物本身还具有毒性。因此，在有机合成中应尽可能避免或减少不必要的衍生步骤，减少衍生物生成，以降低原料的消耗及对人类健康与环境的影响。

九、采用高选择性的催化剂

只有很少几种化学反应，其所有反应物的原子均按化学计量式转化成产物，且不需要加入其他试剂。这类化学计量反应对环境是友好的，具有100%的原子经济性。然而，化学计量反应也存在以下几方面的问题：

(1) 当有两种以上的反应物进行反应时，实际生产中不一定按化学式计量关系的原料配比来进行投料，即使指定反应物的转化率达到100%，但由于另一种反应物过量，过量部分的反应原料需要进一步处理。

(2) 原料中只有部分分子进入目标产物中，其余的部分则成为废弃物。

(3) 为了促进反应，有时需要添加辅助试剂，当反应完成后这些试剂若不回收或无法回收，则变成废弃物。

基于以上原因，人们考虑在反应中加入催化剂。催化剂的作用是促进反应的进行，但本身在反应中不被消耗，也不出现在最终的产品中。据统计，目前化学工业生产中，90%以上的化学反应需要使用催化剂。

采用催化剂可以提高目标产物的选择性。选择性催化可实现反应程度、反应位置及立体结构方面的控制。同样的原料，采用不同的催化剂可以得到不同的反应产物。另外，选用合适的催化剂还可以简化反应步骤，提高反应的原子经济性。催化反应还可以通过采用合适催化剂来降低反应的活化能，提高反应速率，降低反应温度。在大规模生产中，这种效应无论是从环境影响方面还是从经济影响方面都是非常重要的。

因此，催化剂能够在工艺上为降低操作压力和温度、简化流程等提供有利的条件，从而达到提高生产效率、降低成本及节约能源的目的，使化工工艺更加绿色化。但在化学过程设计中对于所用催化剂也要进行适当的选择，有些催化剂本身就是对人体健康和生态环境有毒、有害的，而且反应完成后催化剂本身也需要进行处理。

十、设计可降解化学品

1. 现状

在传统化学品设计生产中，一般只考虑产品的使用性能，极少考虑在产品的生命全周期中产生的物质或者在产品完成使用功效后残留体的性质与作用，只有当它对环境造成了严重的危害时，才引起人们的关注。其中最重要的问题就是“持久性化学品”或“持久性生物积累物”。当化学品废弃后，这些化学品会在环境中保持原样或被各种动植物吸收，并在它们的体内积累，这种积累对相关的动植物有直接或间接的毒害作用。

2. 化学设计中应考虑降解功能

绿色化学认为，设计化学品时须注意当化学品功能用尽时它们能降解为无害的物质和在环境中不能长期存在。现在可生物降解的化学品已成为化学家的首选，不过在设计这类化学品时也要考虑母体化合物生物降解后的存在形式，在设计分子时引入一些易于水解、光解或其他方式裂解的功能团，是化合物生物降解的重要途径。降解前后的化合物毒性和危害都应作评价，因为如果降解后的化合物增加了危害的风险，也就失去了绿色化学的意义。如今多糖聚合物已显示出较传统聚合物的优越性，毒理数据表明其危害低。多糖本身是可再生资源，而且其聚合物在生态环境中可生物降解，所以多糖聚合物正在作为过去使用的一些有害物质的替代品。

十一、预防污染的现场实时分析

化学反应过程是动态的，反应条件的任何扰动都可能造成反应系统各物质量的变化，产生环境或安全隐患。要实现绿色化学过程的目标，就必须对它的整个生产过程进行实时控制，以绿色化学为目的的在线分析化学的发展也是基于“如果不能测定就不能控制”这一前提。化学家在设计化学过程时就要提前考虑如何科学利用检测和监控技术，实时、在线地了解化工生产的反应进程、各方面的生产状况，以及各种化学物质的存在、浓度和变化的可能性。利用这些技术可以对一个化学过程中有害副产品的产生和副反应进行跟踪，当微量的有毒物质被检测到时，可通过调节该过程的一些参数来及时减少或消除有毒物质的形成。如果将传感器和过程控制系统直接连接起来，可实现自动化控制。通过控制生产条件阻止这些物质的大量出现，就可避免有毒、有害物质或者废弃物的产生和意外事故的发生。

分析技术在生产过程中只有做到快速检测，才能准确判断生产过程中反应进行的程度，控制有害副产物的产生，抑制副反应。在许多情况下，化学过程需要不断地加入原料直到反应完成为止。如果通过一个实时在线的检测器测定反应的进度，就可避免加入更多的过量试剂，从而避免过量使用有可能造成的危害。例如，丁二烯氯化制二氯丁烯的反应式为：

$$C_4H_6 + Cl_2 \longrightarrow C_4H_6Cl_2 \tag{2-33}$$

丁二烯氯化反应是气相放热反应，常温下反应速率很快，反应中容易生成氯代副产物和多氯加成副产物，反应选择性受氯气加入量的影响。通过采用实时在线分析的方法测定反应的进度，控制氯气的加入量可提高目标产物二氯丁烯的收率。

实时在线分析技术是绿色化学工艺的重要组成部分，是绿色化学技术顺利实施的基本保障。

十二、防止生产事故的安全工艺

在化学和化工过程中预防事故发生是极其重要的，化学意外事故的发生会严重影响人们的健康和生命，使当地的生态和生存环境恶化，造成巨大的损失。已经发生的几次大的化学事故，使公众认识到控制化学品使用的必要性。绿色化学不仅要防止污染和生态毒害，还要考虑爆炸、火灾及某些化学物质的排放等危害。

减少废物的产生是防止污染的有效办法，但该方法也存在着导致事故发生的隐患。例如，回收利用化工过程中使用的溶剂可以预防环境污染，但同时增加了化学事故或火灾发生的可能性。因此，对一个化工过程必须进行权衡，以达到既防止污染又防止事故发生的目的。

由于不能完全避免意外事故，所以最理想的办法就是使用现有物质的更安全形式，如以固体或低蒸气压物质取代涉及许多化学事故的易挥发液体和气体；不直接使用卤素单质，而采用带卤原子的试剂。

另外，利用“即生即用”技术在一个封闭系统中对产生的有毒、有害物质进行快速处理，避免储存大量具有隐患的有害物质，从而将重大事故隐患消灭于萌芽状态。

参考文献

[1] 周淑晶，冯艳茹，李淑贤. 绿色化学[M]. 2 版. 北京：化学工业出版社，2023.

[2] ANASTAS P T，WILLIAMSON T C. Green chemistry：an overview[M]//ANASTAS P T，WILLIAMSON T C. ACS Symposium Series. Washington，DC：American Chemical Society，1996：1-17.

[3] SATO K，AOKI M，NOYORI R. A “green” route to adipic acid：direct oxidation of cyclohexenes with 30 percent hydrogen peroxide[J]. Science，1998，281：1646-1647.

第三章　绿色原料

第一节　绿色石油化工原料

一、原料的绿色化学评价

原料在化学品的合成中非常重要，是影响一个化学品的制造、加工与使用最重要因素之一。如果一个化学品的合成原料对环境有负面的影响，则该化学品也很可能对环境具有负面影响。正是由于这个原因，当对一个化学品或过程进行绿色化学评估时，原料的评价是基本内容之一。原料对一个化学品整体性能的影响程度取决于许多因素，如化学品生产过程的复杂性、合成步骤的多少等。如果化学品的制备是一步的催化转换，则原料的环境性能对产品是很重要的。相反，如果最终产物需要经过很多步合成及复杂的加工与纯化过程生成，则原料的重要性在一定程度上被减弱。但无论在何种情况下，对原料的评价均是绿色化学评定一个产品或过程的重要一步。

原料的绿色化学评价一般从以下几个方面进行：

(1) 原料的危害性

评估原料的第一个问题是研究原料本身有无危害性。绿色化学每一步评估的核心问题是考虑对人类健康和环境的危害性，对于原料的评估也不例外。选择原料时，必须要关注其是否具有长期的毒性、致癌性和生态毒性，甚至还要考虑发生意外事故的可能性以及是否存在其他不友好的性质等。由于生产化学品常常涉及大量的原料和对原料进行大批量处理，如果起始原料对人类健康和环境有危害，则其影响将存在于化学品的整个生命周期中。

(2) 原料的来源

评估原料的第二个问题是原料的来源，即原料是通过开采、炼制还是合成获得的。这里要评价的一个问题是，原料的来源不同会带来什么样的后果。如果一个化学品来源于一个无用的副产品，而这种副产品正好需要进行处理，那么这个化学品作为原料来使用，可能具有明显的环保优势。相反，如果一个化学品来源于某一消耗有限自然资源的过程，或来源于一个可导致不可消除的环境破坏的过程，则该化学品作为原料的使用可能导致严重的负面环境影响。正是由于这个原因，人们必须首先考虑原料来源问题。

（3）原料的可再生性

评估原料的另一个问题是原料是可再生的，还是不可再生的。当然，只要给定足够的时间，所有的物质均是可再生的。在进行绿色化学评价时，这个时间概念一般指相对人类生命可以接受的时间尺度。因此，通常将石油及其他基于化石燃料的原料看成不可再生资源，而将基于生物质和农作物残渣的原料看成是可再生资源。

有时某一原料根据其来源不同，可认为是可再生资源，也可认为是不可再生资源。在使用 CO_2 做碳资源原料时，认为 CO_2 来自化石燃料燃烧时，则其是不可再生资源；若认为 CO_2 来自生物质的燃烧，则其是可再生资源。在进行原料评估时，其可获得性也是很重要的。一个日益枯竭的原料不仅具有环境方面的问题，还有经济上的弊端。一个日益枯竭的原料将不可避免地引起生产费用与购买价格的提高，如果其他因素条件相同，一个可持续获得的原料就优于一个日益枯竭的原料。

（4）原料选择的下游影响

一个化学品制造中原料选择的影响并不只限于原料本身的直接影响。如果所选择原料要求使用一个毒性很大的试剂来完成合成路径中的一步化学转换，则这种原料的选择间接地引起了对环境更大的负面影响。有时一个对环境无害的、可再生的原料，由于它的使用所产生的下游物质，也可能对人类健康与环境造成危害。因此，在对原料进行绿色化学评价时，不仅要评价所涉及物质本身，还应考虑其对下游的影响。

通过对原料的绿色化学评价，在选择原料时应尽量使用对人和环境无害的原料，避免使用枯竭或稀有的原料，尽量采用可回收再生的原料，采用易于提取、可循环使用的原料，使用环境可降解的原料。

二、绿色原料碳酸二甲酯的合成及应用

1. 碳酸二甲酯概述

碳酸二甲酯（dimethyl carbonate，DMC）是一种常温下无色、无毒、略有香味、透明的液体，分子式为 $C_3H_6O_3$，结构式为 $CH_3OCOOCH_3$；微溶于水，但能与水形成共沸物，可与醇、醚、酮等大多数有机溶剂混溶；对金属无腐蚀性，可用铁桶盛装储存；微毒。

DMC 化学性质非常活泼，在多种类型的化学反应中具有良好的反应活性，可广泛用于羰基化、甲基化、甲氧基化等有机合成过程，已成为一种重要的有机化工中间体，用于生产聚碳酸酯、异氰酸酯、聚氨基甲酸酯、苯甲醚、四甲基醇胺、长链烷基碳酸酯、碳酰肼、丙二酸酯、碳酸二乙酯、呋喃唑酮、肼基甲酸甲酯、苯氨基甲酸甲酯等多种化工产品。DMC 可替代剧毒的光气（碳酰氯）、氯甲酸甲酯、硫酸二甲酯等作为甲基化剂或羰基化剂使用，可以提高生产操作的安全性，并降低环境污染（表 3-1）；DMC 可替代氟利昂、苯、甲苯、二甲苯、二氧乙烷、三氧乙烷、三氧乙烯等有毒有害溶剂，用于油漆涂料、反应溶剂等；DMC 也可以作为汽油添加剂，提高其辛烷值和含氧量，进而提高其抗爆性；DMC 还可用于清洁剂和萃取剂等。DMC 是一种符合现代“清洁工艺”要求的环保型化工原料，且用途非常广泛，因而受到了国内外化工行业的广泛重视。近年来，其合成方法和应用领域不断拓宽，被称为现代有机合成的“新基块”。

表 3-1 DMC、$COCl_2$、DMS 和 CH_3Cl 性能比较

性能	DMC	$COCl_2$	DMS	CH_3Cl
外观	无色透明液体	无色气体	无色透明液体	无色液体
相对分子质量	90.08	98.82	125.13	50.49
熔点/℃	4	−118	−27	−97.6
沸点/℃	90.3	8.2	188(分解)	−23.7
相对密度 d_4^{20}	1.071	1.432	1.332 2	—
折射率 η_D^{20}	1.366	—	1.387 4	—
闪点/℃	17	—	83	—
水溶性/%	13.9	微溶	2.72	溶于水
口服毒性(老鼠 LD_{50})	13 g/kg	—	0.205 g/kg	1.8 g/kg
吸入毒性(老鼠 LD_{50})	140 mg/kg,240 min	1.4 mg/kg,3 min	0.45 mg/kg,240 min	152 mg/kg,30 min
毒性等级	普通化学品	剧毒物	剧毒物	剧毒物
突变性	无	有	有	有

2. 碳酸二甲酯的制备方法

自 1918 年用氯甲酸甲酯与甲醇反应制得 DMC 以来,人们一直致力于高效、安全 DMC 合成方法的研究。已开发出来的合成 DMC 的方法主要有光气法、甲醇氧化羰基化法、酯交换法、甲醇与二氧化碳直接反应法、尿素醇解法等。光气法由于原料剧毒,设备腐蚀严重,已逐步被淘汰。目前工业应用的主要生产方法是甲醇氧化羰基化法和酯交换法,其他一些方法则还处于研究开发中。DMC 的合成技术不断朝着路线简单化、过程无毒化、无污染化的清洁合成技术方向发展。

(1) 甲醇氧化羰基化法

按反应相态,甲醇氧化羰基化合成 DMC 可分为液相法、气相法和低压气相法 3 类。合成的总化学反应方程式如下:

$$2CH_3OH+\frac{1}{2}O_2+CO \longrightarrow CH_3O-\overset{\overset{\displaystyle O}{\|}}{C}-OCH_3+H_2O \tag{3-1}$$

甲醇液相氧化羰基化法(ENI 法)是最早出现的非光气合成法,也是目前 DMC 主要工业生产方法。该方法由意大利 Ugo Romano 等人于 1979 年研发成功,1983 年意大利埃尼公司(EniChem Synthesis)首次在拉韦纳(Ravenna)实现工业化。ENI 法以氯化亚铜为催化剂,反应在两台串联的带搅拌的反应器中分两步进行。甲醇既为反应物又为溶剂,反应温度 120~130 ℃,压力 2.0~3.0 MPa。典型工艺流程包括氧化羰基化工段及 DMC 分离回收工段,采用氯苯作萃取剂分离 DMC 与甲醇的混合物。ENI 法单程收率 32%,选择性按甲醇计近 100%。不足之处是选择性按 CO 计不稳定(最高时 92%,最低时仅 60%),主要原因是带搅拌的釜式反应器造成 CO 对 DMC 的选择性为时间的减函数。此外,该方法腐蚀性

大，催化剂寿命短。

（2）酯交换法

酯交换法，又称酯基转移法，是近年来在合成 DMC 领域发展较快的一种方法。该方法是由环烷基碳酸酯与甲醇发生酯交换反应合成 DMC，同时生成二元醇副产物。酯交换反应是可逆反应，受化学平衡的影响，将反应生成的 DMC 和二元醇从体系中蒸馏出来，有利于平衡向正方向移动，提高 DMC 产率。其反应式如下：

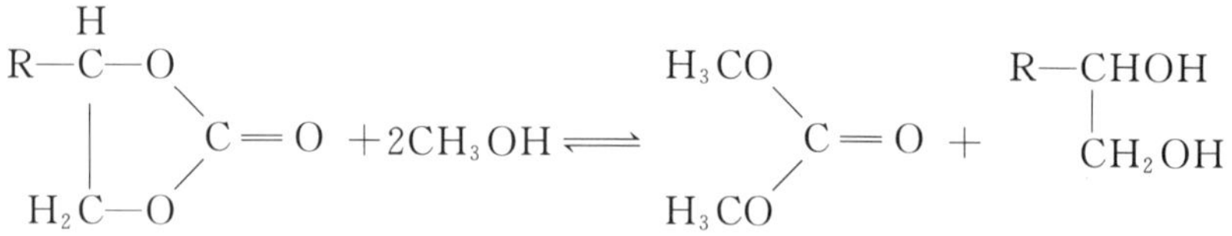

(3-2)

该反应式中，R 为 H（碳酸乙烯酯）、CH_3（碳酸丙烯酯）、烷基或芳基。碳酸乙烯酯（EC）和碳酸丙烯酯（PC）是常用的环烷基碳酸酯。酯交换法合成 DMC 虽然产品收率高，反应条件也较温和，但目前我国主要由环氧乙（丙）烷与二氧化碳反应合成碳酸乙（丙）烯酯，其工艺复杂，投资大，产量低，因而原料不易得到、产品成本高。此外，还存在副产物成分太高、分离过程复杂等缺点。

（3）甲醇与二氧化碳直接反应法

CO_2 是主要的工业排放物，也是重要温室气体之一。从另一个角度看，CO_2 也是一种潜在的碳源，且储量丰富。用甲醇和 CO_2 直接合成 DMC，具有反应原料来源广、成本低、原子利用率高（83%）的特点，且反应物和产物无毒，在合成化学、碳资源利用和环境保护方面均具有重要意义，目前国内外都积极致力于该过程的研究。甲醇和 CO_2 直接合成 DMC，在温度 0～800 ℃和压力 0～1 MPa 范围内反应的自由能变 ΔG 均为正值，说明该反应在热力学上是不可行的。因此，研制高活性的新型催化剂和新反应技术，促进 CO_2 的活化，提高 DMC 的收率，是整个工艺实现工业化的关键。其反应式为：

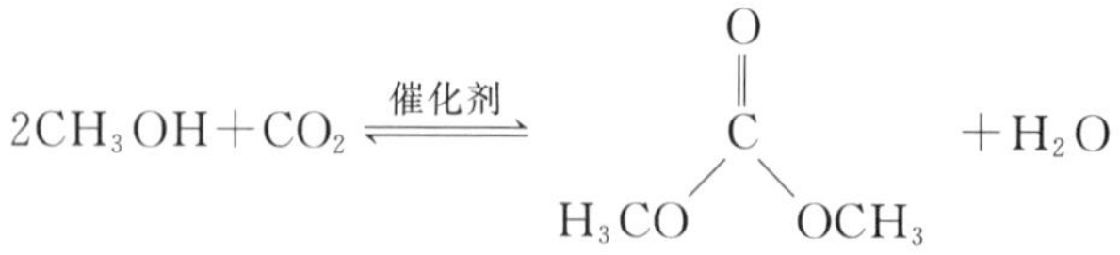

(3-3)

（4）尿素醇解法

尿素醇解法是一种新型的 DMC 生产工艺，反应过程如下：

$$CO_2 + 2NH_3 \longrightarrow (NH_2)_2CO + H_2O \tag{3-4}$$

$$(NH_2)_2CO + 2CH_3OH \longrightarrow (CH_3O)_2CO + 2NH_3 \tag{3-5}$$

热力学计算表明，其理想反应自由能变 ΔG 为 +12.6 kJ/mol（100 ℃），在热力学上是不可行的。为了促进反应在热力学上能够进行，可升高温度，使用高效能催化剂，以提高 DMC 的收率，如采用有机锡[$Bu_2Sn(OCH_3)_2$]为催化剂。

尿素醇解法具有原料价廉易得、操作工艺简单、反应产生的氨气可以回收利用等优点，而且反应过程中无水生成，避免了其他几种非光气工艺路线需处理甲醇-DMC-水复杂体系的问题。产物后续分离提纯简便，制备过程基本无污染，是符合人类可持续发展要求的绿色化工工艺，但尿素直接醇解法也存在着反应条件苛刻、DMC 收率较低等不足。

3. 碳酸二甲酯的应用

(1) 羰基化试剂

碳酰氯(Cl—CO—Cl)，俗称光气，在室温下是有甜味的气体，沸点为 8 ℃，它含有活泼的氯原子，反应活性较高，是有机合成的重要传统原料，如生产氨基甲酸盐、磺酸盐、异氰酸盐、尿素塑料及杂环化合物等，此外还可以用作氯化剂、脱水剂、烃化剂、保护或活化剂等。但光气有剧毒，在空气中的最高允许含量为 1.0×10^{-7}，吸入微量也能使人畜死亡。而且，以光气为原料会产生盐酸及氯化物等副产物，带来严重的设备腐蚀及废物处理问题。因此，寻找替代光气的清洁生产途径是绿色化学发展的方向之一。

DMC($CH_3O—CO—OCH_3$)具有与光气类似的亲核反应中心，当 DMC 羰基受到亲核攻击时，酰基—氧键断裂，形成羰基化合物，副产物为甲醇。因此，DMC 可以代替光气成为一种安全的反应试剂来合成碳酸衍生物，如氨基甲酸酯类农药、聚碳酸酯、异氰酸酯等。

① 聚碳酸酯

聚碳酸酯(polycarbonate，PC)是一种重要的工程塑料，传统的合成方法是以甲基氯为溶剂，使丙二酚与光气进行反应[式(3-6)]。以 DMC 为原料合成 PC，一般是先用 DMC 与酚进行酯交换生成碳酸二苯酯(DPC)[式(3-7)]，再由 DPC 与丙二酚在熔融状态下反应生成 PC[式(3-8)]。用 DMC 代替光气，由于工艺中不含氯原料，因而制得的产品纯度高、质量好，可用于制造磁带、磁盘等光电子产品。目前，合成芳香基的 PC 产品是 DMC 在化工功能上最大的用途。

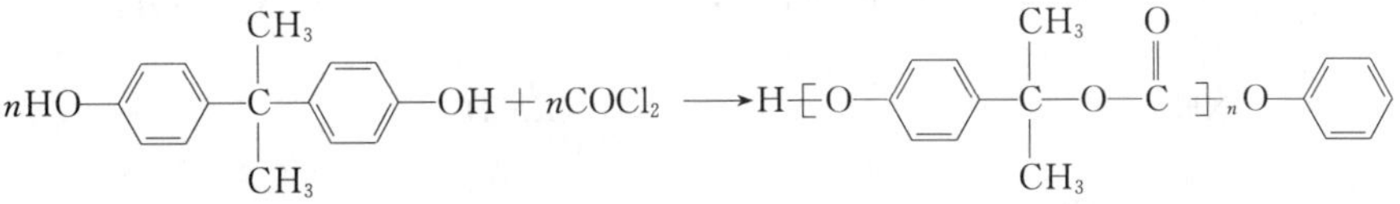

(3-6)

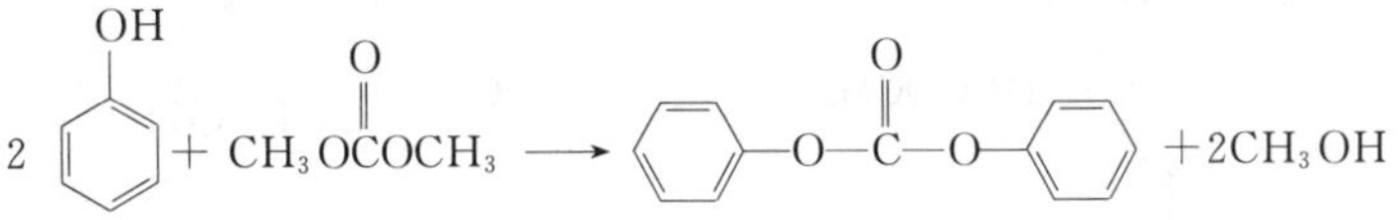

碳酸二苯酯(DPC)

(3-7)

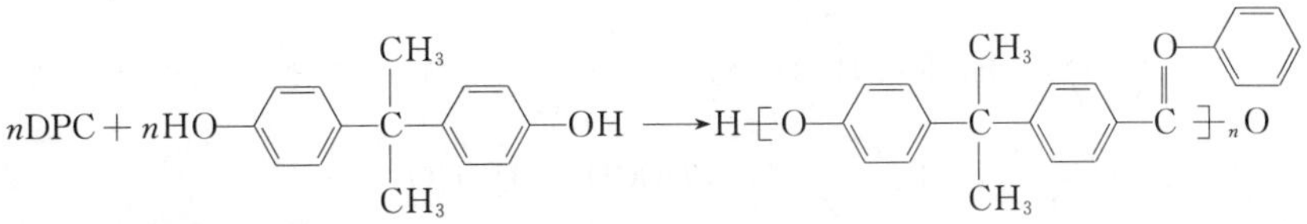

(3-8)

② 烯丙基二甘醇碳酸酯

烯丙基二甘醇碳酸酯(allyl diglycol carbonate，ADC)是一种光学性能优异的热固性树脂，具有耐磨性、耐化学药品性，可代替玻璃用于树脂眼镜片和光电子材料等领域。原工艺是以丙烯醇、二甘醇以及光气为原料[式(3-9)和式(3-10)]。使用 DMC 代替光气，生产过程毒性低、无腐蚀性、废物少[式(3-11)和式(3-12)]。用 DMC 代替光气制造的烯丙基二甘醇碳酸酯不含卤素，品质高，以 DMC 为原料生产的树脂眼镜片已经在许多国家投放市场。

$$HOC_2H_4OC_2H_4OH+2COCl_2 \longrightarrow O(C_2H_4O\overset{\overset{O}{\|}}{C}Cl)_2+2HCl \qquad (3\text{-}9)$$

$$O(C_2H_4O\overset{\overset{O}{\|}}{C}Cl)_2 + 2HOCH_2CH{=}CH_2 \xrightarrow{NaOH}$$

$$O(C_2H_4O\overset{\overset{O}{\|}}{C}OCH_2CH{=}CH_2)_2 + 2NaCl + 2H_2O \quad (3\text{-}10)$$

$$2CH_2{=}CHCH_2OH + (CH_3)_2CO_3 \longrightarrow (CH_2{=}CHCH_2O)_2CO + 2CH_3OH \quad (3\text{-}11)$$

$$2(CH_2{=}CHCH_2O)_2CO + HOC_2H_4OC_2H_4OH \longrightarrow$$

$$O(C_2H_4O\overset{\overset{O}{\|}}{C}{-}OCH_2CH{=}CH_2)_2 + 2CH_2{=}CHCH_2OH \quad (3\text{-}12)$$

③ 异氰酸酯

异氰酸酯(isocyanate)主要包括甲苯二异氰酸酯(TDI)和二苯基甲烷二异氰酸酯(MDI)等,可以用于生产聚氨酯泡沫塑料、涂料、弹性体、黏合剂、杀虫剂、除草剂等。传统合成工艺是由光气与胺类反应,以DMC代替光气与胺反应生成异氰酸酯,DMC与伯胺在碱性条件下反应得到氨基甲酸甲酯,经热分解得到异氰酸酯和甲醇[式(3-13)~式(3-17)]。反应的第二步生成的副产物甲醇可以通过氧化羰基化法合成DMC,可望成为零排放的绿色化学过程。同时,可以避免传统光气工艺中原料和中间体剧毒、"三废"严重、装置腐蚀等问题。

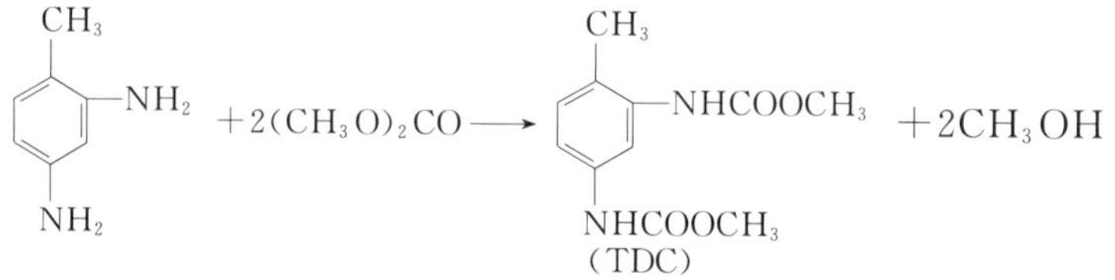

(3-13)

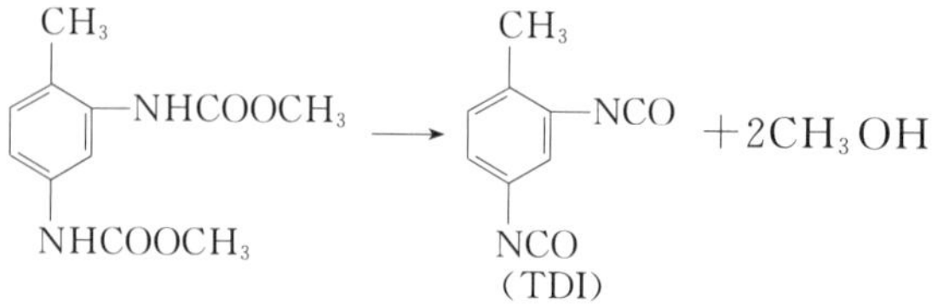

(3-14)

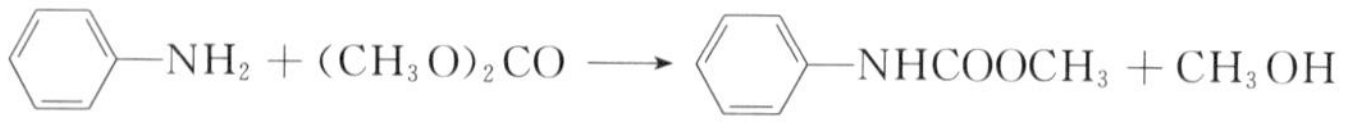

(3-15)

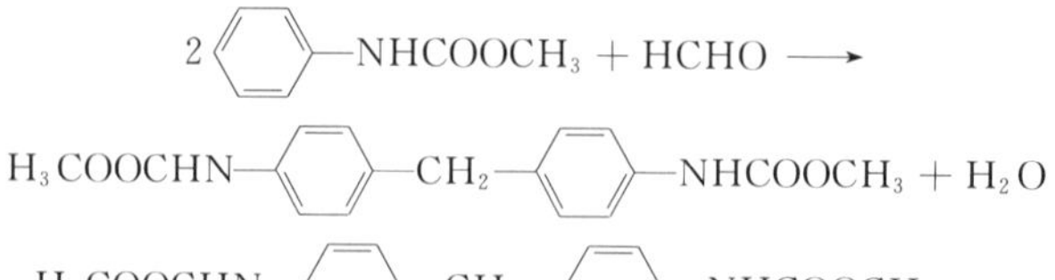

(3-16)

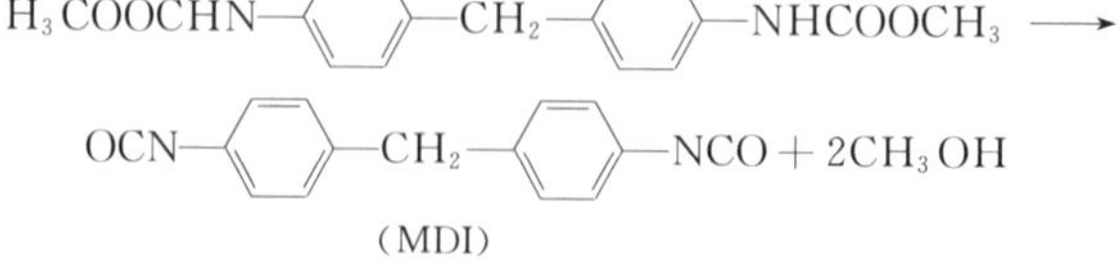

(3-17)

④ 西维因杀虫剂

西维因(1-萘基-*N*-甲基氨基甲酸酯,carbaryl)是一种杀虫剂,传统工艺由α-萘酚与异氰酸甲酯反应,或与光气、甲胺反应合成[式(3-18)~式(3-22)]。原料光气和异氰酸甲酯均有剧毒，1984 年发生的震惊世界的“印度博帕尔大惨案”，就是因异氰酸甲酯管理失控导致泄漏引起的。因此，用 DMC 代替光气制备西维因就可大大提高安全性。

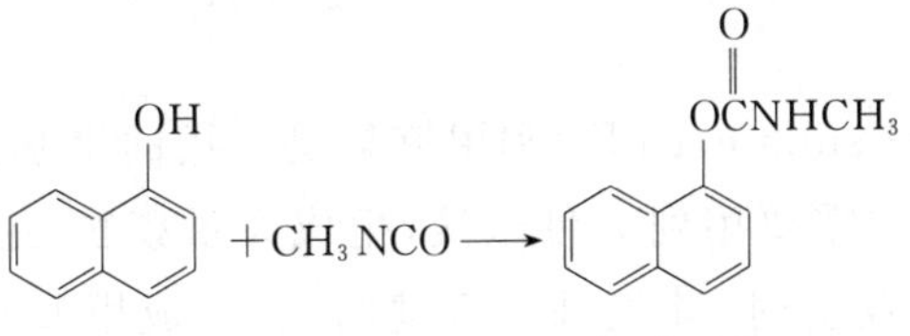

(carbaryl)

(3-18)

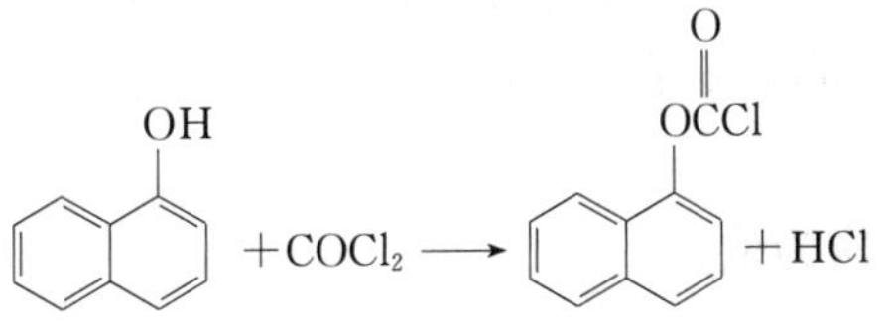

(3-19)

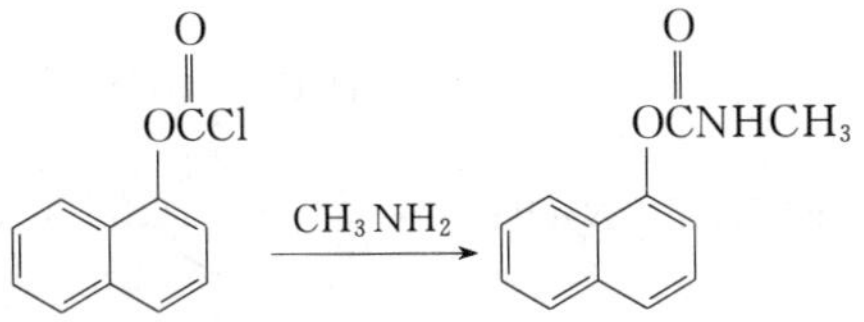

(3-20)

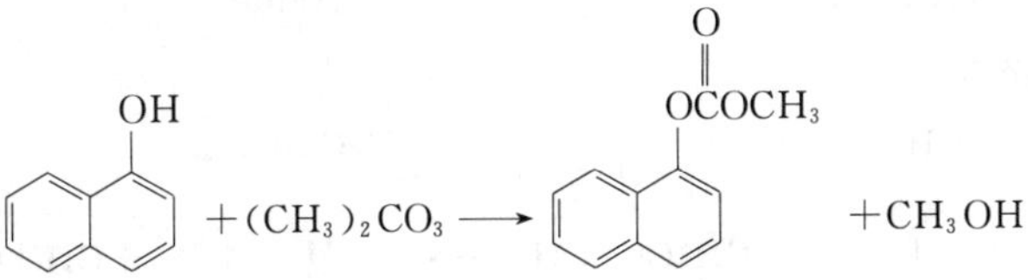

(3-21)

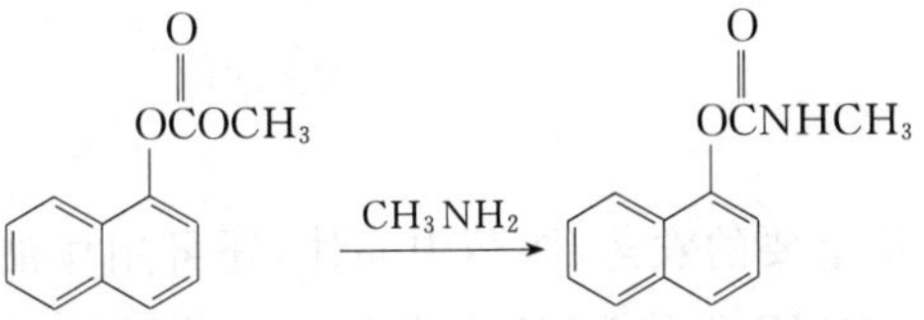

(3-22)

⑤ 长链烷基磺酸酯 $C_{12}\sim C_{15}$

以 DMC 和高碳醇（$C_{12}\sim C_{15}$）为原料可制得分子中具有碳基的长链烷基磺酸酯，它是一种良好的合成润滑油基材，具有良好的润滑性、耐磨性、自清洁性、耐腐蚀性等，目前已广泛应用于引擎油、金属加工油、压缩机油等。

$$R'OH + R''OH + CH_3O\overset{\overset{O}{\|}}{C}OCH_3 \longrightarrow R'O\overset{\overset{O}{\|}}{C}OR'' + 2CH_3OH \quad (3\text{-}23)$$

⑥ 对称二氨基脲

肼与 DMC 发生羰基化反应得到对称二氨基脲，可代替剧毒、易燃、易爆的水合肼用作锅炉除垢剂，使用安全，市场前景较好。

$$2H_2NNH_2 + CH_3O\overset{\overset{O}{\|}}{C}OCH_3 \longrightarrow H_2NHN-\overset{\overset{O}{\|}}{C}-NHNH_2 + 2CH_3OH \quad (3\text{-}24)$$

⑦ *N*-甲基咔唑

N-甲基咔唑（肼基甲酸甲酯）是农药卡巴氧中间体，可以用肼和 DMC 合成。此法已用于工业化生产。

$$H_2NNH_2 + CH_3OC(=O)OCH_3 \longrightarrow H_2NNHC(=O)OCH_3 + CH_3OH \quad (3\text{-}25)$$

(2) 甲基化试剂

磺酸二甲酯(dimethyl sulfate,DMS)和甲基氯是常用的甲基化试剂,它们都具有剧毒性和腐蚀性,且使用过程中需要用到大量碱液,生成大量废物,还存在产品分离问题。当DMC的甲基碳受到亲核攻击时,其烷基—氧键断裂,生成甲基化产品。因此,它能替代DMS或甲基氯作为甲基化试剂。而且使用DMC作为甲基化试剂反应收率更高、工艺更简单,有利于实现安全操作和环境友好的目的。

① C甲基化

以苯乙腈C甲基化反应为例。

传统路线:

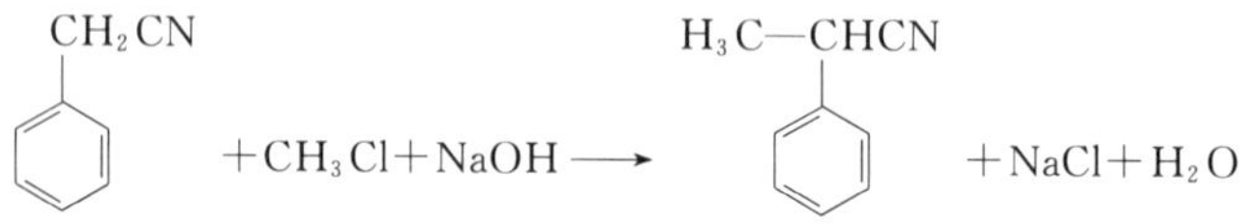

(PAN) (MPAN) (3-26)

DMC替代路线:

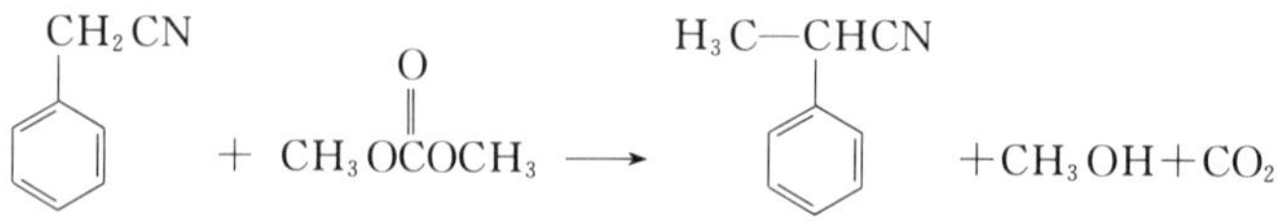

(PAN) (MPAN) (3-27)

② O甲基化

苯甲醚,又称茴香醚,是重要的农药、医药中间体,还可用作油脂工业抗氧化剂、塑料加工稳定剂、食用香料等。用DMC代替DMS与苯酚生产苯甲醚,副产物为甲醇和CO_2,毒性小,生产安全,转化率和选择性均能提高。

传统路线:

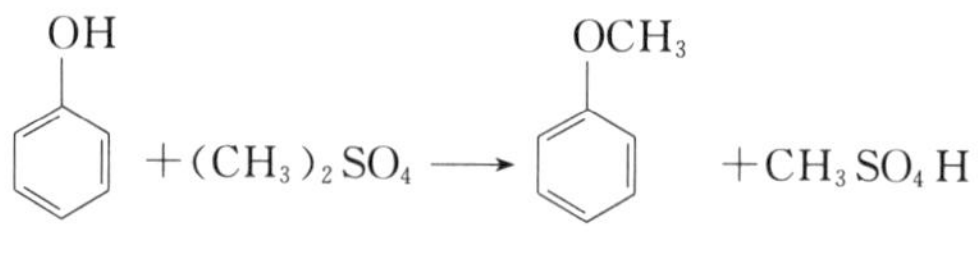

(3-28)

DMC替代路线:

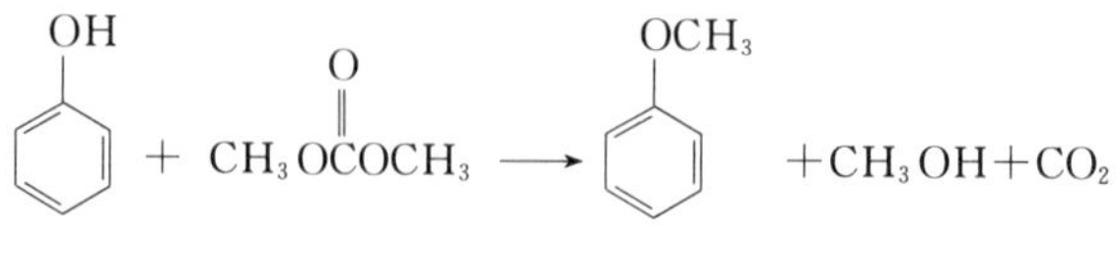

(3-29)

③ N甲基化

以碱金属交换的Y型分子筛(NaY、KY等)为催化剂,以苯胺以及取代苯胺为底物与DMC反应,可以得到相应的甲基化反应,反应直接且产率高,甲基化反应选择性为90%~97%:

$$XC_6H_4NH_2 + ROC(=O)OCH_3 \xrightarrow[130\sim160\ ^\circ C]{NaY} XC_6H_4NHCH_3 + ROH + CO_2 \qquad (3\text{-}30)$$

其中，R=Me，MeO$(CH_2)_2$O$(CH_2)_2$；X=H，*p*-NC，*p*-O_2N，*o*-MeO_2C，2，6-di-Me。

④ S甲基化

对称硫醚的传统合成方法是通过硫醇与卤代烃的烷基化反应制备。近年来，DMC在该反应中也得到了应用。

$$nC_6H_{13}SH \xrightarrow{+DMC} nC_6H_{13}SCH_3 \quad （产率86\%） \qquad (3\text{-}31)$$

$$C_6H_5SH \xrightarrow{+DMC} C_6H_5SCH_3 \quad （产率84\%） \qquad (3\text{-}32)$$

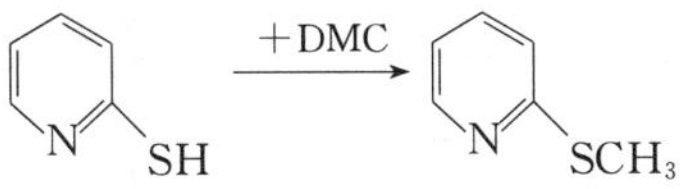

（产率79%） (3-33)

$$HS(CH_2)_nSH \xrightarrow{+DMC} CH_3S(CH_2)_nSCH_3 \qquad (3\text{-}34)$$

（n=6，产率84%；n=5，产率82%；n=3，产率90%）

(3) 燃油添加剂

机动车油料燃料排放的尾气中所含的NO、CO、碳氢化合物以及碳烟颗粒物等已经成为造成城市大气污染的重要原因。为了改善汽油的燃料性能，通常需要向汽油中添加某些物质，如加入抗爆添加剂，也称为辛烷值改进剂。它可以提高车用汽油的辛烷值，防止气缸中的爆震现象，提高发动机的有效热效率，保证汽车具有良好的动力性能，使汽车的油耗降低，减少污染物排放量。目前，国际上广泛采用甲基叔丁基醚(MTBE)作为燃料添加剂，以提高汽油辛烷值。但现在人们发现，MTBE有潜在的致癌性，而且由于加油站储油罐的泄漏，MTBE对地下水会造成严重的污染。DMC逐渐成为新型燃油添加剂，其氧含量高(分子中氧含量高达53%)，是MTBE的3倍，使汽油达到同等氧含量时使用的DMC的量比MTBE少，可提高辛烷值，有效降低颗粒物和其他污染物的排放，而且其合成不像MTBE依赖异丁烯的生产。DMC在汽油中可溶性好，添加有DMC的汽油遇到水不像含醇汽油那样容易出现浑浊或分层。DMC还具有低毒和容易快速生物降解等优点，克服了常用汽油添加剂易溶于水，污染地下水源的缺点。因此，DMC成为替代MTBE最有潜力的汽油添加剂之一。

(4) 低毒溶剂

DMC具有优良的溶解特性，其表面张力大、黏度低、介电常数小，同时具有较高的蒸发温度和较快的蒸发速度，可作为低毒溶剂用于涂料工业和医药工业。DMC不仅毒性小，还具有闪点高、蒸汽压低和空气中爆炸下限高等优点(表3-2)，是集清洁性和安全性于一身的绿色溶剂。DMC可以是半导体工业使用的对大气臭氧层有破坏作用的清洁剂CFC和三氯乙烷的替代品之一，也可替代传统的溶剂，作为化学反应的介质。

表 3-2　DMC、异丙醇、三氯乙烷的物理性质比较

物　质	DMC	异丙醇	三氯乙烷
相对分子质量	90.06	60.1	133.4
沸点/℃	90.3	82.3	74.1
熔点/℃	4	−88.5	−32.6
相对密度 d_4^{20}	1.07	0.786	1.32
蒸汽压(20 ℃)/($\times 10^3$ Pa)	5.6	4.3	13.3
闪点/℃	17	12	—
着火点/℃	465	460	—
黏度(20 ℃)/($\times 10^{-3}$ Pa·s)	0.625	2.41	0.79
介电率	2.6	18.6	7.12
100 g 水中溶解度/g	13.9	∞	0.44
比蒸发速度	4.6	2.9	—
SP 值	9.4	10.9	8.6

三、绿色氧化剂过氧化氢的合成及应用

1. 过氧化氢概述

过氧化氢(H_2O_2)，其水溶液俗称双氧水，是工业上重要的氧化剂、消毒剂和漂白剂。氧原子采取不等性的 sp^3 杂化轨道成键，分子为共价极性分子，立体结构犹如半展开书的两页纸，如图 3-1 所示。纯过氧化氢是一种蓝色的黏稠液体，沸点为 150 ℃，熔点为−0.4 ℃，密度比水大得多(20 ℃时为 1.465 g/cm^3)。过氧化氢的许多物理性质和水相似，可与水任意比例混合，是离子化溶剂。

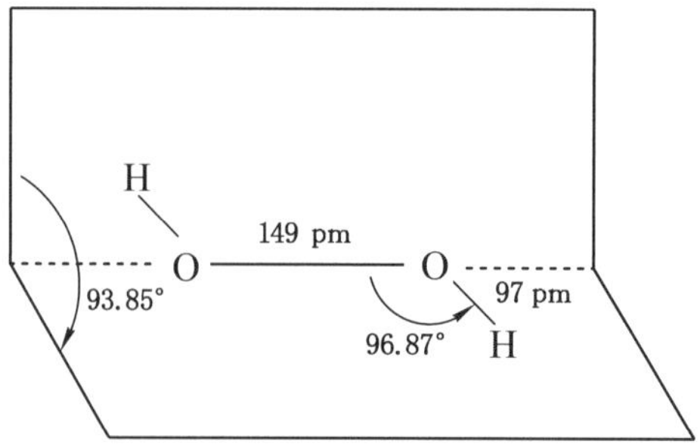

图 3-1　H_2O_2 的分子结构

金属离子等杂质能催化分解 H_2O_2，分解产物为无毒无害的水和氧气。H_2O_2 具有强氧化性，其在酸性溶液中的氧化性显著高于在碱性溶液中。H_2O_2 作为氧化剂使用后，产物主要是水，不产生有毒废物，因而是绿色化学试剂，被广泛用于纺织、造纸、卫生、化学化工和环保等行业。在美国，与 H_2O_2 相关的研究分别在 1999 年、2007 年和 2010 年获得“总统绿色化学挑战奖”。在欧洲，H_2O_2 在有机合成中作为绿色化学试剂的应用越来越普遍，在化

学合成中的用量已占到了其使用总量的43%。

2. 过氧化氢的制备

H_2O_2 的制备最早于1818年由Thenard报道，是用硝酸与过氧化钡反应制备[式(3-35)]。目前，全世界每年 H_2O_2 产量已经超过了220万t，其中95%以上由20世纪40年代开始商业化的蒽醌自氧化法(AO)制备[式(3-36)]。

$$BaO_2(s)+2H_3O^+ \longrightarrow H_2O_2(aq)+Ba^{2+}+2H_2O \tag{3-35}$$

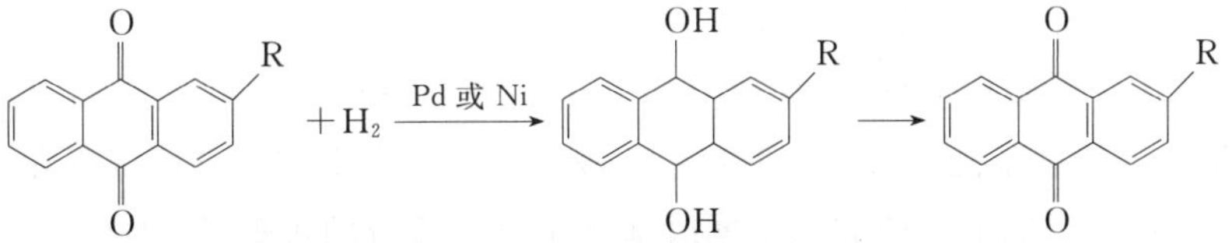

(3-36)

H_2O_2 也可以通过电解法来生产，但是电解法一般在强酸或者强碱条件下进行，产物需纯化后才能应用，同时生产过程会带来一定程度的污染。电解法的工作原理如下：当氧气或空气通过阴极表面时，溶解的氧气在 H^+ 存在的条件下被还原生成过氧化氢[式(3-37)]，同时阳极上发生水的氧化反应[式(3-38)]。

$$O_2+2H^++2e^- \longrightarrow H_2O_2 \tag{3-37}$$

$$2H_2O \longrightarrow O_2+4H^++4e^- \tag{3-38}$$

近年来在催化剂的作用下通过 O_2 和 H_2 直接合成 H_2O_2 取得了重大进展，该方法不但经济，而且避免了其他方法污染大、耗能高的特点，其中Pd基催化剂是研究报道最多的。研究发现，掺杂第二金属活性组分可以提高Pd催化剂的活性和选择性，已报道的掺杂Pd基催化剂的第二金属有Au、Pt、Ce、La、Fe、Co、Ni、Cr、Mn、Zn、Cd、Cu等。例如，Hutchings等考察了单金属Pd、Au和双金属Pd-Au的催化性能，发现使用2.5%Pd/TiO_2 催化剂，H_2O_2 选择性达到48%，产物中 H_2O_2 质量分数为0.18%；而采用2.5%Au-2.5% Pd/TiO_2 催化剂，H_2O_2 选择性达到89%，产物中 H_2O_2 质量分数为0.404%；对2.5%Au-2.5%Pd/TiO_2 进行硝酸预处理后，H_2O_2 选择性达到95%，生产能力达到0.11 mol/(g·h)。

3. 过氧化氢在绿色化学中的应用

(1) 在皮革工业中的应用

皮革业不仅促进了我国农牧业的进步，对带动地域经济发展也起着重要作用。然而，皮革工业也给生态环境带来了巨大压力和负担。据统计，我国皮革行业每年排放污水在1亿t以上，排放铬3 500 t、硫5 000 t、悬浮物12万t、化学耗氧量15万t、生化耗氧量8万t。脱毛工序是制革污染的主要源之一，硫化物脱毛是常用的脱毛方法，硫化物主要来自该工序。

H_2O_2 具有较强的氧化能力，它能破坏角质蛋白分子中的双硫键，从而降低角蛋白的化学稳定性，促进其在碱溶液中的溶解。因此，H_2O_2 可用于脱毛工艺。用 H_2O_2 脱毛不是将毛全部溶解，而是有一部分毛干仍保留在脱毛液中，这部分未溶的毛干可以通过过滤去除，不进入废液，从而减少废液中的氨基酸氮、COD及总固体物含量；脱毛液体系中 H_2O_2 分解会产生 O_2，促进部分有机物的氧化，也有利于COD值降低。与硫化物脱毛相比，H_2O_2 使皮内毛根去除干净，能以较快的速度分散胶原纤维，而且使革的粒面层与网状层连接紧密，不易出现松面现象。此外，H_2O_2 在动物毛皮和粒面层天然色素的脱色过程及皮革化学品合成和改性中都有很好的应用。

(2) 在有机合成方面的应用

① 合成己二酸

己二酸(adipic acid,ADA)是一种重要的化工原料,主要用于合成尼龙-66、聚氨酯和增塑剂,还可用于生产高级润滑油、食品添加剂、医药中间体、塑料发泡剂、涂料、黏合剂、杀虫剂与染料等。目前,工业合成己二酸主要采用硝酸氧化法,该方法由于使用强氧化性的硝酸,严重腐蚀设备,而且产生温室气体 N_2O。

Noyori 等用钨酸钠作催化剂,用硫氢酸三辛基甲基铵作相转移催化剂,用过氧化氢作氧化剂,氧化环己烯制备己二酸[式(3-39)]。该合成过程中不使用有机试剂和卤化物,己二酸的产率达到了 90%以上。研究人员同时提出了这一反应的机理(图 3-2)。

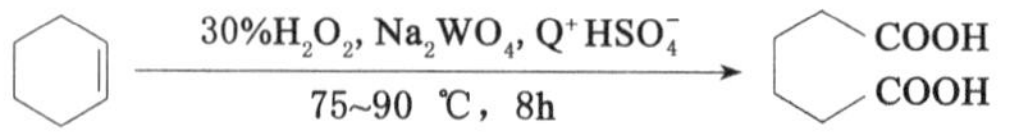

(3-39)

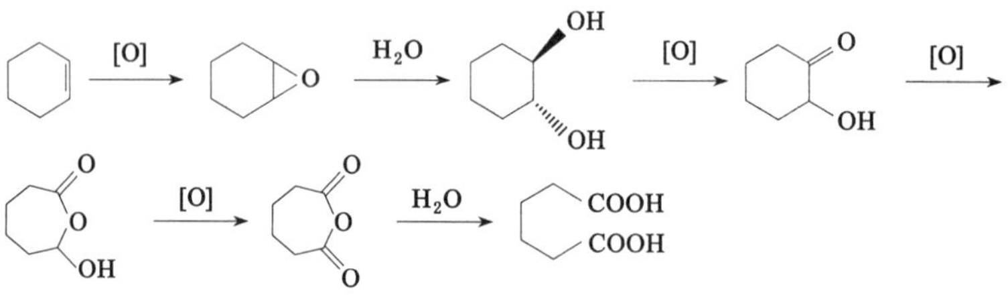

图 3-2 氧化环己烯合成己二酸的机理

曹小华等在无有机溶剂、相转移催化剂的情况下,以 30%的过氧化氢为氧化剂,以钨酸/磷酸配体体系催化氧化环己酮合成己二酸。研究发现,在水溶液中,当各物质摩尔比为环己酮∶过氧化氢∶钨酸∶磷酸=100∶500∶2.5∶2.5 时,90 ℃反应 5 h,己二酸收率可达 86.7%。反应过程中未使用有机溶剂和相转移剂,原料易得,氧化条件温和,操作简单,反应时间短,是一条简单易行的绿色化途径。

② 合成酯

用 H_2O_2 合成酯的方法较多,Baeyer-Villiger 氧化反应是其中一个重要方法。Gopinath 等在高氯酸存在下,用氧化钒作催化剂,催化 H_2O_2 氧化芳甲醛与甲醇反应生成芳甲酸甲酯,反应条件温和,时间短,产率高,目标产物易分离[式(3-40)]。

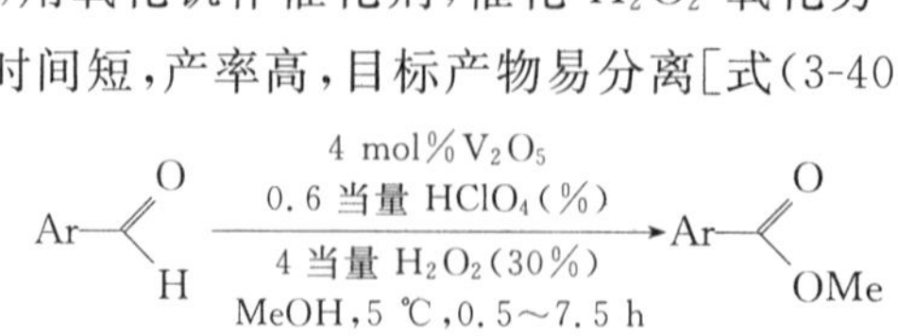

(3-40)

③ 合成醇、酚

H_2O_2 氧化烯合成醇是制备醇、酚的常用方法,研究的热点主要是筛选高性能的氧化反应体系。Trudeau 等报道了顺式邻二醇的合成方法[式(3-41)],所用催化剂为 Rh 配合物。

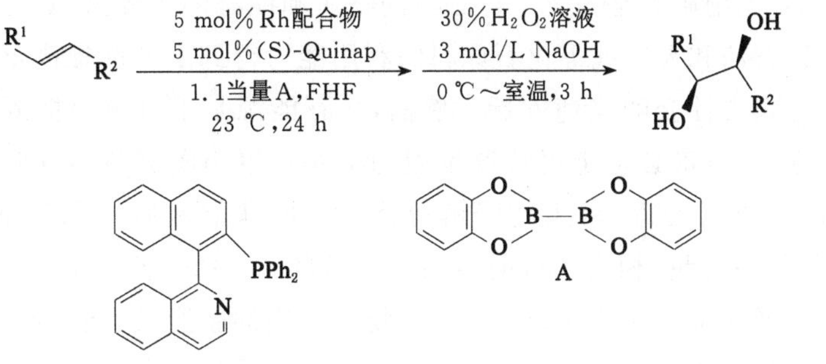

(3-41)

(S)-Quinap

用Fenton试剂氧化苯是制备苯酚的方法之一，该方法存在的主要问题是产物苯酚比反应底物更活泼，易发生过氧化。中国科学院兰州化学物理研究所邓友全研究组实现了在水相-离子液体(3-甲基-1-辛基咪唑六氟磷酸盐)两相体系中，用十二烷基磺酸铁作催化剂，高选择性地氧化苯制备酚，产物酚进入水相，与离子液体相中的催化剂和底物分开，从而避免了酚的过氧化，反应的催化效率高，选择性可达到90%以上。

④ 合成醛、酮

用 H_2O_2 作为氧源氧化合成醛和酮，反应条件一般比较温和，反应过程可控，副反应少。Noyori等使用钨酸钠作催化剂，用三辛基甲基硫酸氢铵作相转移催化剂，用过氧化氢作氧化剂，可以将芳香醇氧化成醛[式(3-42)]，将仲醇氧化成酮[式(3-43)]。

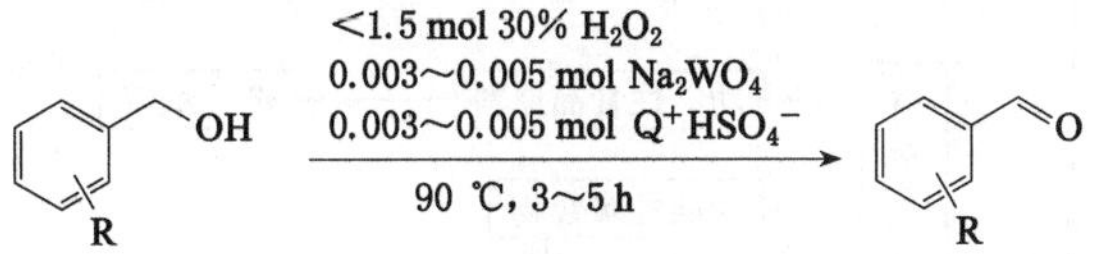

(3-42)

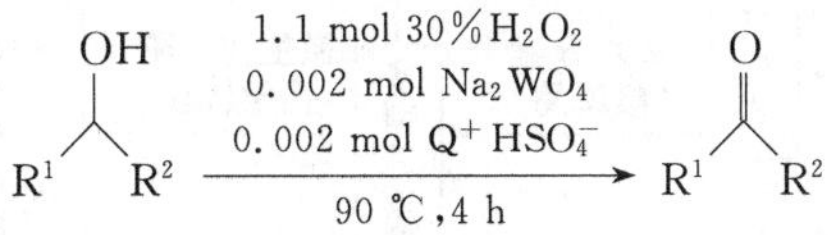

(3-43)

⑤ 合成环氧化物

Noyori研究组在不使用有机溶剂和卤化物的情况下，用钨酸钠、三辛基甲基硫酸氢铵、氨甲基膦酸、过氧化氢体系实现烯的环氧化[式(3-44)]，反应具有较高产率。

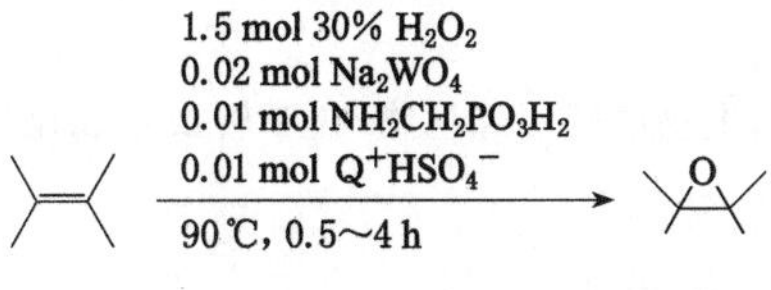

(3-44)

第二节　生物质原料

一、生物质概述

生物质是指由光合作用产生的所有有机体的总称，包括微生物、植物、动物与代谢产物等。据估算，地球上每年产生的生物质总量为1 400亿～1 800亿t(干重)。在工业社会以前漫长的历史时期,生物质曾是人类生存必需的物质和能源的主要来源。进入工业社会以后,人类对于煤炭、石油和天然气等化石原料的利用能力得到了空前提高,化石能源和相关的衍生产品促进了人类社会的飞速发展。然而,化石能源是不可再生能源,随着消耗量不断增加而日益匮乏,人类将必须走可持续发展的道路。生物质资源不仅储量丰富,还可再生,具有来源广泛、价廉、无毒、可生物降解等优点。地球上木质素和纤维素年产量约为 1 640 亿 t,如果换算成能量,相当于目前石油年产量的 15～20 倍。可以预见,生物质将重新成为人类社会发展的重要物质基础。开辟生物质利用的新途径,逐步取代化石资源已是当务之急。我国作为农业大国,生物质资源十分丰富,但是生物质的利用率较低,现有的利用方式以直接燃烧为主,热效率只有 6%～10%。

生物质既可以转化成能源,也可以经生物、化学转化加工成化学品,这是生物质资源在化学化工方面的重要应用。由于生物质大多以大分子聚合物的形式存在,通常不能直接将其作为化学原料,需要经过一定的转化过程。将生物质转化成能源或者物质资源的方法有物理法、化学法和生物法,或者联合使用这几种方法。物理法是将生物质加热裂解成低分子物质,然后分馏出有用成分;化学法采用水解、酸解、氧化还原降解等方法将生物质转化成小分子;生物法是利用酶将生物质降解成葡萄糖,然后转化为各种化学品。图 3-3 给出了植物生物质资源转换成物质资源的典型过程。

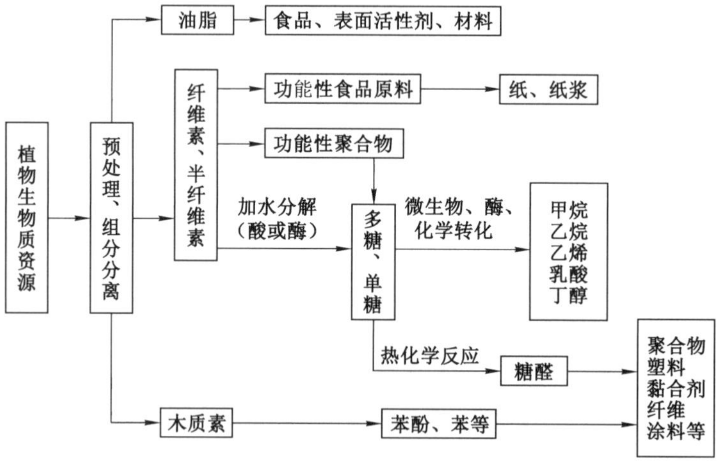

图 3-3 植物生物质资源经生物、化学转换生成化学品示意图

二、生物质利用方法与衍生产品

1. 纤维素溶解体系

自然界中含量最丰富的可再生资源是纤维素,纤维素是由葡萄糖基组成的线性大分子,具有量大价廉、再生周期短、可生物降解等优点。人类对它的研究已经有很长的历史,广泛应用于纤维、纸张、薄膜、涂料和聚合物等产品的加工。目前,很多国家都在积极探索以纤维素等再生资源为原料制备新材料、高热值能源和化工原料。据美国能源部估计,

2050年以纤维素等可再生资源为原料的化学产品将占市场份额的50%。制备再生纤维材料、生物乙醇和纤维素衍生物是纤维素最重要的转化利用方式。

天然纤维素结构复杂，具有较高的结晶度。分子间与分子内存在大量的氢键，这使得纤维素具有不熔化和在大多数溶剂中不溶解的特点。众多研究人员一直致力于寻找和开发适宜的纤维素溶解体系。张俐娜等发现，温度为−12 ℃的7%(质量浓度)NaOH/12%(质量浓度)尿素水溶液可以迅速溶解纤维素(聚合度低于500)，该纤维素溶液在较低温度下能够较长时间保持稳定。在此基础上，黄丽浈等创造了低温NaOH溶解法，将溶剂预冷到某一温度后，加入纤维素，经过剧烈搅拌实现直接溶解，取得了良好的实验效果。

离子液体是目前发现的另外一种有较好前景的纤维素溶解介质。离子液体是一种新兴的绿色溶剂，具有独特的强极性，不挥发、不氧化、对水和空气稳定，被认为是最具有发展潜力的绿色溶剂之一。Swatloski等研究了纤维素在7种咪唑盐离子液体中的溶解情况，发现将纤维素直接加入离子液体中，经过微波处理或者直接加热就能够迅速溶解，得到黏稠的液体，最大溶解度可达25%。张军等发现纤维素在1-烯丙基-3-甲基咪唑盐中具有很好的溶解能力，以1-乙基-3-甲基咪唑醋酸盐为代表的一系列低熔点、低黏度、无卤素的醋酸型离子液体对纤维素都有很强的溶解能力。纤维素在离子液体中的溶解大大拓展了纤维素在工业方面的应用前景，为纤维素资源的绿色应用提供了新途径。

2. 生物质热解

热解是在无氧或缺氧条件下，将生物质加热到合适的温度，使木质素、纤维素和半纤维素等生物大分子分解成较小分子的可燃气、生物油和固体炭等。通过生物质裂解获得的生物油具有易储存、易运输、能量密度高以及硫、氮含量低等优点，不仅可以直接用于燃烧，还可进一步加工，使其燃料品质接近柴油或汽油等常规动力燃料。热解还可以产生糠醛、醋酸、脱水糖以及土壤改良剂等绿色化学产品。Meligan等对木质纤维素类生物质酸水解后的固体产物进行裂解，得到了生物碳、可燃气和生物液体。分析测试的结果表明，生物碳有很高的含碳量，较大的比表面积和几乎完全熔融的芳香结构，可以作为性能优良的土壤改良剂，还可以作为化肥。可燃气可以作为燃料，生物液体能够作为酚类来源。Carrier等将甘蔗渣进行真空裂解，得到的生物碳具有大比表面积的多孔结构、弱酸性的表面(pH=6.56)和较高的离子交换能力，可以直接用于污水处理和土壤改良。Lu等以玉米棒为原料，在$ZnCl_2$催化下实现快速裂解，可以同时获得8%的糠醛和4%的醋酸，热解固体可以作为制备活性炭的前体。

3. 生物质产品

(1) 乳酸

乳酸又名2-羟基丙酸，是一种十分重要的有机酸，在食品、化妆品、医药和农业等行业都发挥着重要作用。1-乳酸是聚乳酸的前驱体，聚乳酸(PLA)具有透明、强度高、耐热和可生物降解等优点，可以取代传统的难降解塑料。聚乳酸还具有无毒、良好的生物兼容性和对某些具体的细胞有一定相互作用的能力，在医学方面的应用优势也十分突出。目前，乳酸生产方式包括化学合成和生物发酵，化学合成是生产乳酸的主要方式。化学合成是采用乙醛和氰化氢反应制得乳腈，水解后得到乳酸；生物发酵是以葡萄糖、蔗糖等为基质，采用生物发酵技术制得乳酸。化学合成生产乳酸所需的原料乙醛和氰化氢主要来源于石油裂解，在石油资源危机日益突出的当代，以生物质为原料，利用发酵技术生产乳酸备受关注。其中，采用富含淀粉和纤维素的农业废弃物、造纸污泥、食品工业废渣等为基质发酵生产乳酸，不仅可以大幅度降低生产成本，还可以达到废物资源再利用的目的，这已成为这一领域的重要发展方向。

(2) 1,3-丙二醇

1,3-丙二醇也是一种重要的化工原料，不仅可以作为良好的溶剂和保护剂，还作为中间体在化工、食品、化妆品和制药等行业得到广泛的应用。随着基于1,3-丙二醇的新型聚酯材料的不断出现，其年产量迅速增长到百万吨以上。化学法生产1,3-丙二醇主要以丙烯和环氧乙烷等为原料，这些原料都来源于不可再生的石油资源，生产过程还会造成环境污染，而且生产过程对设备要求高。相比之下，以生物质为原料的生物合成降低了生产能耗和有害气体的排放，同时也可以高效绿色地生产大宗化学品。杜邦公司首先分离出1,3-丙二醇合成途径的基因，然后将该基因导入大肠杆菌中，经遗传改性的大肠杆菌体内具有所需的酶，能将来源于玉米培养基的糖转化成甘油，进一步将甘油转化成丙二醇，呈乳状液排出，再添加对苯二甲酸，就能生成聚对苯二甲酸苯二酯。

(3) 生物质基溶剂

生物质基化学品作为溶剂在有机合成中的应用也十分广泛。甘油是一种价廉、可再生、可降解、低毒、非可燃和生物相容的液体。SOLVSAFE组织曾经提出甘油衍生物可代替有机溶剂应用于有机合成中。Radatz课题组研究发现，以甘油为溶剂，以邻苯二胺、酮或醛为原料可以合成苯二氮唑类化合物或苯并咪唑类化合物[式(3-45)]，作为溶剂的甘油还可以重复使用，并且不会降低产率。

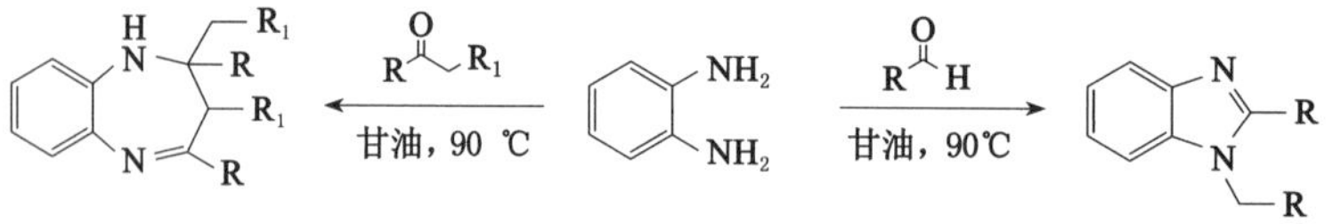

(3-45)

乳酸、葡萄糖等也可以作为溶剂应用于有机合成中。顾彦龙课题组发现，以苯胺、苯甲醛、丁炔二酸二乙酯为原料，以乳酸或醋酸溶液为溶剂，可以发生“一锅煮”反应得到吡咯酮衍生物。

(4) 生物质基催化剂

生物质基化学品作为催化剂在有机合成中的应用也十分广泛。Siddiqui等以壳聚糖为催化剂，在无溶剂的条件下，催化4-氨基-3-甲基香豆素与活泼亚甲基化合物反应生成苯并吡喃[4,3-*b*]吡啶类化合物[式(3-46)]。壳聚糖是一种绿色、可降解的催化剂，与传统催化剂相比具有反应时间短、反应条件温和、操作简单等优点。

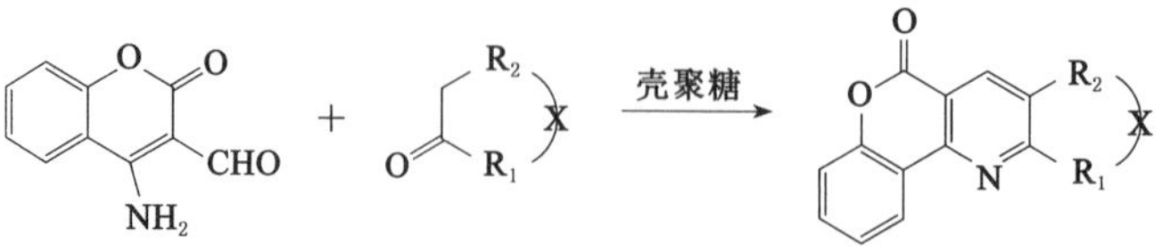

(3-46)

Mosaddegh 等以鸡蛋壳为催化剂，以 5,5-二甲基-1,3-环己二酮、丙二腈为反应物，合成了一系列的 7,8-二氢-4H-苯并吡喃-5(6H)-酮及衍生物，鸡蛋壳作为催化剂还可以循环使用。

参考文献

[1] 肖睿. 生物质利用原理与技术[M]. 北京：中国电力出版社，2021.
[2] 骆仲泱. 生物质能[M]. 北京：中国电力出版社，2021.
[3] 李文哲. 生物质能源工程[M]. 北京：中国农业出版社，2013.
[4] 张晓东. 生物质发电技术[M]. 北京：化学工业出版社，2020.
[5] 胡常伟，李贤均. 绿色化学原理和应用[M]. 北京：中国石化出版社，2002.

第四章 绿色化学合成

第一节 绿色无机合成

一、水热合成法

1. 概述

水热合成法是指在密闭系统中，以水为溶剂，在一定的温度和压力下，起始混合物进行反应合成无机材料的一种方法。所用设备通常为不锈钢反应釜或衬塑料的高压釜。

水热合成法属于液相化学法的范畴，是19世纪中叶地质学家模拟自然界成矿作用而提出来的。随后科学家们建立了水热合成理论，之后又开始转向功能材料合成的应用研究。水热合成法按反应温度分为低温水热合成法(100 ℃以下)、中温水热合成法(100～300 ℃)和高温高压水热合成法(300 ℃以上)。

水热合成法的特点是制备的颗粒物纯度高、分散性好、晶型好且可控制，生产成本低。用水热合成法制备的粉体一般无须烧结，可避免在烧结过程中带来的晶粒长大和杂质混入等问题，它的不足之处是要求使用高温高压设备，投资较大，操作不安全。除了用水做溶剂外，还可以用其他的溶剂进行合成，从而形成了溶剂热合成技术。水热合成法已经成功应用于沸石等多孔材料的制备中。

2. 水热合成法的原理

水热合成法通常以金属盐、氧化物或氢氧化物的水溶液(或悬浮液)为先驱物，在高于100 ℃和常压下使先驱物溶液在过饱和状态下成核、生长，形成所需的材料。它在分子设计方面的优势是对先驱物材料结构中的次级结构单元(如金属-氧多面体)进行拆分、修饰并重新组装，可通过选择反应条件和加入适当的“模板剂”控制产物的结构。影响水热合成的因素有反应温度、升温速度、搅拌速度及反应时间等。水热合成法的整个工艺过程可用图4-1表示。

3. 水热合成法应用实例

(1) 人工合成金刚石

金刚石是自然界中存在的最珍贵宝石，也是迄今为止硬度最大的物质，其莫氏硬度达到10，体积模量为460～542 GPa。这使得它在工业磨削、切割、地质钻探等方面具有无与

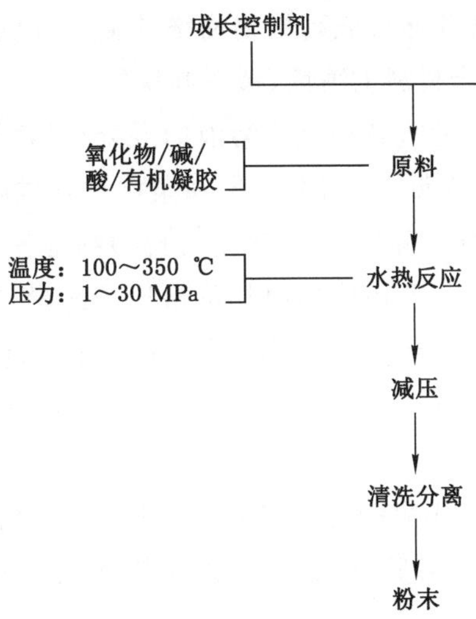

图 4-1　水热合成法工艺流程

伦比的优越性。但金刚石在自然界中的数量有限，因此用人工方法生产金刚石是必要的。人工合成金刚石的典型过程如下：在 800 ℃、1.4×10^{8} Pa 的反应条件下，用 3%的镍粉（颗粒直径为 3 μm，纯度为 99.7%）、95%的玻璃碳（颗粒直径为 3 μm）和 2%的金刚石籽晶（颗粒直径为 0.25 μm），与相当于玻璃碳 50%～100%质量的水混合，经过 50～100 h 的水热反应操作，在 0.25 μm 的籽晶上生长出几微米大小的单晶金刚石，或大小为几十微米的金刚石单晶聚集体。其中，使用金属镍（或铂、铁）做催化剂是人工合成金刚石的关键。

（2）制备二氧化钛纳米晶体

纳米二氧化钛由于其良好的紫外线吸收能力和优良的光催化性能，在化工、环保、医药卫生、电子工业等领域得到了广泛应用。用水热合成法合成二氧化钛具有设备和工艺较简单、产品纯度高等优点。纳米二氧化钛的具体制备过程如下：在盛有表面活性剂十二胺的烧杯中加入重蒸水，在磁力搅拌下使之充分溶解，加入酸液（或碱液）调节 pH 值，然后迅速加入异丙醇钛（Ⅳ）溶液（使 Ti^{4+} 的浓度为 0.25 mol/L），搅拌 30 min 后生成胶状沉淀；将杯中沉淀物放入水热反应器中（内衬聚四氟乙烯的不锈钢高压釜），置于烘箱中加热，取出水热反应器自然冷却至室温，取出生成物，分别用重蒸水和无水乙醇洗涤至中性，在 80 ℃下干燥，得到二氧化钛纳米晶体。

（3）合成分子筛

用水热法已合成各种结构的分子筛。

二、溶胶-凝胶法

1. 概述

溶胶-凝胶法就是将烷氧金属或金属盐等先驱物在一定条件下水解缩合成溶液，然后经溶剂挥发或加热等处理使溶液或溶胶转化为网状结构的氧化物凝胶的过程。该方法包含从溶液过渡到固体材料的多个物理化学步骤，如水解、聚合、成胶、干燥脱水、烧结致密化等步骤。所使用的先驱物一般是水解并能形成高聚物网络的金属有机化合物(如醇盐),已广泛应用于制备玻璃、陶瓷及相关复合材料的薄膜、微粉和块体。

溶胶-凝胶法具有如下特点:① 通过各种反应溶液的混合,很容易获得需要的均相多组分系统;② 材料制备温度可大幅度降低,从而在较温和条件下合成陶瓷、玻璃等功能材料;③ 溶胶或凝胶的流变性有利于通过某种技术(如喷射、浸涂)制备各种膜、纤维或沉积材料。

溶胶-凝胶法也存在以下问题:① 所使用的原料价格比较昂贵,有些原料有害;② 整个溶胶-凝胶过程所需时间较长,需要几天或几周;③ 凝胶中存在大量微孔,在干燥过程中因逸出许多气体及有机物而产生收缩现象,造成材料尺寸的变化和材料的破裂。

2. 溶胶-凝胶法原理

溶胶-凝胶法的主要反应步骤是先驱物溶于溶剂中形成均匀的溶液,发生水解或醇解反应,生成 1 mm 左右的颗粒物并组成溶胶,溶胶经蒸发干燥转变为凝胶。其最基本的反应如下:

(1) 溶剂化。能解离的先驱物(如金属盐)的金属阳离子 M^{z+} 吸引水分子形成溶剂单元 $M(H_2O)_n^{z+}$,为保持它的配位数而具有强烈的释放 H^+ 的趋势。

$$M(H_2O)_n^{z+} \rightleftharpoons M(H_2O)_{n-l}(OH)^{(z-l)} + lH^+ \tag{4-1}$$

(2) 水解反应。非离子式分子先驱物,如金属醇盐 $M(OR)_n$(R 代表烷基)与水反应:

$$M(OR)_n + xH_2O \longrightarrow M(OH)_x(OR)_{n-x} + xROH \tag{4-2}$$

(3) 缩聚反应。缩聚反应包括失水缩聚和失醇缩聚。

失水缩聚 $$—M—OH + HO—M \longrightarrow M—O—M + H_2O \tag{4-3}$$

失醇缩聚 $$—M—OR + HO—M \longrightarrow M—O—M + ROH \tag{4-4}$$

3. 溶胶-凝胶法的应用实例

传统制核变燃料 ThO_2 微球常会造成放射性污染,溶胶-凝胶法则弥补了这一缺陷。ThO_2 溶胶通过以下水解反应制得:

$$Th(NO_3)_4 + 4NH_3 \cdot H_2O \longrightarrow ThO_2 + 4NH_4NO_3 + 2H_2O \tag{4-5}$$

分散法制备的溶胶中常加入硝酸溶液,每 1 mol Th 至少需吸附 0.1 mol 硝酸才能使溶胶稳定,采用渗析法除去其中的电解质。溶胶-凝胶法制备 ThO_2 溶胶的过程如下:在 70 ℃下,将适量氨水加入剧烈搅动的 $Th(NO_3)_4$ 溶液中,使之完全水解,最终所得溶胶的 pH 值为 3,黏度为 3 mPa·s,粒径为 3~4 nm,颗粒表面带正电荷;继续加过量氨水,pH 值和黏度急速上升,粒子表面的正电荷减少,颗粒凝聚化能垒减小而形成凝胶。

将制得的稳定溶胶通过喷嘴,制成微溶胶液滴,经氨气处理凝胶化后收集于凝胶柱中,洗去凝胶表面的 NH_4NO_3,并在空气中于 1 100 ℃以上煅烧 1 min,可达到理论密度的 99%。而传统方法要在 1 700 ℃煅烧数小时才能达到相应的密度。

三、先驱物法

1. 概述

先驱物法是首先通过准确的分子设计合成出具有预期成分、结构和化学性质的先驱物，再在温和条件下对先驱物进行处理，进而得到预期材料的方法。其关键在于先驱物的分子设计与制备。

在这种方法中，通常选择一些无机化合物(如硝酸盐、碳酸盐、草酸盐、氢氧化物、含氰配合物)，以及有机化合物(如柠檬酸等)与所需的金属阳离子制成先驱物。在先驱物中反应物以所需要的化学计量关系存在着，这种方法克服了制陶法中反应物间混合不均匀的问题，达到了原子或分子尺度的混合。制陶法一般是直接利用固体原料在高温下反应，而先驱物法则是用原料通过化学反应制成先驱物，然后烘焙得到产物。

复合金属配合物是一类重要的先驱物，通常在溶液中合成，其组分和结构得到很好的控制，这些化合物一般可在 400 ℃下分解，形成相应的氧化物。这就为制备高质量的复合氧化物材料提供了一个途径。另一类先驱物是金属碳酸盐，可用于制备化学组分高度均匀的氧化物固溶体。很多金属碳酸盐是同构的，如钙、镁、锰、铁、铂、锌、镉等均具有方解石结构，故可利用重结晶法先制备出一定组分的金属碳酸盐，再经过较低温度的热处理，最后得到组分均匀的金属氧化物固溶体。锂电池的正极材料 $LiCoO_2$、$LiCo_{1-x}Ni_xO_2$ 等都是用碳酸盐先驱物制备的。另外，一些金属氢氧化物或硝酸盐的固溶体也可用作先驱物，如可利用金属硝酸盐先驱物制备高纯度的 $YBa_2Cu_3O_7$ 超导体。

先驱物法的特点是混合物均一化程度高、阳离子的物质的量比准确、反应温度较低。一般来说，先驱物法可应用于多种固态反应中，但由于每种合成法均对其本身的条件和先驱物有要求，因而不可能设计出一套通用的条件以适应所有合成反应。对有些反应来说，难以找到适宜的先驱物，因此先驱物法受到一定的限制。该法不适用于以下情况：① 两种反应物在水中溶解度相差很大；② 反应物不是以相同的速率形成结晶；③ 形成过饱和溶液。

2. 先驱物法应用

(1) 尖晶石 $ZnFe_2O_4$ 的合成

利用铁和锌的硝酸盐配成 $n_{Fe}:n_{Zn}=2:1$ 的混合溶液，与草酸溶液作用，得到铁和锌的草酸盐共沉淀。生成的共沉淀是固溶体，它所包含的阳离子已在微观尺度上混合在一起。将得到的草酸盐先驱物加热烘焙即得 $ZnFe_2O_4$。由于混合物的均一化程度高，反应所需温度可降低很多，如生成 $ZnFe_2O_4$ 的反应温度约为 1 000 ℃。其反应式如下：

$$Zn^{2+}+2Fe^{3+}+4C_2O_4^{2-} \longrightarrow ZnFe_2(C_2O_4)_4\downarrow \qquad (4\text{-}6)$$

$$ZnFe_2(C_2O_4)_4 \longrightarrow ZnFe_2O_4+4CO\uparrow+4CO_2\uparrow \qquad (4\text{-}7)$$

(2) 亚铬酸盐的合成

亚铬酸盐尖晶石 MCr_2O_4 的合成也可采用类似的方法，此处 M 可为 Mg、Zn、Mn、Fe、Co、Ni。亚铬酸盐 $MnCr_2O_4$ 是将已沉淀的 $MnCr_2O_7\cdot 4C_5H_5N$ 逐渐加热到 1 100 ℃制备的。加热期间，重铬酸盐中的六价铬被还原成三价，最后混合物在富氢气氛中于 1 100 ℃下烘焙，以保证所有的锰处于二价状态。通过控制实验条件可制备出确定化学比的物相。这种合成方法是很重要的，许多亚铬酸盐和铁氧体都是有重大应用价值的磁性材料，它们的性质对其纯度及化学计量关系很敏感。常用来合成其他亚铬酸盐的先驱物如表 4-1 所示。

表 4-1 化学整比亚铬酸盐的先驱物

亚铬酸盐	先驱物	焙烧温度/℃
$MgCr_2O_4$	$(NH_4)_2Mg(CrO_4)_2 \cdot 6H_2O$	1 100～1 200
$NiCr_2O_4$	$(NH_4)_2Ni(CrO_4)_2 \cdot 6H_2O$	1 100
$MnCr_2O_4$	$MnCr_2O_7 \cdot 4C_5H_5N$	1 100
$CoCr_2O_4$	$CoCr_2O_7 \cdot 4C_5H_5N$	1 200
$CuCr_2O_4$	$(NH_4)_2Cu(CrO_4)_2 \cdot 2NH_3$	700～800
$ZnCr_2O_4$	$(NH_4)_2Zn(CrO_4)_2 \cdot 2NH_3$	1 400
$FeCr_2O_4$	$NH_4Fe(CrO_4)_2$	1 150

四、助熔剂法

助熔剂法是指在较高的温度(200～600 ℃)下，在熔融系统中进行材料合成的方法，如制备具有低维结构的金属硫族化合物。硫族元素通常具有多种结构，如原子簇、原子链或层状化合物，这些结构与金属离子结合可以构造出多种具有奇异光电特性的纤维材料。由于这些材料易分解，无法用固相反应法或气相沉积法制备。另外，简单的溶液反应也只能获得尺寸较小的粉末固体。近年来，利用助熔剂法合成了这类材料，如利用多硫化钾熔盐与铜反应，可制得若干低维硫化物系统。其中，在 350 ℃以上形成 CuS，在 250～350 ℃形成 KCu_4S_3，在 210 ℃和 250 ℃则分别形成 α-$KCuS_4$ 和 β-$KCuS_4$。

助熔剂法还被用于制备具有特殊结构的或优异性能的超导陶瓷材料。利用碱金属代替超导体中的多价态阳离子，将对 CuO_2 的空穴掺杂起作用，也对一些半导体相实现 P 型掺杂变为超导相(如 $La_{2-x}M_xCuO_4$，M＝Na、K)起作用。最近用助熔剂法，通过在 KOH 熔盐中反应，制备出新型 $La_{1.78}K_{0.22}CuO_4$ 单晶体，它具有超导体的结构特征和较好的结构有序性。

五、化学气相沉积法

1. 概述

化学气相沉积法(CVD)是将含有组成材料的一种或几种化合物气体导入反应室，通过化学反应形成所需要的材料的方法。化学气相沉积法进行材料合成具有以下特点：① 在远低于材料熔点的温度下进行材料合成；② 对由两种以上元素构成的材料，可以调整这些材料的组成；③ 可控制材料的晶体结构；④ 可控制材料的形态；⑤ 不需要烧结助剂，可以合成高纯度、高密度的材料；⑥ 结构控制一般能够从微米级别到亚微米级，在某些条件下能够达到纳米级别水平；⑦ 能够制成复杂形状的制品；⑧ 能够对复杂形态的底物进行涂覆；⑨ 能够制备梯度复合材料、梯度涂层和多层涂层；⑩ 能够进行亚稳态物质及新材料的合成。平常所说的化学气相沉积技术是一种热化学气相沉积技术，沉积温度为 900～2 000 ℃。沉积温度主要取决于薄膜材料的特性，一般在 800 ℃以上，这种技术已广泛应用于复合材料的合成、机械制造、冶金等领域。

2. 化学气相沉积法的原理

CVD的化学反应主要有两种：一种是通过各种初始气体之间的反应来产生沉积，另一种是通过气相的一个组分与基体表面之间的反应来沉积。CVD沉积物的形成涉及各种化学平衡及动力学过程，这些化学过程受反应器设计、CVD工艺参数、气体性能以及基体性能等诸多因素的影响。考虑用所有的因素来描述完整的CVD工艺模型几乎是不可能的，因而必须进行某些简化和假设。其中，最典型的是浓度边界层模型，它比较简单地说明了CVD工艺中的主要现象——成核和生长的过程。

热化学气相沉积是以热作为气相沉积过程的动力，图4-2表示热化学气相沉积的基本原理，图中A表示固体原料，B表示基体材料，C表示运载气体；T_1为A和C发生反应的温度，T_2为A和C的分解温度。温度稳定在T_2时A就在B上生成。

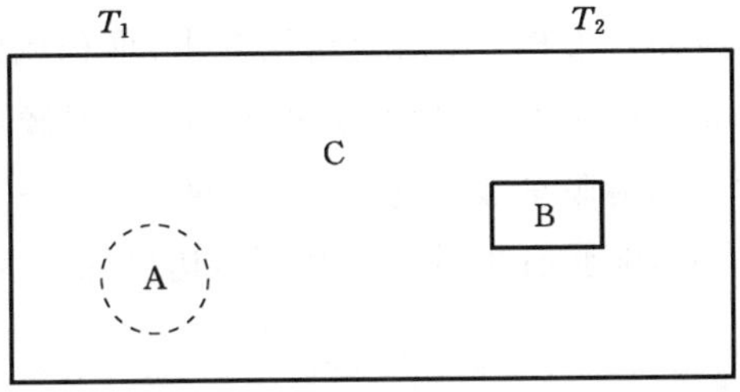

图4-2　热化学气相沉积的基本原理示意图

由于热化学气相沉积过程的温度很高，对基体材料有特殊的要求，限制了化学气相沉积技术的应用。因此，化学气相沉积技术已向中、低温和高真空方向发展，并与等离子技术及激光技术相结合，出现了多种技术相融合的化学气相沉积技术。

3. 化学气相沉积法的应用

(1) 新型有机非线性光学材料L-苹果酸脲(ULMA)薄膜的制备

将尿素[$CO(NH_2)_2$]和L-苹果酸($C_4H_6O_5$)以1∶1的物质的量之比配制成乙醇溶液，温度维持在56 ℃，在一定转速下搅拌反应2.5 h。趁热过滤，迅速将吸滤瓶中滤液倒入锥形瓶中，静置，自然冷却至室温，在溶液中将析出无色透明的针状、颗粒状ULMA晶体。

(2) 碳纳米尖端的生产

灯丝是直径1 mm的螺旋钨丝，可加热到1 600 ℃左右，灯丝与衬底之间的距离为10 mm。衬底为硅片，并依靠灯丝进行加热，温度为800 ℃左右。在负偏压电路中，偏压电源为直流恒流源，相对于灯丝的负偏压通过衬底支架加到衬底上，用来产生辉光放电，反应气体为CH_4、H_2和NH_3的混合气体，它们的流量由气体质量流量计进行控制。工作气压为4×10^3 Pa，生长碳纳米尖端之前，先用标准状况下流量为5 mL/min的CH_4和95 mL/min的H_2在硅片上沉积一层碳膜，沉积时间为1 h。然后引入其他反应气体，调节反应气体的流量使得CH_4、H_2和NH_3的流量在标准状况下分别为20 mL/min、40 mL/min和40 mL/min，并启动偏压电源产生等离子体开始生长碳纳米尖端，生长时间为20 min。

(3) 微米/纳米复合自支撑金刚石膜的沉积

在30 kW级直流电弧等离子体喷射化学气相沉积设备上，采用Ar、H_2、CH_4的混合气体，在钼衬底上沉积微米/纳米自支撑金刚石膜，Ar的流量为6 L/min，H_2的流量为3 L/min，CH_4浓度控制在2%～25%；衬底温度控制在850～950 ℃，工作气压控制在8～10 kPa。首先以3%的CH_4浓度开始成核15 min，然后将CH_4浓度降到2%，沉积微米/纳米金刚石膜，沉积时间为180 min，之后将CH_4浓度增加到25%，沉积时间为60 min。

（4）玻璃基片上制备TiO_2薄膜

以四异丙醇钛为先驱物，N_2为载气，经分子筛除水后，将汽化室内加热蒸发的气态反应物载入喷嘴，反应物向加热的基片上沉积，分解生成薄膜。使用5 mm×5 mm的玻璃片作为薄膜生长的基片，沉积过程中保持氮气的流速为1 L/min，基片台和喷嘴的距离为25 mm。在基片温度为350 ℃，N_2流速为1 L/min的条件下，反应物汽化温度的改变对TiO_2薄膜的物相没有影响，均为锐钛矿相。随着反应汽化温度的升高，TiO_2薄膜的结晶程度逐渐变好。当汽化温度为200 ℃时，沉积物晶粒变小，堆积成致密的膜。在汽化室温度为140 ℃，N_2流速为1 L/min的条件下，沉积温度对TiO_2薄膜的物相和微观结构均有影响：当沉积温度低于300 ℃时，薄膜呈非晶态；沉积温度在300～400 ℃时薄膜是锐钛矿结构；当沉积温度高于450 ℃时，薄膜有少量的金红石结构出现。

六、聚合物模板法

1. 概述

聚合物模板法通过选用一种价廉易得、形状容易控制、具有纳米孔道的基质材料中的孔隙作为模板，导入目标或先驱物并使其在该模板材料的孔隙中发生反应，利用模板材料的限域作用，达到对制备过程中的物理和化学反应进行调控的目的，最终得到微观和宏观结构可控的新颖材料。

用于合成的常见模板材料有多孔玻璃、分子筛、大孔离子交换树脂、高分子化合物及表面活性剂等。根据所用模板中微孔的类型，可以合成诸如粒状、管状、线状和层状结构的材料。高分子模板具有类型可调及模板易去除的特点，通过改变溶液类型、浓度或配比，可以实现多种纳米材料（如纳米颗粒、纳米线及纳米介孔材料）的合成。

聚合物模板法的主要特点如下：① 多数模板可方便地合成，且性质可在广泛范围内精确调控；② 合成过程相对简单，很多方法适合批量生产；③ 同时解决纳米材料的尺寸与形状控制及分散稳定性问题；④ 特别适合一维纳米材料，如纳米线、纳米管和纳米带的合成。目前采用聚合物模板法合成一维磁性纳米材料已引起人们广泛的兴趣，聚合物模板法也因而发展成为最重要的纳米材料合成方法。用作模板剂的聚合物包括天然高分子和合成高分子树脂。

2. 聚合物模板法原理

用核裂变碎片轰击6～10 μm厚的聚碳酸酯、聚酯或聚乙烯醇等高分子膜，使膜出现损伤，然后用化学法使损伤痕迹腐蚀逐渐扩展成所需尺寸的孔道，即得痕迹刻蚀聚合物模板。聚合物模板的纳米孔呈圆柱形，孔径一般为10～200 nm，孔密度为10^9孔/cm^2，有交错现象，孔轴与膜表面夹角有时可达30°且无序分布，导致所制纳米点阵的各向异性降低。

3. 聚合物模板法应用实例

(1) 羟基磷灰石(HAP)的合成

HAP具有良好的生物相容性，较强的吸附和交换作用能力，随温度和湿度变化表现出温敏和湿敏效应。柱状、晶须状、片状HAP可应用于生物医学功能材料和聚合物基复合材料领域，多孔状HAP可应用于催化剂、催化载体、蛋白质或酶的分离、绿色环保材料领域，粒状、柱状、片状HAP可应用于智能敏感材料领域。

HAP的制备过程：用预先配制且准确计量的磷酸氢二铵和硝酸钙的混合溶胶与尿素混合，在室温下分别加入可溶性有机模板剂(山梨醇、胶原蛋白、阳离子表面活性剂、硬脂酸盐)，该混合液装入高压釜后置于加热炉中，缓慢升温至110 ℃，在此温度下保温8 h，将反应后的溶液过滤，滤渣在100 ℃烘干，得到白色、蓬松的HAP粉末。

(2) 氧化锌纳米材料的合成

将环己烷、乙酸丁酯及反应物水溶液分别用0.45 nm的超滤膜过滤，得纯化后的试剂，所有反应器皿用超滤水清洗、烘干后使用。将聚乙二醇、环己烷、乙酸丁酯按一定体积比混合后，加入一定量的乙酸锌溶液，超声波分散得到微孔溶液A；将一定量的缓冲溶液加入同样配比的聚乙二醇、环己烷、乙酸丁酯混合溶液中，超声分散得到微乳液B。超声振荡下将A、B混合，在指定温度下反应2 h，粗产物经3 000 r/min离心分离出可能存在的沉淀物即得产物。

(3) 明胶多孔微球的制备

将4 mL 8%的明胶水溶液倒入一定量的聚苯乙烯(PS)微粒中，于60 ℃左右在超声波清洗器中使PS微粒在明胶溶液中分散均匀，再倒入用水浴恒温60 ℃的液体石蜡中，机械搅拌，成球后，移去水浴，冰水冷却固化，然后置于39%的戊二醛水溶液中交联17.5 h。依次用大量水、95%乙醇、无水乙醇洗涤，再经甲苯抽提24 h、乙醇抽提2 h后，将所形成的明胶多孔微球取出，放入恒温箱中于40 ℃下干燥。

(4) 以天然高分子为模板剂合成的纳米材料

由于多羟基高分子物质可以在分子间通过氢键形成超分子，可以用作模板来引导纳米晶体的生长。淀粉是一种天然生物高分子多羟基物质，具有很好的生物降解性和生物相容性。通过一些简单的处理，淀粉就可以溶解在水中，这可避免使用有机挥发性溶剂，从而实现纳米材料无污染、无毒性的绿色合成。例如，采用一定浓度$AgNO_3$溶液和可溶性淀粉溶液混合，然后加入一定量的葡萄糖，混合均匀后在Ar保护下于40 ℃反应20 h，得到直径为4 nm左右的银颗粒，表明淀粉溶液起到了控制纳米金属粒径的模板作用。

第二节　绿色有机合成

有机合成反应是制备具有特定功用新的有机化合物的手段，这些具有特定功用的物质可用作医药、染料、各种精细化学品及有机化工原料等。由于有机反应的转化率一般不太高，因此由有机反应过程带来的污染相对较多。研究绿色有机合成反应技术，对于实现合成过程的效率最大化和过程污染的最小化具有重要的指导意义。本节重点阐述目前常用的各种绿色有机反应技术的基本内容、原理及应用。

一、催化技术

1. 环境友好的固体酸催化

酸碱催化是最常见的催化过程，在石油炼制、石油化工中占有重要地位，如烃类的裂解、异构化、重整，烯烃水合，芳烃烷基化、酯化等都是催化过程。传统的催化剂是液体酸，如硫酸、磷酸、氢氟酸、三氯化铝、氯化锌等路易斯酸。使用液体酸的催化过程存在设备腐蚀、废酸回收、污染排放等环境问题。近年来，发展了很多环境友好的固体酸催化剂，优点是没有设备腐蚀问题，产物与催化剂易于分离，催化活性高。

固体酸是指能使碱性指示剂改变颜色的固体或能对碱性物质化学吸附的固体，常用的固体催化剂有如下种类。

① 氧化物，如 Al_2O_3、SiO_2、B_2O_3、Nb_2O_5、ZrO_2、MgO、ZnO_2 等。这些氧化物有各种结晶状态。α-氧化铝完全无水，又称刚玉，是由氢氧化铝或水合氧化铝在高温下热分解制得的，可用于脱水、脱卤化氢、醇醛缩合反应，也可用作载体，如合成环氧乙烷时的催化剂 Ag-Al_2O_3。SiO_2 可用于酚的叔丁基化、Beckman 重排。水合的 Nb_2O_5 通称铌酸，可用于 1-丁烯的异构化、2-丁醇的脱水。一些由多种氧化物组成的复合金属氧化物也用作催化剂，如 SiO_2-Al_2O_3 用于石油的催化裂化、邻二甲苯异构化，Al_2O_3-ZnO_2 用于酚的烷基化、丁烯的异构化。

② 载体催化剂，是将液体酸负载在相应的载体上制成，如 H_3PO_4-硅藻土、固体磷酸等。H_3PO_4-硅藻土的组成约为 60% P_2O_5、40% SiO_2。固体磷酸是将正磷酸和少量的锌氧化物与氯化物加到硅藻土上加热制得，用于丙烯、丁烯的低聚及烯烃的水合。

③ 天然黏土矿物，如黏土、膨润土、蒙脱土、高岭土等。天然黏土常用于制备夹层催化剂，是以天然黏土为基础材料，在层与层之间插入金属、金属离子、氧化物等形成夹层化合物，作为催化剂。它们的活性中心在夹层内，反应物要进入夹层才能被催化，也就是说夹层催化剂对反应物分子的大小、形状、带电情况具有选择性。这种催化剂称为择形催化剂，其选择性可以抑制副反应的发生。交联黏土多用于重油馏分的裂解。用 Al(Ⅲ)交换的蒙脱土作为层状催化剂，用于仲醇和叔醇的脱水成烯，用酸处理的蒙脱土用于缩醛的制备。

④ 超强酸，指固体表面酸度大于 100% 硫酸的固体酸，如 SbF_5/SiO_2-ZrO_2、ZrO_2-SO_4、WO_3-ZrO_2 等。最早发现的超强酸是液体，如 HSO_3F-SbF_5、HF-SbF_5 等，它们的酸强度非常高，甚至可使 C—H 键、C—C 键质子化，但因强的腐蚀性和毒性难以实际应用。而固体超强酸没有腐蚀问题，也不污染环境，可以在高温下使用，产物易于分离，选择性也较高，可用于烃类的异构化、芳烃烷基化、裂解、酯化等。

⑤ 阳离子交换树脂，如全氟树脂磺酸(Nafion-H)离子交换树脂。阳离子交换树脂作为催化剂除解决了腐蚀和污染问题之外，还大大简化了分离操作，可以重复使用。Nafion-H 树脂可用于酰基化反应和双烯合成反应。

⑥ 杂多酸，如 $H_3PW_{12}O_{10}$、$H_3SiW_{12}O_{40}$、$H_3PMo_{12}O_{40}$。杂多酸化合物为杂多酸及其盐类。杂多阴离子是指由两种以上不同的含氧阴离子缩合而成的聚合态阴离子。研究最多

的杂多酸酸根为 $PMo_{12}O_{40}^{3-}$，其中杂原子 P 和多原子 Mo 的比例为 1∶12，十二钼磷酸阴离子结构为 Keggin 结构，除钼杂多酸系列外还有钨杂多酸系列等。一般认为杂多酸根负离子是通过共有 MO_6（M 为 Mo、W）八面体的顶点或棱边相互连接的。杂多酸化合物作为催化剂的优点是通过改变组成元素可以调控其酸性和氧化还原性。杂多酸化合物的催化应用有异丁烯水合、醇类脱水、丁烯异构化、异丁醛一步催化制备甲基丙烯酸等。

⑦ 沸石分子筛，如 3-Zeolite(Beta)、Mazzini(Maz)、ZSM-5 等。

2. 金属有机催化

分子中含有碳金属键（用 C—M 表示）的化合物称为金属有机化合物。第一个金属有机化合物 Zeise 盐 $K[C_2H_4PtCl_3]$于 1827 年发现。后来有机锌、有机镁、有机锂化合物的合成和应用有很大发展，20 世纪 50 年代初的二茂铁合成以及此前 Ziegler 催化剂的成功使用使金属有机化学取得了飞跃发展。大批新型金属有机化合物被合成，大量金属有机化合物催化的有机合成反应被发现。

对于金属参与的有机反应，有三个重要步骤，即碳-金属键的形成、碳-金属键的反应、碳-金属键的猝灭。由于最终的合成产物中已没有金属，所以碳-金属键的猝灭为重要步骤，如果猝灭后的金属与参与生成碳金属键的金属相同，这就是金属有机催化反应。

含有 π 体系的有机物（如烯烃）常能与过渡金属成键，生成过渡金属-π 配合物，烯烃与金属离子配位以后其双键特性在一定程度上被削弱，有利于发生氢化、氧化、羰基化、烃基化、聚合等反应。由于这些催化反应是通过烯烃等简单分子与过渡金属离子配位络合，形成一系列配位中间体而起到催化作用的，所以这类催化作用又称络合催化反应。当过渡金属配合物可溶于反应体系时就是均相催化，均相络合催化的突出优点是高选择性、高活性和反应条件温和。

例如，Rh 和叔膦形成的配合物 $RhCl(PPh_3)_3$ 称为 Wilkinson 催化剂，可使烯烃在常温、常压下进行催化加氢：

$$H_2C{=}CH_2 + H_2 \xrightarrow[\text{苯}]{RhCl(PPh_3)_3} CH_3{-}CH_3 \tag{4-8}$$

该催化过程如式(4-9)所示，其中 L 代表三苯膦：先由 H_2 与 $RhCl(PPh_3)_3$ 进行加成，生成六配位的二氢化物，然后它与乙烯配位而形成 π 络合物，进而重排，H 转移到配位的乙烯上，变为乙基-铑配位体。随后发生消除反应，另一个 H 迅速转移到乙基上，得氢化产物 CH_3CH_3，并再生 $RhCl(PPh_3)_3$ 络合物。

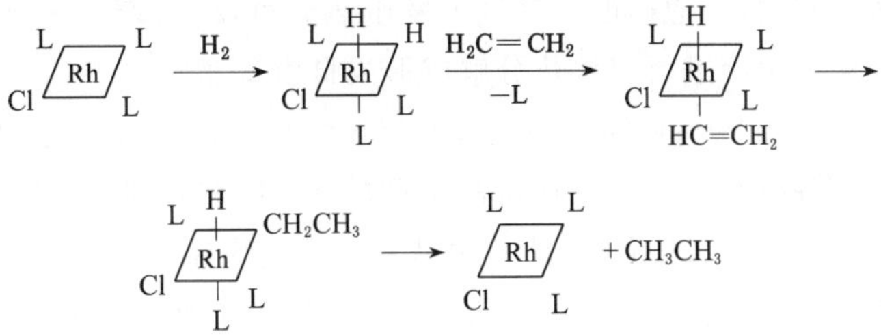

(4-9)

二、超声辅助技术

1. 超声化学概述

超声波是一种频率高于 20 000 Hz 的声波，因其频率下限大于人的听觉上限而得名。它的方向性好，穿透能力强，在水中传播距离远。早在 20 世纪 20 年代，美国的 Richard 和 Loomis 在研究超声波对各种固体和液体的作用的过程中，发现超声波可以加速化学反应。但由于当时的超声技术水平较低，研究和应用受到了很大的限制。到了 20 世纪 80 年代中期，超声设备得到了快速普及与发展，为超声波在化学化工过程中的应用提供了重要条件，对超声波辅助的化学反应的迅速发展起到了推动作用，并形成了一门新兴的交叉学科——声化学(sonochemistry)。

目前，一般认为声化学效应的产生与声空化现象有关，即在声场作用下液体中发生的形成气泡、气泡生长和崩溃一系列动力学过程。当超声波作用于介质时，介质产生振动，从而不断压缩和拉伸，使分子间距发生变化，即：在声波压缩相(正压相)时间内，分子间距减小；在稀疏相(负压相)时间内，分子间距增大。当超声波强度增大到一定程度时，分子间的平均距离可以增大至超过极限距离，分子间作用力不足以维持原有结构，导致出现空腔(或称空穴、空化泡)，这个过程称为空化。空穴形成后，它将增大到负声压的极大值，但在相继而来的声波正压相内，空穴又被压缩，其结果是空化泡完全崩溃。

在较强超声作用下会发生瞬态空化，即在一个或几个声波周期内，空化泡在声波负压作用下迅速增大，至少是原先半径的 2 倍；随后在正压相作用下，空化泡迅速收缩以至剧烈崩溃。气体被压缩时会产生热量，且崩溃的速度远大于热传导的速度，因此，在液体中形成瞬时的局部热点(hot spot)。根据数学模拟计算和实验，在空化泡崩溃时，在极短的时间和极小的空间内，产生局部的高温(～5 000 K)和高压(～10^8 Pa)，温度变化率达 10^9 K/s，并伴随有强烈的冲击波和速度达 400 km/h 的射流。

超声空化伴随的物理效应可以归纳为 4 种：一是机械效应，体系中的声热流、冲击波、微射流等；二是热效应，体系局部的高温、高压及整体升温；三是光效应，声致发光；四是活化效应，产生自由基。这些效应为在一般条件下难以实现的化学反应提供了一种非常特殊的物理化学环境。空化气泡的化学反应场所通常可分为 3 个区域，即空化气泡的气相区、气-液过渡区和本体液相区(见图 4-3)。

① 空化气泡的气相区，由空化气体、水蒸气及易挥发溶质的蒸气的混合物组成。在空化气泡崩溃的极短时间内，气泡内的水蒸气可发生热分解反应，产生・OH 和 H・自由基，并且易挥发溶质的蒸气也会进行直接热分解或形成自由基。

② 气-液过渡区，是围绕气相的一层很薄的超热液相层，含有挥发性的组分和表面活性剂(假如反应体系中有的话)。此处存在着高浓度的・OH 自由基，且水呈超临界状态。极性、难挥发溶质可在该区域内进行・OH 自由基氧化和超临界氧化反应。

③ 本体液相区，基本处于环境条件，在前 2 个区域未被消耗的・OH 自由基等氧化剂会继续与溶质进行反应，但反应量很少。

每一区域中所发生的反应依超声条件(如超声波的频率)和反应体系的特征(如组分的

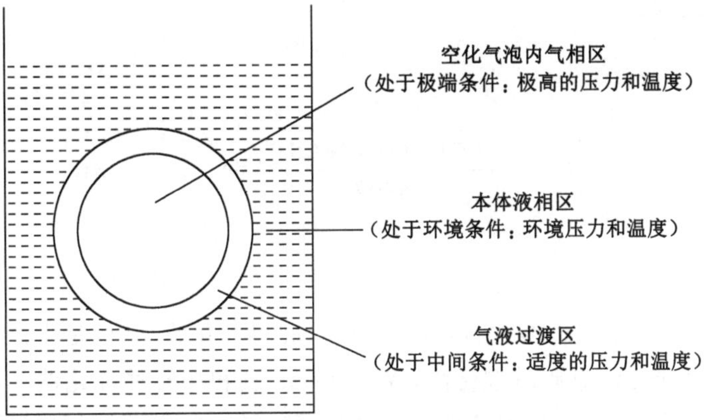

图 4-3　空化气泡的化学反应场所示意图

挥发性）而定。非挥发性溶质的反应主要在边界区（气液过渡区）或在本体溶液中发生。

超声空化产生的高能环境和自由基可以引发化学反应，同时超声波促进的乳化作用、宏观的加热效应、表面清洁作用等也有利于反应的进行。例如，对于金属作为反应物或者催化剂参与的反应，往往容易因为金属表面污染而影响反应活性。因而，在使用前都要预先清洗，如制备格氏试剂时用碘除去镁表面的氧化膜。超声波的作用使得在有金属参加的反应中不再需预先清洗，另外也使得金属表面形成的产物和中间体得以及时“除去”，使得金属表面保持“洁净”，这比通常的机械搅拌要有效得多。

超声辅助反应技术具有操作简单、反应条件温和、低能耗、安全、反应速度快、反应时间短、反应产率高等优点。在有些反应中，超声波可以改变反应途经，从而提高特定产物的选择性，甚至使一些在传统条件下不能发生或很难发生的反应顺利进行，获得新的化学反应产物。

2. 超声辅助技术的应用

(1) 超声辅助均相有机反应

α-氰基肉桂酸乙酯可用作紫外滤光剂和光敏剂的成分、纤维染色剂的中间体以及杀菌剂等。可以用氰乙酸乙酯和各种芳香醛作为反应物，经 Knoevenagel 缩合制备 α-氰基肉桂酸乙酯。传统的方法是用吡啶作催化剂，进行加热回流，反应速率慢且产率低。在超声辐射条件下进行该反应，反应温度较低（20～42 ℃），可缩短反应时间，并提高收率（80%～96%）。例如，对于对羟基苯甲醛的反应[式(4-10)]，传统的制备方法实现的收率为 58%，而在超声波作用下，收率为 94%。

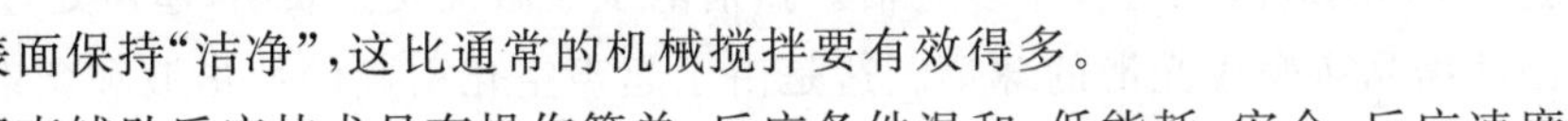

(4-10)

(2) 超声辅助液-液非均相反应

带支链的 α-氨基乙酰胺和 α-氨基酸在医药和生物抗生素研究方面有重要的作用。5,5-二取代乙内酰脲是合成 α-氨基酸的重要中间体，它在超声波作用下，以芳醛或酮、工业级 NaCN 水溶液和 $(NH_4)_2CO_3$ 为原料，在 45 ℃反应，3～5 h 内即可完成合成，产率高，也易于操作。反应式为：

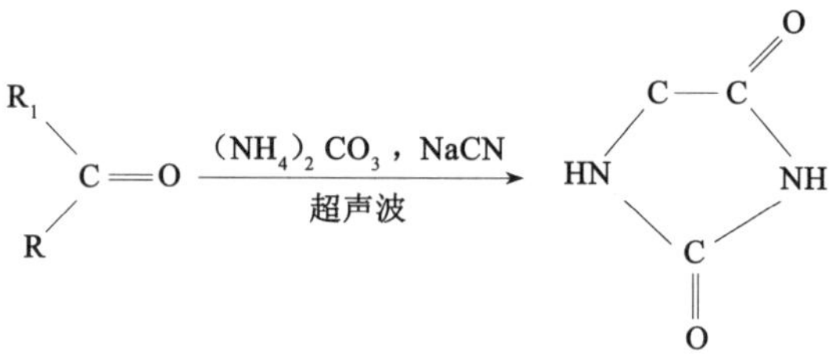

(4-11)

β-萘乙醚是一种人工合成的香料，被广泛用于肥皂和化妆品，也是生产乙氧基萘青霉素的原料。其常用合成方法有硫酸催化法、Williamson 法和相转移催化法。前两种方法是在强酸或强碱体系中进行，反应温度较高，产率较低（50%～60%）。而在相转移条件下，虽然反应温度较低，但反应产率不是很高(84%)。乔庆东等采用超声波作用下的相转移催化技术合成了 β-萘乙醚，产率提高到 94.2%，纯度达 99.8%，催化剂用量减少 1/2，反应时间缩短为 5 h。反应式为：

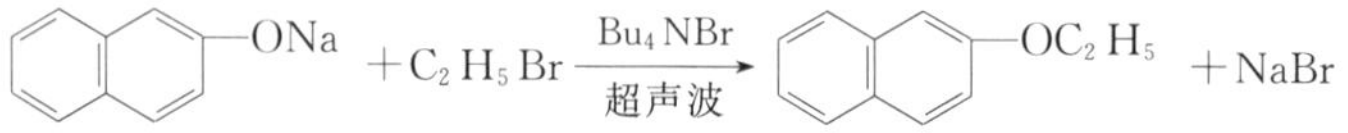

(4-12)

（3）超声辅助固液非均相反应

Suslick 等研究了用 Ni 粉作为催化剂的烯烃加氢反应，发现在超声作用下，该反应可以在常温常压下进行，其反应活性增大十多万倍。扫描电子显微镜观察表明，超声处理后 Ni 粉由最初的凹凸状结晶演变成光滑的球形。这是由于超声空化引起的冲击波和微射流导致 Ni 粉表面的氧化物钝化膜被清除，从而形成了清洁光滑的颗粒，并使 Ni 粉的活性显著提高。

吴晓云等用 $TiCl_4$/Mg 体系在 THF 中制备低价 Ti，将 $TiCl_4$、Mg 粉在 THF 中混合后加入酮，超声辐射数分钟至 1 h 后，反应即可完成，超声辐射对该反应有明显的促进作用。以苯乙酮为例，它与 $TiCl_4$/Mg 的反应需在二氧六环中回流 4 h。在超声辐射条件下，在室温下反应 10 min 即可得到 92%的收率[式(4-13)]。对其他的芳香酮或 α，β-不饱和酮亦有相同的效果。而原来需反应十几个小时方能生成的脂肪酮，经超声处理后反应时间可缩短为 1 h，且产率相当。

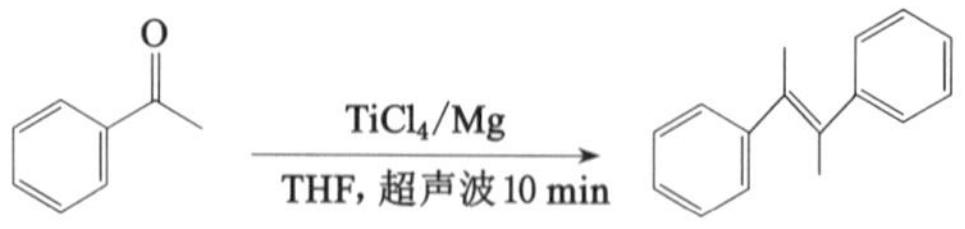

(4-13)

三、微波辅助技术

1．微波辅助合成概述

微波通常是指波长为 1 mm～1 m、相应频率为 0.3～300 GHz 的电磁波。微波作为一种传输介质和加热能源已被广泛应用于各领域，如食品加工、废物处理、陶瓷烧结、药物合成、橡胶和塑料的固化等。早在 1969 年，美国科学家 Vanderhoff 利用家用微波炉加热进行了丙烯酸酯、丙烯酸和 α-甲基丙烯酸的乳液聚合，发现与常规加热相比，微波加热条件下的聚合速度明显更快。这是微波用于有机合成的最早记载，但当时并没有引起人们的重视。直到1986年，加拿大的Gedye等系统研究了在微波炉中进行的酯化反应，才使得微波技术作为一种新技术在有机合成领域引起了高度关注，现发展成了一门新兴交叉学科——MORE化学（microwave-induced organic reactions enhancement chemistry），即微波诱导有机反应化学。

与以传统加热方法进行的化学反应相比，微波辐射下的有机合成具有反应速度快（可以在数分钟之内完成）、产率高、副反应少、产品易纯化等优点，还可以节约能源，实现原子经济性合成和生态友好绿色合成。到目前为止，已经报道的微波诱导有机化学反应类型超过40种，几乎涉及有机合成反应的各个领域。另外，由于微波为强电磁波，产生的微波等离子体中常存在热力学方法得不到的高能态原子、分子和离子，可使一些热力学上不可能发生的反应得以发生。

微波加热的效果好坏与物质分子的极性有密切的关系。极性分子由于分子内电荷分布不平衡，在微波场中能迅速吸收电磁波的能量，通过分子偶极作用以每秒数十亿次的超高速振动，产生相当于"分子搅拌"的运动，提高了分子的平均能量，使温度急剧提高。分子的偶极矩越大，加热越快。而对于非极性分子，由于其极少或不吸收微波，在微波场中不能产生高速运动，因而微波辐射不能使其升温。对于溶解在非极性溶剂（如甲苯、正己烷、乙醚、四氯化碳等）中的极性分子，虽然极性分子能吸收微波能量，但由于能量很快通过分子碰撞而转移到非极性分子上，从而会使加热速率大为降低。因此，对于微波促进有机化学反应，溶剂的选择至关重要。很显然，微波加热是由分子自身运动引起的热效应，受热体系均匀，这种加热方式可称为"内加热"。而传统的加热方法则是靠热传导和热对流来实现的（如回流），加热速度慢。目前，对于微波加速有机反应的机理，主要有以下两种观点：

① 传统观点是微波对极性分子的致热效应。微波的辐射能量为10～100 kJ/mol，而一般的化学键的键能为100～600 kJ/mol。因此，微波辐射不会导致化学键的断裂。微波只会使物质内能增加，使反应温度与速度急剧提高，并不会造成反应动力学的不同。此外，在密闭容器中，温度升高也会伴随压力的增大，往往也能促进反应的进行。

② 另一种观点是微波加热还具有特殊效应，即"非热效应"。虽然微波不会导致化学键断裂，但由于其频率与分子的转动频率相近，微波被极性分子吸收时，可以通过使分子中储存的微波能量与分子平动能量发生自由交换，即通过改变分子排列等焓或熵效应来降低反应活化能，从而改变反应的动力学，促进反应进程。微波的存在会对分子运动形成取向效应，使反应物分子在同轴线上的分运动相对增加，造成分子的有效碰撞频率增加，同时微波引起分子的转动进入亚稳定态，使反应更易进行。微波的存在使化学热力学函数以及化学动力学方程发生变化，从统计热力学来说配分函数的变化引起了化学平衡点的移动，使平衡反应的产率发生变化。例如，黄卡玛等人研究了微波场作用下KI与H_2O反应的动力学，提出了微波辐射能够改变化学反应的活化能和指前因子，而且这种改变与温度有关，这证明了"非热效应"的存在。

另外，许多有机化合物虽然不能吸收微波，但可以通过某种强烈吸收微波的"敏化剂"进行能量传递而诱发化学反应。如果选用这种"敏化剂"作催化剂或催化剂载体，就可以在微波照射下实现某些催化反应，这称为微波诱导催化反应。微波诱导催化反应操作的基本过程为：将高强度微波辐射聚集到含有某种“敏化剂”的固体催化剂上，由于固体表面点位（一般为金属）与微波能的相互作用，微波能被转换成热量，使某些表面点位被选择性地快速加热到很高温度（极易超过 1 400 ℃）。有机试剂与受激发的表面点位接触即可发生化学反应。发生反应的固体表面点位称为“活性点位”。对于“活性点位”的产生目前有两种观点：一种观点认为固体表面出现的“微波热点”是固体弱键表面及缺隙位与微波发生局域共振耦合传能的结果，这种耦合传能导致催化剂表面能量的不均匀，能量分布较高的点就是“微波热点”，从而成为反应的“活性点位”；另一种观点认为微波可以引起的分子搅拌使介质将吸收的微波辐射能量传递给催化晶格，从而导致催化反应速率的增加。

2. 微波辅助合成技术应用

(1) 微波辅助水相合成

水被认为是有机合成的绿色溶剂，但水作为溶剂存在一个显著缺陷，那就是很多有机物在水中的溶解度较低。虽然可以通过相转移催化技术克服这个缺陷，但是会极大增加成本，而这个问题通过微波辅助水相合成可以得到解决。水分子为极性分子，能够吸收微波并转化成热能。当水在微波场中被快速加热到高温时，其具有准有机溶剂（pseudo-organic solvent）的特征。由于水的热容较大，很容易精确控制水的温度。在微波辐射条件下，很多有机反应可以在水相中进行，而不需要使用相转移催化剂。

Leadbeater 等人在微波辐射条件下，在水相中进行 Suzuki 反应[式(4-14)]，水温可以很容易升高到 150 ℃，反应只需要 5～10 min，并取得了较高的产率。

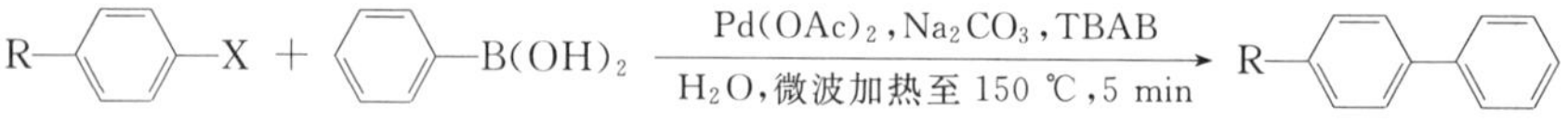

(4-14)

（R 为 CH_3，OCH_3，$COCH_3$；X 为 Cl，Br，I）　　（产率 62%～91%）

Ju 等人以 NaOH 为催化剂，在微波辐射条件下，在水相中实现了胺的 N 烷基化[式(4-15)]。该工艺不使用过渡金属催化剂，且与传统加热方法相比，反应时间短，产率高，产物选择性更好。

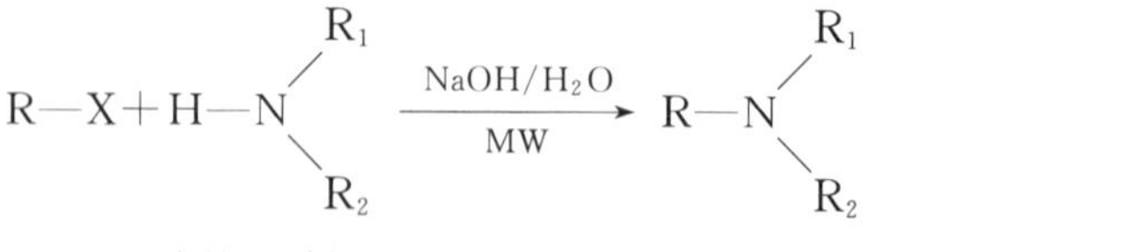

(4-15)

（R、R_2 为烷基、烯丙基；R_1 为 H、烷基、烯丙基）

(2) 微波辅助离子液体相合成

离子液体通常含有弱配合离子和较高的极化潜力，能够有效吸收微波能量。此外，离子液体不易挥发，可以避免微波快速加热所带来的爆炸危险性。微波辅助离子液体相合成技术结合了离子液体与微波技术两者的优势，反应速率快、产物收率高、选择性好、后处理简单，且离子液体可以多次回收使用，在多种类型的有机合成反应中都有所应用。

Claisen 重排反应一般都需要较高的反应温度和较长的反应时间。Chu 等设计了一种二环咪唑盐类离子液体[b-3C-im][NTf_2](图 4-4)，将其作为溶剂，用于微波辅助条件下的 Claisen 重排反应[式(4-16)]。通过比较传统加热与微波加热下的 Claisen 重排结果

(表 4-2),可以发现微波促进反应的速率远高于传统加热方法。添加少量路易斯酸 $MgCl_2$ 后,反应时间更是缩短至 3 min 以内,且收率略有提高。

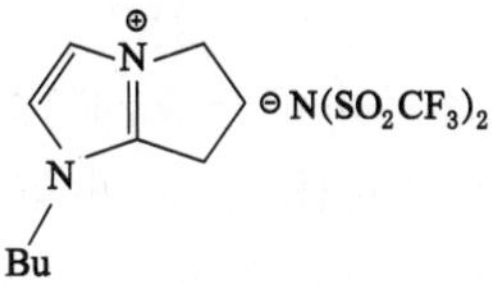

图 4-4 [b-3C-im][NTf_2]结构式

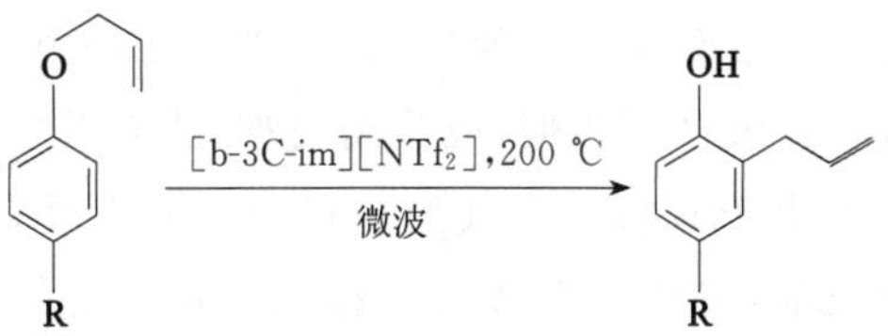

(4-16)

表 4-2 离子液体中的 Claisen 重排反应微波加热与传统加热效率比较

R	传统加热法		微波加热法			
	不使用 $MgCl_2$		不使用 $MgCl_2$		使用 $MgCl_2$	
	反应时间/h	分离产率/%	反应时间/min	分离产率/%	反应时间/s	分离产率/%
H(Ia)	2	65	15	74	150	79
CH_3(Id)	3.5	71	12	79	150	75
CH_3O(Ig)	2.5	74	9	78	150	82
Cl (Ij)	4	79	17	70	180	76

(3) 微波辅助无溶剂合成

溶剂介质中的反应,往往受到有机溶剂挥发、易燃等因素的限制,无溶剂反应(也称为"干"反应)则可解决这个问题。无溶剂反应避免了使用挥发性有机溶剂,对从源头上避免环境污染具有现实意义。因此,微波促进无溶剂有机化学反应也是近年来的研究热点,适用于多种有机反应,如酯化反应、亲核取代反应、皂化反应、缩合反应、重排反应、烷基化反应等。微波"干"反应通常是将反应物浸渍在氧化铝、硅胶、黏土、硅藻土或高岭土等多孔无机载体上,干燥后放入微波反应器中进行反应。无机载体一般不吸收 2 450 MHz 的微波,而载体表面上所负载的有机反应物能充分吸收微波能量而激活。

以聚合物负载的氯化铁为催化剂,可以在微波辐射条件下,通过取代的邻苯二胺与酮的缩合反应合成 1,5-苯并二氮衍生物[式(4-17)]。微波辐射下经 30~90 s 便可达到 92%~98%的产率,而在常规条件下需经 30~45 min 才能达到 87%~92%的产率。

(4-17)

四、有机电化学合成

1. 有机电化学合成概述

有机的电化学合成又称为有机物的电解合成，简称有机电合成，近年来被认为是绿色合成技术。电化学合成是在含有聚合物单体、溶剂、电解质、引发剂等的溶液中通入阳极电流而发生聚合反应，工作电极可以使用石墨、金属、金属氧化物和半导体材料等。

电合成是研究将电能转化为化学能的科学，即利用电能来合成化学物质，它为人类提供了一种清洁的合成方法，对于一些用一般化学方法难以制备得到的产品，如钠、钾、钙、镁、铝等活泼金属，以及许多强氧化性和还原性物质，必须采用电合成方法。某些有机化合物采用化学合成法时其选择性或产率很低，或分离很难，或有严重污染，而采用电化学法合成则可以避免上述不足。但由于有机电合成反应机理的复杂性，以及技术上的不成熟，更由于有机催化合成的迅速发展，有机电合成工业在经济竞争上处于不利地位，长期处于实验室水平。直到 20 世纪 60 年代中期，美国化学家 M. Baizer 成功研究了电解还原丙烯腈合成己二腈的方法，1965 年美国孟山都公司实现了这一反应的工业化。与此同时，美国纳尔科公司用 Grignard 试剂 C_2H_5MgCl 与铅阳极反应生成四乙基铅，实现了电解合成四乙基铅的工业化。自此以后，有机电合成技术在工业上取得了广泛的应用，除了孟山都公司和纳尔科公司外，用电合成方法生产有机产品的著名企业还有 3M 公司、陶氏化学公司和杜邦公司等。此外，德国的巴斯夫公司、赫司特公司，英国的荷里第公司，日本的旭化成公司、大冢化学公司，印度的中央电化学研究所，我国的一些企业也相继开发了许多电合成有机化合物的项目。到 20 世纪末，世界上已有逾百种有机化学品的电化学合成实现了工业化或进行过工业化试验。

与化学合成法相比，电化学合成具有许多优点：① 电化学合成采用“电子”作反应试剂，大都不需要加入氧化剂和还原剂，反应体系中包含的物质种类比较少，产物易分离和精制，产品纯度高，对环境污染小，有时甚至完全无公害，是绿色化学合成工业的重要发展方向；② 在电化学合成过程中，通过选择电极、电极电位和溶剂等方法可以控制反应的进行方向，反应选择性高，副反应较少，电合成的产品收率较高；③ 电化学合成反应一般在常温、常压下进行，无须特殊的加热和加压设备，工艺流程短，设备投资少，噪声和热污染小；④ 电化学过程的电流、电压等参数采集和控制方便，容易实现自动化。

作为一项化学合成技术，有机电化学合成还存在不足之处：① 由于把电当反应物质使用，故消耗电能大，是化学合成法的 2～3 倍；② 需要特殊的反应装置(如电解槽、各类电极、隔膜等)；③ 与电解无机物相比，电流密度较小，生产强度较低，单槽产量较小；④ 影响反应的因素较多，技术难度较大。这些缺点使得有机电合成在工业应用的发展上受到很大的阻碍。

有机电合成技术的使用范围：① 没有已知或类似的化学合成；② 已知化学法为多步骤或低产率；③ 要消耗大量的氧化剂或还原剂，而这些试剂在大批生产时有困难，或者价格昂贵；④ 现有的化学法中，由于“三废”处理困难引起环境的污染或处理费用大，经济上不合理；⑤ 某些复杂化合物的反应选择性差；⑥ 市场需求量小但产值特别高的有机产品，宜采用有机电合成。

有机电合成的研究开发方向：① 提高有机电合成反应的选择性及产率，降低能耗和物耗；② 提高生产强度及反应器的空间-时间产率；③ 选择合适的产品，如产量不大，而产值特别高的精细化工产品，或现有有机合成工艺困难的高、精、尖的产品。

以上问题的解决，首先依靠电化学科学及电化学工程的发展，同时也寄希望于一些新的技术及工艺的开发应用，如媒质反应技术、相转移催化技术、成对电解合成及外加磁场的应用等。

2. 有机电化学合成的应用

(1) 直接有机电化学阳极氧化

从理论上讲，任何一种可用化学试剂进行的氧化反应，都能用电解氧化的方法得以实现。某种物质在阳极上能否被氧化，主要取决于电化学氧化的电位值。

烷基可以在乙腈、乙醇、乙酸等溶剂中发生电氧化实现官能团化[式(4-18)]。例如，在乙腈溶液中，C—H 键(C—C 键)的 σ 键失去一个电子之后形成正碳离子，受到腈氮原子亲核进攻，形成腈鎓离子，继而与水反应生成 *N*-取代乙酰胺。

$$CH_3(CH_2)_4CO_2CH_3 \xrightarrow[\substack{CH_3CN,\ LiClO_4 \\ ②\ H_2O}]{①\ Pt\ 阳极}$$

$$\underset{\displaystyle |\atop NHCOCH_3}{CH_3CH}(CH_2)_3CO_2CH_3 + CH_3CH_2\underset{\displaystyle |\atop NHCOCH_3}{CH}(CH_2)_3CO_2CH_3 \qquad (4\text{-}18)$$

芳香族化合物的电氧化通常伴随着 π 分子轨道失去一个电子形成 π-离域的阳离子自由基，生成的阳离子自由基会迅速进攻反应体系中的亲核试剂。三甲基苯酚通过电解可制备三甲基对苯醌和三甲基氢醌：

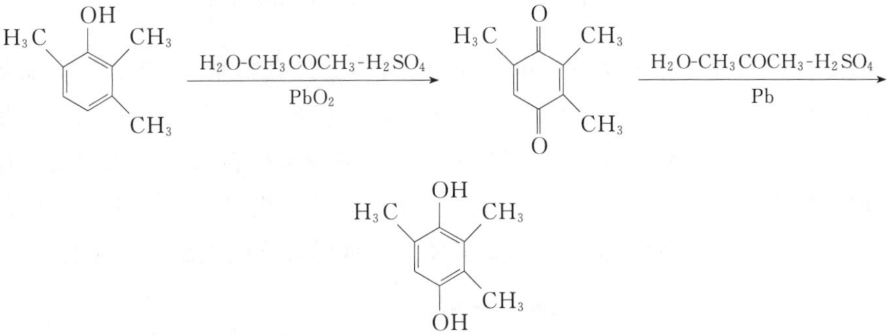

(4-19)

电氧化醛可以得到相应的酸、酯[式(4-20)]。此类反应的第一步为羰基氧原子上的孤电子对失去一个电子，然后根据底物和溶剂的差别发生不同的反应。

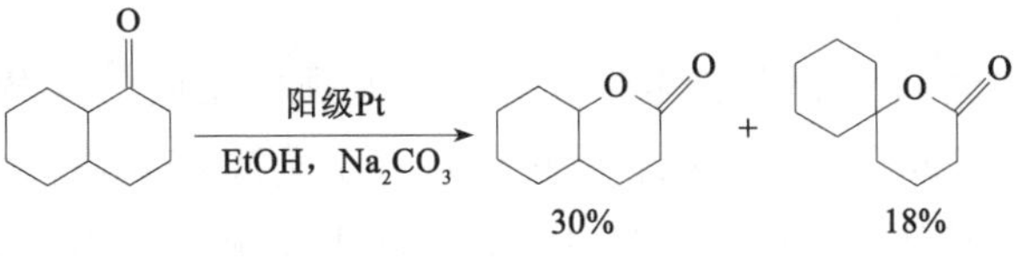

(4-20)

醇的直接电氧化通常伴随着羟基氧上非键电子对的一个电子离去，产物为酸或酮[式

(4-21)]和[式(4-22)]。

$$HC\equiv CCH_2OH \xrightarrow[\text{稀 } H_2SO_4]{\text{阳极 } PbO_2} \underset{76\%}{HC\equiv CCO_2H} \tag{4-21}$$

$$ClCH_2CHOHCH_2Cl \xrightarrow[\text{EtOAc},H_2O,\text{饱和 NaCl},\ \text{pH 2},RuO_2\cdot 2H_2O\text{ 催化剂}]{\text{阳级 Pt}} ClCH_2COCH_2Cl \tag{4-22}$$

(2) 直接有机电化学阴极还原

CO_2 的电化学还原对于其作为温室气体的化学固定具有重要意义。Kaneco 等人在 NaOH、KOH、RbOH、LiOH 和 CsOH 的 CH_3OH 溶液中，以 Cu 电极作为阴极材料，对 CO_2 的还原做了大量的研究工作，揭示该反应体系的主要产物是 CH_4、C_2H_4、HCOOH 和 CO，其反应机理如图 4-5 所示。

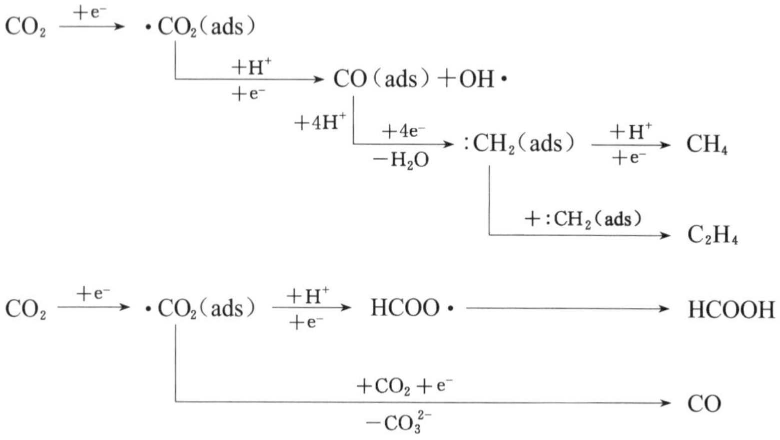

图 4-5 非水溶液中 CO_2 的电化学还原的机理

独立的 C═C 双键本身不易发生电还原，但当其上连有腈基、羰基、羧基、酯基等活化基团时，由于吸电子基团的存在，使得 C═C 双键上的电子云密度降低，从而很容易得到电子而被还原成阴离子自由基，然后根据实验条件的不同而发生自由基的二聚或与羰基化合物的亲核加成反应。在阴极上丙烯腈的还原二聚反应是有机电合成在工业上应用最成功的例子之一[式(4-23)]，丙烯腈还可与脂肪醛发生碳碳偶合反应生成 γ-羟基腈[式(4-24)]。

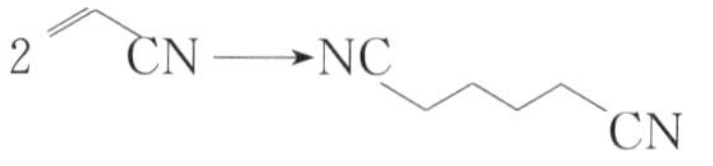

(4-23)

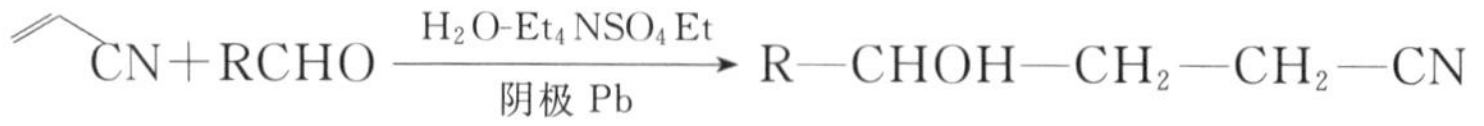

(4-24)

(3) 间接有机电化学合成

顾登平等研究了二甲基亚砜间接电氧化为二甲基砜的反应。以 WO_5^{2-}/WO_4^{2-} 作为催化体系，向阴极不断地通入 O_2，发生电还原生成 H_2O_2[式(4-25)]，再与 WO_4^{2-} 反应生成氧化能力很强的 WO_5^{2-} [式(4-26)]，最后 WO_5^{2-} 将二甲基亚砜氧化为二甲基砜[式(4-27)]。将有机物和无机物分离后，钨酸盐可重复使用。

$$O_2 + 2e^- + 2H_2O \longrightarrow H_2O_2 + 2OH^- \tag{4-25}$$

$$H_2O_2 + WO_4^{2-} \longrightarrow WO_5^{2-} + H_2O \tag{4-26}$$

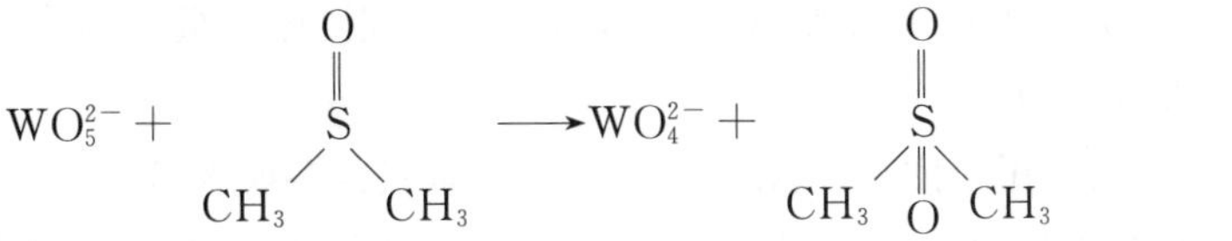

(4-27)

通过成对间接电氧化技术可以将苯氧化成苯醌，反应历程如图 4-6 所示。阳极采用 Ag^+/Ag^{2+} 媒质，阴极采用 Cu^+/O_2 体系。阳极上 Ag^+ 氧化成 Ag^{2+}，Ag^{2+} 可以氧化苯生成苯醌。同时，阴极上 Cu^{2+} 还原生成 Cu^+，O_2 能被 Cu^+ 还原生成 H_2O_2，H_2O_2 也能氧化苯生成苯醌。阴阳极反应均利于生成苯醌，电流效率明显提高。

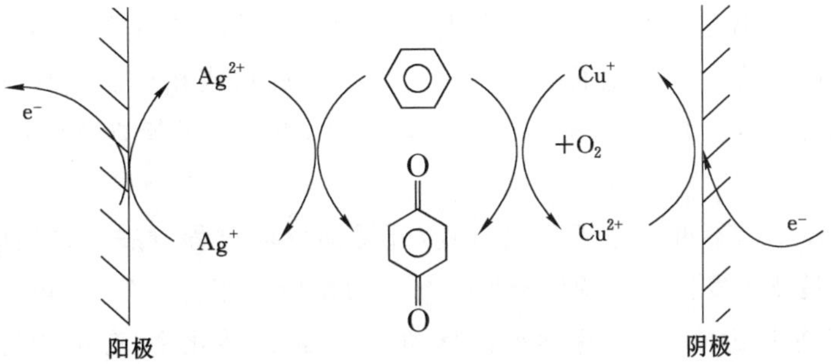

图 4-6　苯成对电合成苯醌反应历程

五、膜技术

近几十年来，膜技术作为一门涉及多学科的高新技术获得了迅速发展。膜技术主要用于分离过程，是新型的分离、浓缩、提纯、净化技术。膜分离技术在其发展的早期用于脱盐，后来广泛应用到化工、医药环保、电子等领域。它成为一种重要的化工单元操作，与其他常规分离方法比较具有效率高、能耗低、过程简单、不污染环境等优点，是发展中的绿色技术。

1. 膜分离技术

膜分离是以选择透过膜为分离介质，在外力推动下对混合物进行分离、提纯、浓缩的过程，推动力主要为压力差、电位差及浓度差。作为分离介质的膜可以是固体或液体，可以是均相或非均相的、对称的或非对称的、中性的或带电的，膜的厚度从数微米到数毫米。膜的分离作用有的是利用物理性质不同，有的是利用物质通过膜的速度不同，这种速度上的差异取决于物质溶解和扩散能力。膜可分为均质膜和非对称膜：均质膜的任何一部分形态和化学组成都相同；非对称膜由两层组成，表面一层称皮层，下面一层称支撑层。非对称膜是使用最广泛的分离膜。

在实际应用时要将膜以某种形式组装在基本单元设备内，成为膜分离器或膜组件。膜组件可以有板框式、圆管式、中空纤维式，已经工业应用的膜分离技术有微滤、超滤、反渗透、电渗析、气体膜分离和渗透汽化。

① 微滤：通常采用特种纤维树脂膜，孔径范围 0.1～10 μm，主要用于从溶液或气体中

脱去颗粒，是筛分过程，透过的组分是溶液或气体，截留组分是0.02～10 μm的颗粒。

② 超滤：膜材料除醋酸纤维外还有聚砜、聚丙烯腈、聚酰亚胺等，主要用于从溶液中脱去大分子或从大分子溶液中脱去小分子，也是筛分过程，透过组分为小分子溶液，截留组分为1～20 nm的大分子颗粒。

③ 反渗透：是利用膜的选择性只能透过溶剂而截留溶质颗粒(0.1～1 nm)，膜材料为醋酸纤维、芳香族聚酰胺、中空纤维等。反渗透主要用于海水、苦咸水淡化与超纯水制备。

④ 电渗析：使用离子交换膜，阳离子交换膜和阴离子交换膜交替排列在正负电极之间。在直流电场作用下，阴阳离子选择性地通过膜，从而达到分离目的。电渗析主要用于水处理。

⑤ 气体膜分离：根据混合气体中各组分在压力推动下透过膜的速度不同而达到分离目的，可用于提氢、富氧、富氮、脱湿、回收有机蒸气等。

⑥ 渗透汽化：液体混合物在膜的一侧与膜接触，其中易渗透的组分较多地溶解在膜上，并扩散通过膜，在膜的一侧汽化而被抽出。它用于共沸物或相近沸点物溶液体系的分离，如乙醇脱水。其耗能仅为常规恒沸精馏的1/3～1/2，不适用于苯类带水剂。

2. 膜反应器

近年来，膜技术已不再局限于分离过程，开始向反应过程发展。将反应过程与分离过程组合在一起，膜技术发挥了它的优越性。与一般反应器相比，它不仅可以加速反应，更重要的是突破化学平衡的限制，使化学平衡移动，大大提高转化率，有可能将产物分离、净化等单元操作在一个反应器内完成，节约投资。

膜反应器主要有惰性膜反应器和催化膜反应器。惰性膜反应器用的膜本身是惰性的，只起分离效果。催化膜反应器所用的膜，同时具有分离和催化双重功能。虽然两类膜反应器结构基本相同，但工作原理不尽相同。惰性膜反应器是利用膜反应过程中对产物的选择透过性，不断从反应区移走产物，从而达到移动化学平衡并且分离产物的目的。至于催化膜反应器则是让反应从膜一侧进入或从膜两侧进入反应器。

膜生物反应器是使用生物催化或转化反应，如将产青霉素酰化酶的大肠杆菌细胞固定在中空纤维膜组件的纤维外腔中，将酶反应底物青霉素G钾盐的缓冲液从中空纤维的内腔输出，底物通过膜渗透进入中空纤维内腔，在酶的作用下进行水解反应，产物6-氨基青霉烷酸(6-APA)和苯乙酸透过膜再进入中空纤维外腔，流出膜反应器，采用反应物反复循环通过膜反应器的方式，可使反应转化率接近100%。膜反应器用于β-半乳糖苷酶水解乳糖、淀粉酶水解淀粉产生葡萄糖、葡萄糖异构酶产生高果糖糖浆等，均取得较好的结果。另外，膜生物反应器也可用于植物细胞培养以生产相关产品。

膜生物反应器的操作简便，可连续化，可在无菌条件下运转，适用范围广，有较好的应用前景。目前，个别的膜生物反应器已达到实用化和工业化水平。

第三节 生物合成技术

生物技术作为高新技术领域之一，与信息技术、新材料技术、新能源技术、海洋技术和空间技术并列成为影响未来社会发展的六大科技支柱。生物技术是利用生物细胞或组织的功能结合工程技术的原理进行加工生产，为社会提供产品和服务的技术，是一门新型的跨学科技术体系。生物技术的突出优点是高效和经济，如将人的胰岛素基因转移到大肠杆菌中，就可高效和大规模生产药用胰岛素。生物技术主要包括基因工程、细胞工程、酶工程和微生物发酵工程，它们彼此相互渗透、相互融合。基因工程是生物技术的主导技术，细胞工程是生物技术的基础，酶工程是生物技术的条件，微生物发酵工程和生物化学工程是生物技术实现工业化，获得最终产品，转化为生产力的关键。

1. 基因工程

基因工程也称为遗传工程，主要是基因重组技术，即人们按照要求将目标脱氧核糖核酸(DNA)片段在离体条件下用工具酶剪切、组合和拼接，再将其引入宿主细胞复制和表达，达到改造生物特性的目的，生产出具有所需性状的产品的技术。基因工程有体外基因工程和体内基因工程两种，通常所说的基因工程多指体外基因工程。

目前，利用基因重组技术主要是生产活性多肽药物和疫苗等，用于防治肿瘤、心脑血管疾病以及遗传性、免疫性和内分泌方面的疑难疾病，药效持久、副作用小。例如，1980 年美国将人工获得的胰岛素基因载入大肠杆菌中生产人胰岛素实验成功，随后 Lilly 公司利用 DNA 重组技术生产出人胰岛素投入市场。其生产过程为：首先从人胰脏细胞中分离得到胰岛素基因(也可用化学合成法或反转录法获得)，将此基因的 DNA 片段重组到载体(质粒)内，然后再把重组质粒导入大肠杆菌内，得到能生产胰岛素的大肠杆菌(工程菌)，进而用发酵法生产胰岛素。

用基因工程还可以生产人的生长激素、干扰素等产品。用基因工程创造一些具有特殊代谢功能的微生物菌种，用发酵或酶法生产化学品是很有前途的手段，如用于生产氨基酸、丙二醇、丁二酸等。在自然界数量巨大的生物质——木质纤维素的开发利用过程中已经开始利用基因工程。

2. 细胞工程

细胞工程是对动植物的器官、组织或细胞在离体下进行培养、繁殖和人工操作从而达到加速繁殖、生产生物产品的目的。其包括细胞融合及由此衍生出来的单克隆抗体技术，动植物细胞的大规模培养技术，以及植物组织培养快速繁殖技术。所谓细胞融合技术是指人为地将两种不同的生物细胞用生物、化学或物理方法使之直接融合，从而产生能够同时表达两组亲本有益性状的杂种细胞的技术。它可以在种间、属间甚至动物和植物之间进行。

在细胞工程中，植物组织和细胞培养技术，不仅具有重要的现实意义，而且具有广阔的应用前景。自然界众多的植物不仅为人类提供粮食和油料，还提供品种繁多的精细化学品，如有机酸、生物碱、萜类、香料、色素等，它们被广泛用作药物、食品添加剂、化妆品、表面活性剂等。但是自然界植物资源有限，难以满足各种需求，而采用植物组织和细胞的大规模培养方法已经能解决这些问题。

3. 酶工程

酶工程是利用酶的催化作用进行物质转化的技术，包括酶源的开发、酶的提取和纯化、酶和细胞的固定化、酶分子的改造和化学修饰、酶分子的人工设计等。因此，酶工程是生物化学的酶学原理与化学技术相结合的一种新技术。

酶是存在于生物体内具有催化功能的蛋白质。根据酶所催化的反应类型，可将酶分为6类：氧化还原酶（包括氧化酶和脱氢酶）、转移酶、水解酶、异构酶、裂解酶和连接酶。

酶催化反应的特点如下：

（1）催化效率高。酶的催化效率比历史最高水平的一般化学催化剂高出 $10^6 \sim 10^{13}$ 倍。

（2）反应选择性好。大多数酶具有高度的专一性（包括酶对反应的专一性和酶对底物的专一性），能够迅速专一地催化某一基因或某一特定位置的反应，合成出用化学合成法很难合成的复杂结构化合物，特别是具有光学活性的不对称化合物，如人工胰岛素，多肽化合物、抗生素、干扰素、甾体激素类药物等。

（3）酶反应可在常温常压下进行，条件温和，容易控制，副反应少，环境污染小。

长期以来，酶反应都是在水溶液中进行，属于均相反应。但反应后的酶难以分离，无法重复利用，加之溶液酶很不稳定，容易失活或变性。因此，在 20 世纪 70 年代提出了酶的固定化技术，就是将酶固定在载体上。固定化酶的优点是可重复使用，便于储存，易与产物分离，产品纯度高，有一定的机械强度可以搅拌，利用装柱等方式与底物溶液作用，可使生产连续化。固定化酶和固定化细胞统称为固定化生物催化剂，它们在精细化学品的制备中具有极其重要的应用，从表 4-3 列举的应用实例可见一斑。

表 4-3 固定化生物催化剂在精细化工中的应用实例

原料	酶或细胞	载体	产物
N-酰化 DL-氨基酸	氨基酰化酶	DEAE 纤维素	L-氨基酸
葡萄糖	葡萄糖异构酶	DEAE 纤维素浆	果葡糖浆
青霉素 G	青霉素酰化酶	羟甲基纤维素丙烯酸酯类大孔树脂	6-氨基青霉烷酸（6-APA）
青霉素 G	含青霉素酰化酶的大肠杆菌	三醋酸纤维素	6-APA
头孢菌素化合物	青霉素 G 酰化酶	硅藻土	7-氨基头孢烷酸（7-ACA）
2-噻吩乙酸甲酯和 7-ACA	青霉素 G 酰化酶	硅藻土	头孢噻吩
延胡索酸	黄色短杆菌	聚丙烯酸胺	L-苹果酸
葡萄糖	土曲霉素	聚丙烯酸胺	衣康酸
富马酸和氨	大肠杆菌	聚丙烯酸胺	L-天冬氨酸
天冬氨酸	德阿昆哈假单胞菌	K-卡拉胶	L-丙氨酸
葡萄糖	谷氨酸棒杆菌	K-卡拉胶	L-苏氨酸
DL-苏氨酸	酸性磷酸菌	K-卡拉胶	L-苏氨酸

4. 微生物发酵工程

微生物发酵工程又称微生物工程，是指在人工控制条件下，利用微生物的代谢活动，生产各种有用产品的过程，包括菌种的选育、菌种的生产、代谢产物的发酵及微生物的利用等，也包括生物化学工程，即生化反应器的设计与放大、生产过程参数的检测与控制，以及产物的分离和精制等。因此,现代微生物发酵工程是利用微生物的特定性状和现代化的工程技术进行工业生产的新技术体系。很显然,只有通过微生物发酵工程和生化工程才能使基因工程、细胞工程和酶工程等技术转化为生产力。

微生物发酵技术在我国源远流长,在距今 4 000 多年的龙山文化时期,酿酒技术已相当精湛,这可以说是古老的生物技术。如今,微生物发酵技术仍然是生产精细化学品的重要手段之一。例如,目前绝大多数氨基酸都可以用发酵技术生产(见表 4-4)。

表 4-4　氨基酸的生产方法

名　称	制　法	名　称	制　法
L-缬氨酸	发酵法、合成法	L-半胱氨酸	抽提法
L-亮氨酸	抽提法、发酵法	L-酪氨酸	抽提法
L-异亮氨酸	发酵法	甘氨酸	合成法
L-苏氨酸	发酵法	DL-丙氨酸	合成法
DL-蛋氨酸	合成法	L-丙氨酸	发酵法
L-蛋氨酸	合成法、酶法	L-丝氨酸	发酵法
L-苯丙氨酸	合成法	L-谷氨酰胺	发酵法
L-色氨酸	合成法、发酵法	L-谷氨酸	发酵法
L-赖氨酸	发酵法、酶法	L-脯氨酸	发酵法
L-精氨酸	发酵法、抽提法	L-羟基脯氨酸	抽提法
L-组氨酸	发酵法、抽提法	L-鸟氨酸	发酵法
L-天冬酰胺	发酵法	L-瓜氨酸	发酵法
L-天冬氨酸	酶法		

许多有机酸如柠檬酸、乳酸、苹果酸、葡萄糖酸、衣康酸等也可以用发酵法生产,大多数抗生素是用微生物发酵法合成的。如单细胞蛋白(SCP),是微生物发酵法工业化生产蛋白质的重要产品,既可以用石蜡、甲醇等石油化工产品来生产,也可用淀粉、糖、纤维素等可再生资源生产,还可以利用工农业废弃物做原料生产,如表 4-5 所示。

表 4-5　单细胞蛋白的生产原料、菌种及产率

主要原料	菌种	粗蛋白质含量/%	主要原料	菌种	粗蛋白质含量/%
正烷烃	解脂假丝酵母	47.6	糖蜜	椭圆啤酒酵母	53
正烷烃	产膜假丝酵母	55	亚硫酸纸浆废液	拟青霉	55
正烷烃	皱褶假丝酵母	47.2	味精废液	热带假丝酵母	60.4
甲醇	甲基养嗜甲基杆菌	72	酒精废液	酵母+白地霉	55～60
甲醇	球拟假丝酵母	56～62	乳清	青霉	47.5

微生物发酵不仅原料广泛,而且生产效率高,采用大型发酵罐,生产率可达 2～6 kg・m^3/h。SCP 含粗蛋白 40%～80%,高于大米、小麦、大豆等传统食品,所含氨基酸品种比较齐全,尤

其是人和动物生存必需的氨基酸(赖氨酸和色氨酸)含量丰富。SCP 主要用于动物饲料,也可作为人类的蛋白质食品,特别是随着世界人口剧增,开发 SCP 作为人类的直接食品具有极其重要的现实意义和发展前景。

第四节 化工过程强化

化工过程强化是近年来发展起来的一个新兴研究领域。它包括发展新设备和新技术,这些新设备和新技术与现行设备和技术相比,在设备体积/产量比、能量消耗、废物排放和成本等方面具有明显的优势,即新设备和新技术的设备体积/产量比小、能量消耗少、废物排放少和成本大为降低。也就是说,使反应体积变得更小,过程变得更清洁,能量利用更为有效的任何化学工程的进步都可认为是化工过程强化。化工过程强化可以通过设备改进来实现,也可以通过方法的改进来实现。

一、通过设备改进实现过程强化

设备的改进包括对进行化学反应设备的改进和对其他操作过程设备的改进。典型的对化学反应设备的改进有:旋转盘反应器、静态混合反应器、静态混合催化剂体系、整体式反应器、微型反应器、热交换反应器、超声波气体/液体反应器、射流碰撞反应器以及转动填充床反应器等。典型的对操作过程设备的改进有静态混合器、紧凑热交换器、微孔道热交换器、转子/定子混合器、转动填充床以及离心吸附器等。下面对几种典型的设备改进作一简介。

1. 静态混合反应器

搅拌技术在过去几十年中得到了很大的改进,但有趣的是搅拌技术的改进并非是改进搅拌机械而完成的,刚好相反,这一改进正是摒弃了搅拌机械,采用静态混合器而实现的。静态混合反应器是化工过程强化的一个很好的例子,与传统设备相比,它的体积更小、能量利用更充分。例如,Sulzer 型静态混合反应器,其混合单元由热传导管构成,可用于混合或反应需要提供大量的热能或产生大量热而需要移去的过程,比如硝化反应、中和反应等。静态混合器的一个重要缺陷是容易堵塞,因而不能用于需要使用浆状催化剂的情况。Sulzer 通过用既有很好的混合性能又可用作催化剂载体的特殊填充物的办法克服了这一困难,这类敞开交叉流动结构催化剂(KATAPAK)已用于放热的气相氧化反应和催化蒸馏过程,这些过程传统上是采用固定床反应器实现的。KATAPAK 具有很好的混合性质和径向传热特性,但其比表面积较小。

2. 整体式催化剂

用于催化的整体式基质可以是金属材料,也可以是非金属材料,它们具有很多的细孔道和规整均一的横截面。为了保证其多孔性和提高催化活性比表面积,其孔道的内壁涂有一层薄的涂层,作为催化活性组分的载体。整体式结构最重要的特征有:

(1) 与传统的填充床相比,其压力降很小,通常比传统方法低 1～2 个数量级;

(2) 单位反应器体积的几何面积大,通常比颗粒催化剂床反应器高 1.5～4 倍;

(3) 因为涂层很薄，故扩散途径很短，因而具有高的催化效率，实际可达100%；

(4) 可提高由于传质阻力的影响而导致选择性差的过程的选择性；

(5) 整体式催化剂也可以安装成流线型。

流线型还具有如下优点：

(1) 流线型整体式反应器是现成可用的组件，可作为管线的一部分安装，投资不大；

(2) 紧凑安排的流线型整体式反应器可安装在地下的沟槽中；

(3) 与传统的反应器相比，可满足更高的安全和环境要求；

(4) 更换方便快速；

(5) 可在反应器的不同部位安排多个进样点；

(6) 很容易获得活塞流。

由于整体式反应器的孔道相互隔离，缺乏径向分布，该体系唯一的传热途径是通过整体式反应器材料的热导性传热，故其缺点之一是热传递效果差。通过涂层或引进催化活性组分的方法改造热交换器，可克服上述缺点。

3. 微型反应器

微型反应器的体积极小，具有类似于三明治的层状结构，每层之间又有显微机械加工而成的通道，每一层都有多种功能，包括混合、催化反应、热传递、分离等。将多种功能集成于一个单元中是微型反应器最重要的优点，其传热速率很快，可使高放热的反应在等温下进行，有利于动力学研究。由于微型反应器的反应体积/表面积比很小，它有希望用于有毒物质或可爆炸物质作反应物的过程。

二、通过方法改进实现过程强化

方法上的改进是过程强化的另一个重要方面，主要有逆流反应器、反应蒸馏、反应提取、反应结晶、色谱反应器、周期分离反应器、膜反应器、反应挤出、反应粉碎、燃料电池、膜吸附、膜蒸馏、吸附蒸馏、离心场、超声波、太阳能、微波、电场以及等离子体技术等或多种技术的组合。

下面简单介绍几类典型的方法。

1. 多功能反应器

多功能反应器是将传统的需要多个设备完成的功能集成在一个反应器中，以提高化学转化率和反应器的集成度。一个目前已成功用于二氧化硫氧化反应、碳氢化合物燃烧反应和汽车尾气处理的多功能反应器是逆流反应器，它集化学反应功能和传热功能于一体，反应体系中气体周期性地逆向流动，使得放热反应的热量得到近乎完美的利用，既保持了催化剂床层的温度，又将反应放出的热量用于预热冷的反应物气体。催化反应蒸馏器是已商业化的典型多功能反应器，其蒸馏柱由具有催化活性的材料填充，把反应功能和分离功能集成在一起。在蒸馏柱中，反应物在催化剂上转化为产物，产物则不断地被分馏离开反应体系，这样反应的热力学平衡被打破，可获得超过热力学平衡转化率的产物量。同时，由于把反应与分离集成在一起，能量的使用效率也大为提高。

2. 膜反应器

膜反应器也是把反应功能与分离功能集成在一起的一种多功能反应器。可用于原位分离反应产物,从而打破热力学平衡,得到高的反应物转化率和产物收率。还可用于加强传质,原位把产物与催化剂分离等。到目前为止,膜反应器尚未得到大规模的工业应用,主要是因为其价格太高,也还有一些技术上的原因,比如膜的渗透能力、机械强度、热稳定性等不理想。

3. 分离技术的集成

在这一领域的研究中,通常还将膜技术与其他分离技术集成在一起。膜吸收和反萃取技术就是其中一种,在该技术中,膜的作用是让气体通过而不让液体通过。膜蒸馏技术也是一种集成技术,该技术让液体蒸气透过膜,在膜的另一边凝聚下来。该技术有如下优点:

(1) 离子、大分子、胶体、细胞和其他不挥发性物质完全不能透过;

(2) 不需要高压差;

(3) 由于有大孔结构,因而在膜上产生污垢的可能性较小;

(4) 可在较低的温度下使用。

在集成分离技术时,还可将其他的分离技术集成在一起。比如吸附蒸馏技术,通过选用适当的吸附剂,可提高分离的效率。

4. 利用其他形式的能量

不少非传统技术利用非热能的能量以实现过程的强化。在这些技术中,声化学的发展很快,由于超声波能使液体反应介质产生微小的泡泡(空隙),这些微泡的瘪塌会产生内爆,引起局部能量释放,产生高达 5 000 K 的高温和 10 GPa 的高压,对其中的反应物分子产生多种影响。比如化学键的均裂、自由基的形成、聚合反应的发生等,故可以将它看成是高能的微型反应器,这就为化学合成提供了一种新的可能性。对于用固体作催化剂的体系,瘪塌还会对催化剂的活性表面产生影响。因此,这一技术也可用于催化剂表面的清洁和催化剂的再生。在化学反应中使用太阳能是近年来研究较多的领域,即在新的高温反应器中置入能吸收太阳能的物质,将吸收的能量转化为热能进行化学反应。微波加热可使化学反应的速率成倍地提高,也是近年来研究的热点之一。

参考文献

[1] 房忠雪,等. 绿色催化有机合成[M]. 北京:化学工业出版社,2022.

[2] 马淳安,等. 绿色电化学合成[M]. 北京:化学工业出版社,2016.

[3] 李清彪,李云华,林国栋. 化学工艺学[M]. 北京:化学工业出版社,2021.

[4] 王路. 化学与生物合成转化技术[M]. 北京:科学出版社,2018.

第五章　绿色溶剂

溶剂是化学反应需要的重要辅料，其使用量往往远远超过其他原料。溶剂通常是挥发性有机物（VOCs），这些物质容易逸出到大气中，通过一系列反应形成光化学烟雾，或促进雾霾的形成。多数有机溶剂自身具有毒性，对人体能造成“三致”作用等不良影响。因此，开发安全无毒的绿色溶剂已成为绿色化学的重要研究方向。

第一节　水

一、水溶剂概述

以水为介质的有机反应具有许多优点，如操作简便、安全，没有有机溶剂的易燃、易爆等问题。在有机合成方面，可以省去许多诸如官能团的保护和去保护等合成步骤。水资源丰富，成本低廉，不会污染环境，是绿色反应介质。然而，大部分有机反应是在有机溶剂中进行的，有的甚至必须在无水、无氧的条件下进行，有机合成反应的研究也是以有机反应介质为基础的。以水为介质必然会引出许多新问题，如有机底物在水中的“疏水作用”，反应底物和试剂在水中的稳定性，水中存在的大量的氢键对反应的影响等。但这些问题并非完全不利或不能克服，事实上水溶剂特有的疏水效应对一些重要有机转化是十分有益的，优势是可提高反应速率和选择性，如周环反应在水中的反应速率比在有机溶剂中要大得多。因此，以水作为溶剂的相关研究，如水中有机反应的机理，水中反应的立体化学，适合于水相反应的新试剂、新反应的发现和应用等水相有关反应的研究，将会在有机合成化学中开辟出一个新的研究领域。2001 年美国“总统绿色化学挑战奖”学术奖授予了李朝军教授，就代表水相有机反应的研究所受到的重视。

二、水作为溶剂的应用

水相有机反应的研究已涉及多个反应类型，如氧化、还原、烯丙基化、环加成、重排、缩合、偶联、自由基、有机光化学、取代等。前期的主要研究进展包括与水相容的 Lewis 酸催化剂在水相形成新 C—C 键反应的应用，金属参与的特别是金属铟参与的水相形成新 C—C 键的反应以及在天然产物合成中的应用，过渡金属试剂催化的水相 Grignard 型和共轭加成反应，金属铑试剂催化的水相有机硼酸的不对称反应等。

1. 水/有机两相体系中的烯烃氢甲酰化反应

烯烃氢甲酰化反应是典型的原子经济反应，是生产增塑剂用丁醇和异辛醇的最主要方法。20世纪80年代以前，这一生产过程是采用溶于有机溶剂的钴或铑络合物作催化剂，在均相催化反应体系中进行的。为了避免使用有机溶剂，有利于产物的分离，减少有机溶剂的挥发和排放对环境的污染，1984年德国 Ru-hrchemie AG 公司成功开发了在以水溶性铑-膦络合物为催化剂的两相体系中，利用丙烯氢甲酰化合成丁醛的过程。在这一工艺中，由于在三苯基膦的苯环上引入磺酸盐基团，使其水溶性达到1.1 kg/L。反应完成后产物存在于有机相，催化剂保持在水相，通过两相分离，即可将催化剂与产物分开，不需要采用蒸馏方法分离回收催化剂。铑-膦络合物水溶液催化的丙烯氢甲酰化反应和有机溶剂中进行的均相催化反应相比，生成醛的选择性由95%提高到99%，产物中正丁醛与异丁醛之比由10～14提高到24以上。每生产100 kt丁醛，采用两相催化体系比均相催化体系节约4 kt丙烯，相应地也节约了大量的合成气，铑催化剂的消耗也显著减少。在两相催化体系中丙烯氢甲酰化工业生产过程取得成功，大大推动了水溶性有机金属络合催化的研究和发展。近年来，水溶性铑-膦、钌-膦、钯-膦络合物在加氢二聚、选择性加氢、C—C键偶联等方面也已获得重大进展，国外正在积极研究 C_6 以上烯烃氢甲酰化制备高碳醛、醇的两相催化体系的新技术。

2. 水溶液中自由基溴代反应

美国新泽西技术研究所和其他大学合作开发了一种多相反应器，它能使药物和特殊化学品的制造以水作反应介质，避免采用有害的有机溶剂。这种技术已应用于在水溶液中进行有机物自由基溴代反应，对环氧化反应也开发出一种半连续的滴流床反应器，这是从源头治理挥发性有机化合物的方法。

3. 水相中铟促进的 Barbier 反应

Paquette 科研组就水相中铟促进的 Barbier 反应的立体控制做了较为系统的研究，考察了醛和烯丙基溴组分的结构，特别是含配位基团如羟基、烷氧基、巯基和氨基的反应底物对反应的立体化学的影响。发现了这些基团的配位能力以及其他相邻基团的立体因素对立体选择性的影响，当醛的 α 位和 β 位含有羟基时，反应以很高的立体选择性分别给出 syn-1,2-二醇和 anti-1,3-二醇化合物[式(5-1)]，提出即使在水相中反应仍主要经过螯合的过渡态 A 和 B。而在烯丙基溴的 β 位有羟基或烷氧基取代时，反应同样可以给出高立体选择性的结果。这些研究对揭示水相反应的立体化学控制机制以及在有机合成中正确应用此类反应具有重要意义。

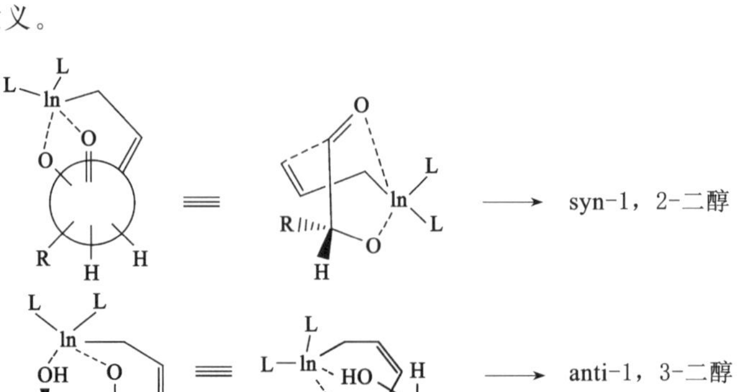

(5-1)

4. 四烯丙基锡与 2-脱氧核糖在纯水中的反应

Kobayashi 等研究了四烯丙基锡与 2-脱氧核糖在纯水中的反应，发现作为催化剂的三氟甲基磺酸钪和表面活性剂十二烷基磺酸钠（SDS）的同时加入大大提高了反应的速率，并使反应给出定量的产物。该方法适用于其他一系列醛和糖类化合物。值得注意的是，当仅用 Lewis 酸或表面活性剂时，该反应进行得极其缓慢，表面活性剂的加入使反应物在水中形成胶束体系，使催化剂 Lewis 酸与底物的相互作用得到增强，从而加快反应速率，提高反应产率。

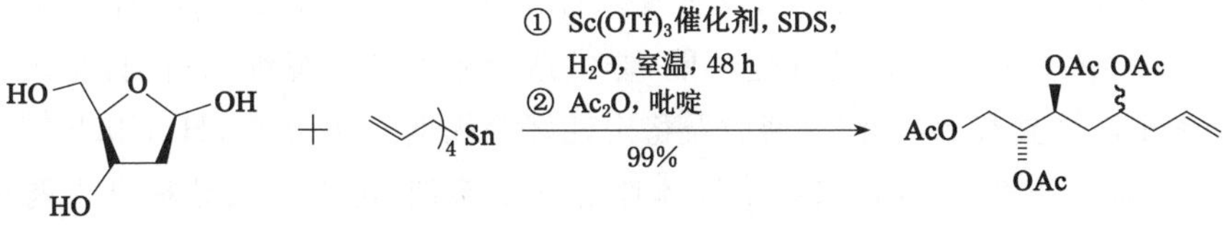

(5-2)

水是地球上最无害、最安全也是最廉价的溶剂，通过选用适当的催化剂，以水为溶剂，可同时解决产物分离和环境污染问题。近期水相有机反应研究有以下几个方面值得重视，如水相有机反应的特点和反应机理以及相关的理论问题；研究有机金属试剂或 Lewis 酸催化的水相反应，特别是相应的水相不对称反应；探索将水相有机反应和生物转化反应相结合的新合成方法，实现水相中的"原子经济性"反应；加强对水相有机反应工业应用中基本问题的研究等。

采用水作溶剂虽然能避免使用有机溶剂，但由于其溶解能力有限，限制了它的应用，而且还要注意废水是否会造成污染。

第二节　离子液体

一、离子液体概述

离子液体是指室温或低温下为液体的盐，它一般由有机阳离子和无机阴离子组成，常见的阳离子有季铵盐离子、咪唑盐离子和吡咯盐离子等，阴离子有卤素离子、四氟硼酸根离子、六氟磷酸根离子等。离子液体对有机化合物、金属有机化合物、无机化合物有很好的溶解性，无可测蒸气压，无味，不燃，易与产物分离，易回收，可循环使用。由此可见，离子液体在作为与环境友好的"洁净"溶剂方面有很大的潜力。

离子液体的历史可以追溯到 1914 年，当时 Walden 报道了$(EtNH_3)^+NO_3^-$的合成（熔点 12 ℃）。这种物质由浓硝酸和乙胺反应制得，这是最早的离子液体，但由于其在空气中很不稳定而极易发生爆炸，它的发现在当时并没有引起人们的兴趣。一般而言，离子化合物熔解成液体需要很高的温度才能克服离子键的束缚，这个状态的叫作"熔盐"。离子化合物中的离子键随着阳离子半径增大而变弱，熔点也随之下降。对于绝大多数的物质而言混合物的熔点低于纯物质的熔点。如果再通过进一步增大阳离子或阴离子的体积和结构的不对称性，削弱阴阳离子间的作用力，就可以得到室温条件下的液体离子化合物。根据这样的原理，1951 年 F. H. Hurley 和 T. P. Wiler 首次合成了在环境温度下呈液体状态的离子液体。他们选择的阳离子是 *N*-乙基吡啶，合成出的离子液体是溴化正乙基吡啶和氯化铝的混合物(氯化铝和溴化乙基吡啶摩尔比为 1∶2)。但这种离子液体的液体温度范围还是相对比较狭窄的，且氯化铝离子液体遇水会放出氯化氢。直到 1976 年，美国科罗拉多州立大学的 Robert 利用 $AlCl_3$/[*N*-EtPy]Cl 作电解液，进行有机电化学研究时，发现这种室温离子液体是很好的电解液，能和有机物混溶，不含质子，电化学窗口较宽。1982 年，Wilkes 以 1-甲基-3-乙基咪唑为阳离子合成出氯化-1-甲基-3-乙基咪唑，在摩尔分数为 50%的 $AlCl_3$ 存在下，其熔点达到了 8 ℃。在这以后，离子液体的应用研究才真正得到广泛的开展。

由于离子液体具有其独特的理化性能，非常适合用作分离提纯的溶剂，相较于传统的有机溶剂，离子液体具有无污染、可回收及稳定性好等优点。2019 年，H. Ullah 等人研究了离子液体提取何首乌挥发油，利用离子液体作为萃取溶剂，可以极大地提升中药挥发油的提取效率。

离子液体可以提高棉织物阻燃性能。2019 年，Aziz Bentis 等人将甲基咪唑和吡啶阳离子与不同阴离子合成不同种类的离子液体，并在棉织物表面制备了基于离子液体的溶胶-凝胶涂层，采用热风和热压两种固载方法将氢氧化镁无机阻燃颗粒固载于棉织物上，使棉织物具有阻燃性能。

离子液体作为反应介质，可以提高反应的速率和催化活性，更重要的是离子液体本身也可以作为一种“绿色环保”的高效新催化材料，代替有毒、污染严重的传统催化剂。2020 年，Yuan 等制备了 3 种吡啶基离子液体，并通过化学键合法负载到 ZIF-90 材料上合成负载催化剂，然后催化二氧化碳环加成反应，得到环状碳酸酯。Fereshteh 等制备了离子液体修饰的 CMK-3 有序介孔碳上固定钼酸盐的新型催化剂，该催化剂在甲基苯硫化物氧化为亚砜反应中具有较好的催化活性。

离子液体是完全由离子组成的液体，可以作为电解质应用于电化学中。离子液体以优良的导电性能，在电化学反应、电池、电容器等方面都具有广泛的应用前景。2021 年，J. Hwang等将 Pyr 13 类离子液体与双(氟磺酰)胺钠(NaFSA)及 $NaClO_4$ 混合，配制成电解液。Pyr 13 的引入抑制了电解液的可燃性，提高了电解液的离子电导率。

离子液体与传统有机溶剂和电解质相比，具有一系列突出的优点：

① 液态范围宽，从低于或接近室温到 300 ℃以上，有高的热稳定性和化学稳定性；

② 蒸气压非常小，不挥发，在使用、贮存中不会蒸发散失，可以循环使用，消除了挥发性有机化合物(VOCs)环境污染的问题；

③ 电导率高，电化学窗口宽，可作为许多物质电化学研究的电解液；

④ 通过阴、阳离子的设计可调节其对无机物、水、有机物及聚合物的溶解性，并且其酸度可调至超酸；

⑤ 具有较大的极性可调控性，黏度低，密度大，可以形成两相或多相体系，适合作分离溶剂或构成反应-分离耦合新体系；

⑥ 对大量无机和有机物质都表现出良好的溶解能力，且具有溶剂和催化剂的双重功能，可以作为许多化学反应溶剂或催化活性载体。

由于离子液体的这些特殊性质和表现，它与超临界 CO_2 和双水相一起被称为三大绿色溶剂，具有广阔的应用前景。

二、离子液体的应用

1. 在有机合成中的应用

离子液体兼有极性和非极性有机溶剂的溶解性能，溶解在离子液体中的催化剂，同时具有均相和非均相催化剂的优点，催化反应有高的反应速率和高的选择性。某些离子液体还具有 Lewis 酸性，可以不另加催化剂就能催化反应。由于离子液体所具有的独特性能，它已被作为反应的溶剂应用到多种类型反应中。

(1) 氢化反应

将离子液体应用于氢化反应已有大量的报道，反应中应用离子液体替代普通溶剂的优点包括：反应速率比在普通溶剂中快数倍，所用的离子液体和催化剂的混合液可以重复利用。研究表明，在反应过程中离子液体起到溶剂和催化剂的双重作用。

由于离子液体能溶解部分过渡金属，因而目前在氢化反应中运用离子液体研究最多的是用过渡金属络合物作为催化剂的均相反应体系。另外，相对于传统溶剂来说，将离子液体运用于柴油（主要是针对其中含有的芳烃）的氢化反应时具有产品易于分离、易纯化，又不会造成环境污染等优点。

(2) 傅-克反应

傅-克反应包括傅-克酰基化和傅-克烷基化反应，这两种类型的反应在有机化工中具有举足轻重的地位。其比较成熟的催化剂有沸石、固体酸和分子筛等。但是出于绿色合成和成本的考虑，许多化学工作者已就改传统溶剂为离子液体进行了相关研究。

例如，Seddon 等利用离子液体研究了亲核试剂吲哚和 2-萘酚的烷基化反应，该方法简单，产品易于分离，杂原子上的区域选择性烷基化产率在 90%以上，而且溶剂可以回收再利用，显示了离子液体作为烷基化反应的溶剂时所具有的优势。

我国化学工作者在这方面也做了相关的研究，蒋云霞等报道了在离子液体[Bmim]Cl/$AlCl_3$ 中，5-氰基吲哚和 4-氯丁酰氯之间的傅-克酰基化反应，相比较于传统有机试剂，其在产物收率及减少副产物等方面都有了很大改善。

在传统的有机溶剂中，烯烃与芳烃的烷基化反应是不能进行的。而在离子液体中，在 $Sc(OTf)_3$ 的催化下，反应在室温下就能顺利进行，收率为 96%，催化剂还能重复使用。

(3) Heck 反应

Heck 反应即烯烃和卤代芳烃或芳香酐在催化剂（如金属钯）的作用下，生成芳香烯烃的反应，这在有机合成中是一个重要的碳-碳结合反应。离子液体应用于此类反应中能较好地克服传统反应存在的催化剂流失、所使用的有机溶剂挥发等问题。Vincenzo 等人报道了将离子液体应用于 Heck 反应后，该反应的反应速率增大，而且收率提高到 90%以上。Seddon研究组在三相系统[Bmim]PF_6-水-己烷中进行了 Heck 反应的研究，所用的催化剂留在离子液体中，可以循环使用，而产品溶解在有机相内，反应形成的副产物被提取到水相中，容易分离。

(4) Diels-Alder 反应

Diels-Alder 反应是有机化学中的一个重要反应,人们对该反应的注意点不仅是其产率和速率,更重要的是其立体选择性。将离子液体应用于 Diels-Alder 反应研究方面,现在已有大量的报道。如 Howarth 研究组报道了在咪唑盐室温离子液体中环戊二烯与烯醛类物质反应进行的情况。研究发现,在离子液体中该反应的立体选择性较好,即得到的内外型产物的比例在 95∶5 左右。同时,该反应的速率快,产率高,离子液体可以回收重新使用,表明离子液体在 Diels-Alder 反应方面比普通溶剂具有更大的优势。

(5) 在不对称催化反应中的应用

研究表明,将离子液体应用于不对称催化反应,对映体的选择性相对于使用普通溶剂有很大的提高,而且解决了传统方法中产物不易从体系中分离出来这一难题。将离子液体应用于不对称催化反应中已有大量的报道,如 Chen 研究组报道了将离子液体应用于不对称烯丙基烷基化反应中;Song 研究组则将离子液体应用于不对称环氧化反应中;Wasserschied 等报道了从"手性池"(Chiral Pool)衍生的新型手性离子液体的合成和特性,相信这些手性离子液体的合成对于研究不对称催化反应尤其在手性药物合成方面将会有重大意义。

(6) 用于分离提纯技术

由于离子液体具有独特的理化性能,非常适合于用作分离提纯的溶剂。在此方面已有大量的报道,如利用离子液体从发酵液中提取回收丁醇;利用超临界 CO_2 从离子液体中提取非挥发性有机物等。邓友全等在此方面也有一定的研究,他们首次将离子液体应用到固-固分离领域中,以[Bmim]PF_6 作为分离牛磺酸和硫酸钠固体混合物的浸取剂,有效地分离了牛磺酸,回收率高于 97%,此方法具有很大的应用价值。

(7) 用于电化学研究

由于离子液体具有导电性好、难挥发、不燃烧、电化学稳定、电位窗口比其他电解质水溶液宽很多等特点,因此,将离子液体应用于电化学研究时可以减轻放电,作为电池电解质使用温度远远低于熔融盐。目前,离子液体已经作为电解液用于制造新型高性能电池、太阳能电池以及电容器等。例如,美国航空化学研究中心 Wilkes 等人研究的 BIME 电池中使用的离子液体就是[Bmim]PF_6;瑞士 Bonhte 研究组研究了一系列利用离子液体作为电解质的太阳能电池;McEewen 等人将离子液体应用于电容器,这些研究都取得了一定的成果。

离子液体已经在诸如聚合反应、选择性烷基化和胺化反应、酰基化反应、脂化反应、化学键的重排反应、室温和常压下的催化加氢反应、烯烃的环氧化反应、电化学合成以及支链脂肪酸的制备等方面得到应用,并显示出反应速率快、转化率高、反应选择性高、催化体系可循环使用等优点。另外,为解决酶的固定化和其在有机溶剂中失活的问题,用离子液体进行酶促反应是一个很好的办法。此外,离子液体在溶剂萃取、物质的分离和纯化、高分子化合物的回收、燃料电池和太阳能电池的回收、工业废气中二氧化碳的捕捉、地质样品的溶解、核燃料和核废料的分离与处理等方面也显示出潜在的应用前景。

2. 在分离过程中的应用

分离提纯产物一直是合成化学的难题,由于离子液体能溶解一些难溶的有机化合物、无机化合物和有机金属化合物，且同时与多数有机溶剂不混溶，适合作为有些物质液-液萃取的新介质。特别是用离子液体萃取挥发性有机物时，因离子液体蒸气压低，热稳定性好，萃取完成后将萃取相加热，即可把萃取物蒸馏出来，使得离子液体易于循环使用。

Fan 等人研究了咪唑盐类离子液体对水体中酚类内分泌干扰物的萃取，发现在 pH<7 条件下，大多数酚类都能被定量地萃取到离子液体中。测定的分布系数表明，与传统挥发性有机溶剂相比，离子液体在萃取效率上也有显著的优势（表 5-1）。

表 5-1　酚类的离子液体/水、二氯甲烷/水、苯/水分配系数（pH<7，24 ℃±1 ℃）

酚类	分布系数				
	二氯甲烷	苯	$[C_4mim]PF_6$	$[C_8mim]PF_6$	$[C_4mim]BF_4$
双酚 A	20.51	17.8	7.4	492.4	2 465.1
苯酚	0.24	2.08	11.2	22.8	36
五氯苯酚	2.21	3.77	27.4	505.6	1 097.7
4-辛基酚	9.64	17.78	160.8	278.6	687.5
4-壬基酚	10.76	25.71	200	450	—

在用发酵法将生物质转化为燃料和其他化学品的工艺中，产物醇的回收分离是最耗能的过程，乙醇通常用蒸馏的方法回收，而丁醇则通过溶剂萃取、渗透蒸发等回收方法，这些方法都不具备经济性。大多数丁醇的萃取剂，如磷酸三丁酯和辛醇，都具有易燃性，且对人和发酵微生物有毒有害。Fadeev 等使用$[Bmim]PF_6$和$[Omim]PF_6$从发酵液中萃取产生丁醇，认为室温离子液体可以成为潜在的生物燃料萃取剂。

第三节　超临界流体

一、超临界流体概述

物质的常规形态主要有固体、气体和液体等，不同的存在形态在一定的温度和压力下可以相互转化。比如，可以通过增大压力使气体液化，温度越高，液化所需要的压力也越高。当温度高于某一特定值时，再增加压力也不能使该物质由气态转化为液态，此特定温度值称为临界温度 T_c。当处于临界温度时，气体能被液化的最小压力称为临界压力 P_c。物质处于超临界温度和临界压力之上时呈现出一种特殊的相态，其介于气态和液态之间，称为超临界流体（supercritical fluid，SCF），如图 5-1 所示。

超临界流体的物质形态决定了其独特的物理与化学性质，表 5-2 给出了其主要的物理化学性质，并与液体和气体进行了比较，主要的参数包括密度、黏度和扩散系数。由表 5-2 可以看出，超临界流体具有接近于液体的密度和接近于气体的黏度，扩散系数比液体大得多，因而具有良好的传质性能。此外，超临界流体的表面张力为零，因此它们可以进入任何大于超临界流体分子的空间。在临界温度以下，气体受到不断的压缩并导致液相出现；在

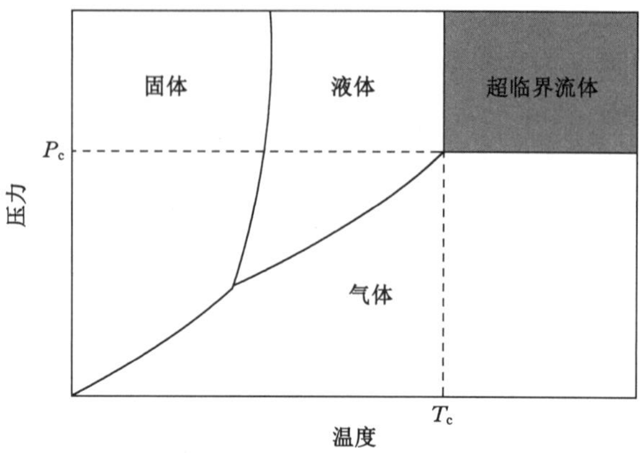

图 5-1　物质的相态分布图

临界温度以上，压缩超临界流体仅仅导致其密度的增加，而不会形成液相。超临界流体的密度和压力与温度密切相关。由图 5-1 可以看出，在温度恒定条件下，从气态到超临界态的连续变化可通过改变压力来实现。在临界点附近，流体的性质有突变性和可调性，即压力和温度的微小变化会显著地影响流体的性质，如密度、黏度、扩散系数、介电常数、溶剂化能力等。因此，可以通过调节体系的温度和压力控制体系的热力学性质、传热系数、传质系数和化学反应性质（反应速率、选择性和转化率）等。在临界密度附近，超临界流体的比热容达到最大值。

表 5-2　超临界流体与气体和液体性质的比较

物理特性	气体（常温、常压）	超临界流体	液体（常温、常压）
密度/(g/cm^3)	0.000 6～0.002	0.2～0.9	0.6～1.6
黏度/cP	10^{-2}	0.03～0.1	0.2～3.0
扩散系数/(cm^2/s)	10^{-1}	10^{-4}	10^{-5}

常用作超临界流体溶剂的物质有二氧化碳、水、氨、氙气、乙醇、乙烷、乙烯、丙烷、丙烯等，其临界属性如表 5-3 所示。其中，超临界 CO_2 和超临界水是绿色化学领域最为关注的超临界流体，其几乎可以实现对环境的零污染。

表 5-3　常用超临界流体的临界性质

物质	分子式	T_c/K	P_c/MPa
二氧化碳	CO_2	304.2	7.38
四氟乙烷	$C_2H_2F_4$	374.1	4.07
甲烷	CH_4	190.6	4.60
乙烷	C_2H_6	305.4	4.88
乙醇	C_2H_6O	516.2	6.93

表 5-3(续)

物质	分子式	T_c/K	P_c/MPa
丙烷	C_3H_8	369.8	4.42
丁烷	C_4H_{10}	408.2	3.75
正戊烷	C_5H_{12}	469.6	3.37
氨气	N_2	405.6	11.3
甲醇	CH_4O	512.6	8.09
二氧化硫	SO_2	430.8	7.88
水	H_2O	647.3	22.0

当水的温度和压力升高到临界点(T_c=647.3 K,P_c=22.0 MPa)以上时,就处于超临界态。通常水是极性溶剂,但具有合适密度的超临界水的介电常数与一般的有机溶剂相当,此时水表现出更接近于非极性有机化合物的性质,可以成为非极性物质的良好溶剂。超临界水的低黏度保证了溶质分子可以很容易在其中扩散。此外,超临界水的离子积也比标准状态下水的离子积高几个数量级,这种特性对于在超临界水中的水解及其他反应来说尤为重要。

虽然目前 CO_2 被认为是造成“温室效应”的主要原因,但超临界 CO_2 能出色地替代许多有毒、有害、易挥发、易燃的有机溶剂,是超临界流体中研究应用最多的体系。CO_2 作为超临界流体溶剂,具有一系列显著的优点:① 与水相比,CO_2 的临界条件(T_c=304.2 K,P_c=7.38 MPa)更容易达到,临界条件较温和;② 化学性质不活泼,无毒,无味,无腐蚀性,不可燃,安全稳定;③ 原料易得,易精制,成本较低;④ 对很多物质有较好的溶解能力而且溶解度容易调变;⑤ 溶质溶解于超临界 CO_2 后,大大强化传质效率,可以进行一些特殊化学反应,还可以使许多反应的速度加快和(或)选择性增加;⑥ 原料从环境中来,使用后再回到环境中去,无任何溶剂残留。

在实际应用过程中,对超临界流体种类的选择要综合考虑多个方面的因素:① 对目标化合物具有较强的溶解能力及溶解的选择性,满足相关反应的需求;② 临界条件较容易实现,相对温和的临界温度和临界压力可以保障操作的安全性,降低运行成本,且有利于溶质的稳定;③ 溶剂具有稳定的物理化学性质,对设备无腐蚀性,不参与化学反应或只参与特定反应;④ 原料容易获得,价格便宜,且易于回收,使用成本低;⑤ 对人体健康没有危害,对环境不造成污染。

二、超临界流体的应用

1. 超临界水处理有机废物

超临界水氧化法(supercritical water oxidation,SCWO)是近年来引起研究人员注意的一种废水和废物处理技术。其原理是用超临界水作为介质,将有机废物与氧气反应,生成简单无毒的小分子化合物。由于超临界水表现出类似于非极性化合物的性质,其能与有机物互溶。同时,超临界水也可以和空气、氧气互溶。因此,有机物和氧气在超临界水中的氧化反应可以在均一相中进行,400 ℃以上的高反应温度可以在很短时间内实现有机物的分解。SCWO技术的适用范围很广,可以处理各种有机废水和固体有机物,特别是可以处理一些其他技术难以处理的难降解有机污染物,如二噁英、多氯联苯、氰化物等,被认为具有良好的发展前景。

2. 超临界二氧化碳萃取技术的应用

萃取作为重要的分离手段,在合成过程中经常采用,传统的萃取剂多是挥发性有机溶剂。近年来超临界 CO_2 萃取技术在食品、香料、药物等行业已陆续开发应用,详见表5-4。

表5-4 超临界 CO_2 萃取应用

原料	萃取物	原料	萃取物
咖啡豆	咖啡因	茉莉花	精油
烟草	尼古丁	玫瑰花	精油
茶	茶碱	杏仁	精油
啤酒花	蛇麻酮	黑胡椒	精油、胡椒碱
蛋黄	胆固醇	柑橘皮	精油
油料	食用油		

从表5-4中可见,此方法目前多用于天然产物的萃取。其优点是不会破坏天然产物中的不稳定组分,从而保留其天然的独特性,如食品的风味、香料的香味等。

运用该技术可生产高附加值的产品,可提取过去用化学方法无法提取的物质,且廉价、无毒、安全、高效,适用于化工、医药、食品等工业。

(1) 在中药开发方面的应用。超临界流体技术对于中药现代化至关重要。根据中医辨证论治理论,中药复方中有效成分是彼此制约、协同发挥作用的。超临界二氧化碳萃取不是简单地纯化某一组分,而是将有效成分进行选择性地分离,更有利于中药复方优势的发挥。超临界二氧化碳还可直接从单方或复方中药中提取不同部位或直接提取浸膏进行药理筛选,开发新药,大大提高新药筛选速度。同时,可以提取许多传统方法提取不出的物质,且较易从中药中发现新成分,从而发现新的药理药性,开发新药。经药理、临床证明,超临界 CO_2 提取中药,不仅工艺上优越,质量稳定且标准容易控制,而且其药理、临床效果能够得到保证。

(2) 在食品方面的应用。目前已经可以用超临界二氧化碳从葵花籽、红花籽、花生、小麦胚芽、可可豆中提取油脂,这种方法比传统的压榨法的回收率高,而且不存在溶剂法的溶剂分离问题。

(3) 在保健药品方面的应用。在抗生素药品生产中,传统方法常使用丙酮、甲醇等有机溶剂提取,但要将溶剂完全除去,又不使药物变质非常困难。若采用超临界二氧化碳提取则没有这方面的问题。

用超临界二氧化碳法从银杏叶中提取的银杏黄酮,从鱼的内脏、骨头等中提取的多烯不饱和脂肪酸,从沙棘籽中提取的沙棘油,从蛋黄中提取的卵磷脂等,对心脑血管疾病都具有独特的疗效。

(4) 在天然产物方面的应用。用超临界二氧化碳法萃取香料不仅可以有效地提取芳香组分，而且还可以提高产品纯度，能保持其天然香味，如从桂花、茉莉花、菊花、梅花、米兰花、玫瑰花中提取花香精，从胡椒、肉桂、薄荷中提取香辛料，从芹菜籽、生姜、芫荽籽、茴香、砂仁、八角、孜然等原料中提取精油，不仅可以用作调味香料，而且一些精油还具有较高的药用价值。啤酒花是啤酒酿造中不可缺少的添加物，具有独特的香气、清爽度和苦味。传统方法生产的啤酒花浸膏不含或仅含少量的香精油，破坏了啤酒的风味，而且残存的有机溶剂对人体有害。超临界萃取技术为啤酒花浸膏的生产开辟了广阔的前景。

(5) 在化工方面的应用。美国研制成功用超临界二氧化碳既作反应剂又作萃取剂的新型乙酸制造工艺。俄罗斯、德国还把超临界二氧化碳技术用于油料脱沥青。

超临界流体二氧化碳萃取与化学法萃取相比，具有以下几个优点：

① 可以在接近室温(35～40 ℃)及 CO_2 气体笼罩下进行提取，有效地防止了热敏性物质的氧化和逸散。因此，在萃取物中保持着药用植物的全部成分，而且能把高沸点、低挥发、易热解的物质在其沸点温度以下萃取出来。

② 超临界流体二氧化碳萃取是非常干净的提取方法，由于全过程不用有机溶剂，因此萃取物绝无残留溶剂，同时也防止了提取过程对人体的毒害和对环境的污染，是100%的纯天然。

③ 萃取和分离合二为一，当饱含溶解物的超临界流体二氧化碳流经分离器时，由于压力下降使得 CO_2 与萃取物迅速成为两相(气液分离)而立即分开，不仅萃取效率高而且能耗较少，节约成本。

④ CO_2 是一种不活泼的气体，萃取过程不发生化学反应，且属于不燃性气体，无味、无臭、无毒，故安全性好。

⑤ CO_2 价格便宜，纯度高，容易获取，且在生产过程中可循环使用，从而降低了成本。

⑥ 压力和温度都可以成为调节萃取过程的参数。通过改变温度或压力达到萃取目的。压力固定，改变温度可将物质分离；反之温度固定，降低压力使萃取物分离，因此工艺简单易掌握，而且萃取速率快。

由于超临界二氧化碳萃取技术在萃取后能将二氧化碳再次利用，把对环境的污染降至最低，所以未来传统工业若是能以超临界二氧化碳作为主要溶剂，地球上的温室效应问题便能得到改善。

3. 超临界二氧化碳在有机合成中的应用

在超临界条件下进行有机合成反应的研究虽然起步较晚，但作为一种新型绿色反应系统，在当今全球环境问题不容乐观的形势下，超临界化学反应必将引起越来越多化学工作者的关注和兴趣。

(1) 超临界二氧化碳中的催化加氢。加氢反应通常是液态的反应物和气态的氢气在固体催化剂作用下完成的固-液-气三相反应，由于氢气在液体中的溶解度低，普通条件下的催化加氢效率较低。超临界条件下，氢气和许多有机物都可同时溶于超临界流体，减小反应物与催化剂之间的传质阻力。在超临界二氧化碳流体参与的反应中，最突出的就是 Los

Alamos 实验室的研究者发现的不对称催化还原反应，尤其是加氢作用和氢转移反应，在超临界二氧化碳流体中比在传统有机溶剂中表现出更强的选择性。在超临界二氧化碳中能成功进行的不对称催化还原反应要归功于超临界二氧化碳的独特性质，例如其溶剂浓度的可调、气相混溶性、高的扩散系数以及易于分离等。20 世纪 90 年代初，Rathke 以 $Co_2(CO)_8$ 为催化剂在超临界二氧化碳流体中进行了丙烯氢甲酰化合成丁醛的反应，发现超临界二氧化碳不仅可以提高直链醛与支链醛的比例，且使反应速率比在非极性溶剂中快。丙烯氢甲酰化反应于 $Co_2(CO)_8$ 催化下在超临界二氧化碳流体中进行，不存在传统的气液混合问题，而在常规反应条件下仍存在着这个问题。

$$H_3CHC{=}CH_2+CO+H_2\xrightarrow[ScCO_2]{Co_2(CO)_8}CH_3CH_2CH_2CHO+CH_3CH(CH_3)CHO \quad (5\text{-}3)$$

（2）利用超临界二氧化碳合成有机碳酸酯。用超临界二氧化碳和甲醇（或其脱水衍生物）直接合成碳酸二甲酯（简称 DMC）。Sakakura 等提出可以用甲醇的脱水衍生物，如二甲醚、二甲缩醛、原甲酸三甲酯为原料与二氧化碳直接合成 DMC。在催化剂［$Bu_2Sn(OMe)_2$］存在时，于 30 MPa 压力下实现了超临界二氧化碳中的二氧化碳与原乙酸三甲酯合成 DMC，反应避免了水的生成，DMC 产率达 70％。

(5-4)

（3）利用超临界二氧化碳合成甲酸。利用超临界二氧化碳与等物质的量的 H_2 加成便可生成甲酸。Jessop 等以钌的络合物为催化剂［$Cl_2Ru(PMe_3)_4$］，在三乙胺的存在下，通过 H_2 与超临界二氧化碳的加氢反应，高选择性地合成了甲酸。

$$\underset{(超临界)}{CO_2}+H_2\xrightarrow[Et_3N,50\ ℃,20.5\ MPa]{Cl_2Ru(PMe_3)_4}HCOOH \quad (5\text{-}5)$$

（4）利用超临界二氧化碳合成有机酚酸。以苯酚和超临界二氧化碳直接合成水杨酸为例。在尝试了一系列 Lewis 酸催化剂的基础上，Lijima 等认为在超临界 $AlBr_3$ 催化条件下由苯酚直接合成水杨酸具有较高的区域选择性和催化效率。试验在 8 MPa 压力下，仅 80 ℃的温度，就取得了近 55.6％的收率。反应在 30 min 之内即可完成，且催化反应的选择性在 99.9％以上，水杨酸产率随着催化剂量的增多而增大，可以达到近 100％。而传统羰基化反应则需要若干个小时。

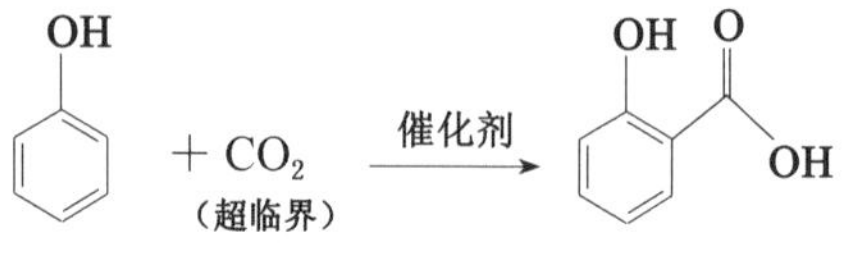

(5-6)

（5）超临界二氧化碳中的聚合反应。二氧化碳表面活性剂技术是运用超临界二氧化碳流体或液态二氧化碳替代原有的有机物，这一技术涉及了适合于与二氧化碳匹配的表面活性剂体系，扩大了液态二氧化碳或超临界二氧化碳的应用范围，提高了它对大的烃骨架分子的溶解力。例如在聚合反应中，皂化二氧化碳既可用作有机反应的溶剂，也可替代卤代烃用作清洁、萃取介质。

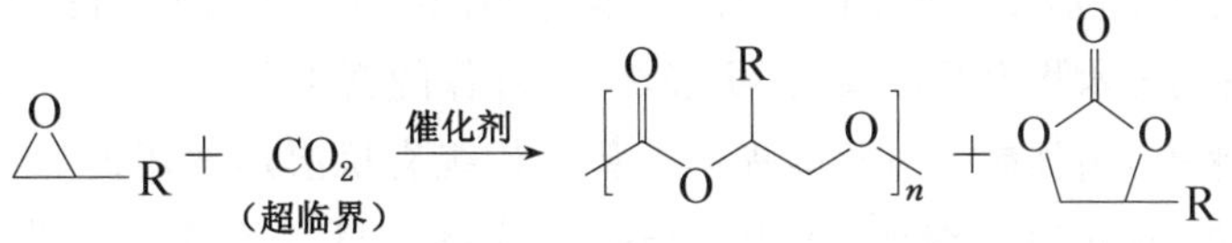

(5-7)

1992年，DeSimone首次报道了以超临界二氧化碳为溶剂，偶氮二异丁腈(AIBN)为引发剂，进行1,1-二氢全氟代辛基丙烯酸酯(FOA)的自由基均聚，得到了相对分子质量达27万的聚合物，开创了超临界二氧化碳高分子合成。DeSimone又用超临界合成法得到了一种氟链修饰的共溶剂pol-FOA，再用该共溶剂使甲基丙烯酸甲酯(MMA)单体与超临界二氧化碳形成很好的多相分散体系，进行多相分散聚合，得到了颗粒尺寸为微米级且分散度很小的有机玻璃(PMMA)颗粒，转化率达到了98%。超临界流体比常规的有机卤化物溶剂有显著的优越性。

此外，Tumas等人详细研究了环氧化合物的聚合、烯烃氧化和不对称加氢等。与常规溶剂体系相比，上述反应没有经历中间物，尤其在不对称加氢反应上表现出优异的性能。

(6) 超临界二氧化碳中的金属有机反应。目前，在超临界二氧化碳介质中钯催化有机反应主要有Heck-Stille反应、烯烃的羰基化反应和氧化-缩醛化反应等。例如，在超临界二氧化碳介质中利用钯-膦络合物催化C—C键耦合反应，可得到比常规溶剂中更高的转化率和选择性。由于含氟膦络合物在超临界二氧化碳介质中溶解度大大提高，反应以均相催化进行。

(5-8)

(转化率99%，选择性99%)

李金恒等报道了在超临界二氧化碳介质中钯催化末端炔烃双羰基化反应：

$$R-\!\!\equiv\!\!-H + CO + CH_3OH \xrightarrow[\text{NaOAc, ScCO}_2]{\text{PdCl}_2/\text{CuCl}_2} \underset{(R=Ph,\ C_5H_{11})}{R-\!\!\equiv\!\!-COOCH_3} \quad (5\text{-}9)$$

4. 超临界二氧化碳在化学工业上的应用

超临界二氧化碳技术的常见应用包括了传统产业的干洗业、纤维染色技术、化学反应和高科技产业的半导体清洗技术。传统干洗业正面临其所使用的有机溶剂——过氯酸乙烯对于健康与环保的压力，许多主要的相关产业者，也不断地寻求替代的方法。事实上，利用超临界流体技术的干洗设备，已经在美国设立营业店面。这个超临界流体工业化的应用，证明超临界二氧化碳能有效地与传统民用工业在价格上进行竞争；其他的清洗应用包括了金属零部件的清洗，商业用洗碗机与一般的家用清洗设备。

利用超临界二氧化碳取代现行有机溶剂的染色技术，在环保、废水处理与制造成本方面，也有非常多的优点。由于超临界二氧化碳流体基本特性较接近气体，故对于取代有机液体进行聚酯纤维的染色技术工程而言，不会有排废问题，还可减少工业用水与有害工业废弃物。经济上的优点还包括产量的增加，能耗能源的减少。超临界二氧化碳纤维染色技术工业化的成功应用，将增强染色技术在经济上的竞争力，纺织工业操作技术提升，能更有效减少废水的排放与缩短染色时间，在时间、能源、环保与成本等层面都是一大进步。因此，超临界流体染色技术将会是更省时、更经济、更环保的新工程。

对化学反应来说，超临界二氧化碳提供了替代传统有机溶剂使用的另一种选择。除了在环保上的优点之外，它对于温度、压力、流速、反应物浓度等反应变量的控制更为容易。而由于反应操作控制容易，也相对地增加了反应的选择性与产量。因此，反应本身能在较少的时间与空间上进行，可减少设备投资成本。对于一些反应物本身在二氧化碳流体中溶解度较小的物质，主要技术要点在于乳化微粒的形成与其在二氧化碳流体中的流动速率。美国杜邦公司在北卡罗来纳州投资达 4 000 万美元新建研究工厂，主要的研究方向就是利用超临界二氧化碳作为反应溶液，生产含氟聚合物。

对于半导体晶片上光阻物质和蚀刻的残留物质，一直都没有一种有效的化学方法来去除。通常必须配合使用几种不同的方法与设备，例如电浆灰化与湿式或干式清洗，才能达到产品的品质要求。现有的湿式清洗方法是利用具有侵蚀性的硫酸、双氧水或有机溶剂混合使用，会产生大量的有机废液，对环境造成极大的危害。因此，包括隶属美国能源部著名的 Los Alamos 国家实验室在内的多家研究机构，都在积极开发超临界二氧化碳处理技术，以去除半导体晶片上的上述光阻物质。由于超临界流体的表面张力和黏度非常低，故能有效而且快速地将清洁溶剂带到半导体晶片上小于 0.18 μm 的微细组织结构中，去除光阻物质及其衍生物，同时大量地减少有害溶剂的使用量，并减少废水的产生量，更重要的是简化了流程并增加了效率。

此外，下列化工产业也开始使用超临界二氧化碳萃取技术，以降低生产过程中污染物的产生：石油残渣油的脱沥，原油的回收，润滑油的再生，烃的分离，煤液化油的提取，含油难分解物质废液的处理等。

第四节 聚乙二醇

一、聚乙二醇概述

聚乙二醇[poly(ethylene glycol)，PEG]是一种用途极为广泛的聚醚高分子化合物，其相对分子质量分布从 200 到数万不等。在室温下，相对分子质量小于 600 的 PEG 是一种具有吸湿性、黏稠的无色液体；而相对分子质量大于 800 的 PEG 是蜡状的白色固体。PEG 系列产品在化妆品、医药、化纤、橡胶、塑料、造纸、油漆、电镀、农药、金属加工及食品加工等行业中均有着极为广泛的应用。

二、聚乙二醇在有机合成中的应用

低分子量的液态 PEG 能与水、甲苯、二氯甲烷、醇、丙酮等溶剂互溶，对很多有机及金属有机化合物溶解性良好，而且能较稳定地存在于酸、碱、O_2 和 H_2O_2 氧化体系以及 $NaBH_4$ 还原体系中。此外，PEG 具有低毒、良好的热稳定性、可生物降解、不挥发、不易燃、价格低廉、易于回收和循环使用等优点。许多有机合成反应使用PEG作为反应介质，如还原反应、偶联反应、加成反应、不对称aldo反应等。

1. 还原反应

Santaniello等研究发现，在PEG-400介质中，$NaBH_4$能将酯、卤化物和磺酸酯等还原为醇和烷烃[式(5-10)]。并且认为，在此类反应中，PEG不仅充当溶剂，还可与$NaBH_4$生成具有催化活性的$NaBH_2[(OCH_2CH_2)_nOH]_2$。

$$RCHXR' \xrightarrow[70\ ℃]{NaBH_4,PEG\text{-}400} RCH_2R'$$

(R为芳香基或烷基；R′为H或烷基；X为Cl,Br,I或OTs)　　(5-10)

2. Heck偶联反应

Heck反应是指卤代烃与活化不饱和烃在钯催化下，生成反式产物的反应。Liu等人在PEG-400介质中，以醋酸钯为催化剂，进行卤代芳烃的Heck反应[式(5-11)]。反应以醋酸钠作为碱源，在80 ℃下进行。反应过程中，醋酸钯被PEG-400原位还原成纳米钯，并且PEG-400对纳米钯起到稳定的作用，维持其较小的粒径。与离位生成的钯催化剂相比，该纳米钯催化剂能使反应更快地进行。在该反应体系中，PEG-400起到了溶剂、还原剂和稳定剂的作用。

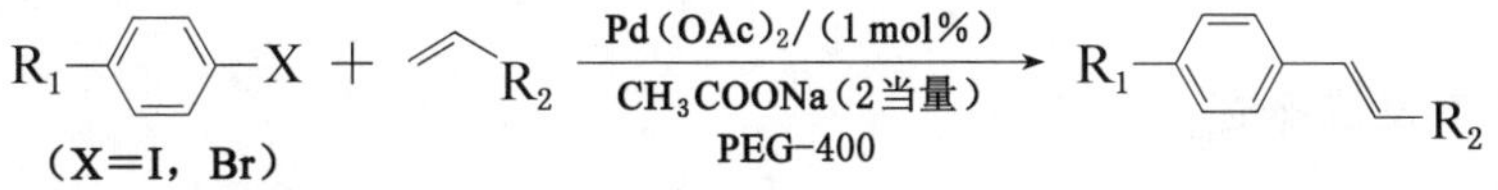

(5-11)

3. Suzuki偶联反应

Li等人研究了碘代芳烃和溴代芳烃与芳基硼酸在PEG-400溶剂中的Suzuki反应，催化体系为$Pd(OAc)_2$/DABCO(三亚乙基二胺)，收率最高可达96%，催化剂转换数(turnover number，TON)最高可达960 000。$Pd(OAc)_2$/DABCO PEG-400催化系统很稳定，经过5次回收与再利用没有失活现象。

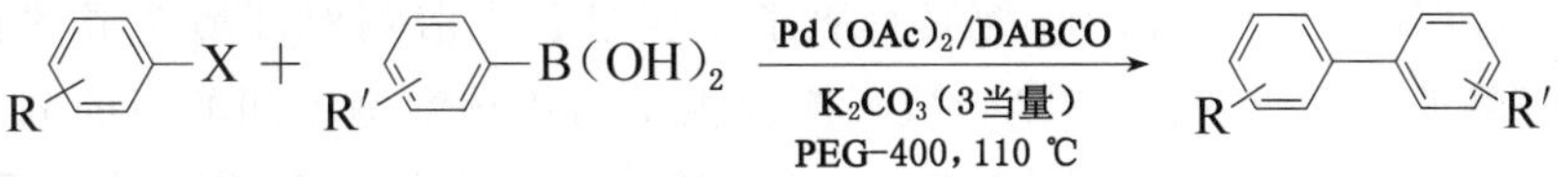

(5-12)

4. Michael加成反应

Michael加成反应是由活泼亚甲基化合物形成的碳负离子，对α,β-不饱和羰基化合物的碳碳双键的亲核加成，是活泼亚甲基化物烷基化的一种重要方法。Kumar等报道了α,β-不饱和羰基化合物与胺和咪唑在溶剂PEG-400中的Michael加成反应，发现在室温条件下，无需加入催化剂，反应收率即可达到84%～92%。研究人员认为PEG-400可能参与到了反应中，其与烯酮的氧之间的弱氢键作用，导致β-碳的亲电子特性，因而容易被亲核试剂攻击。

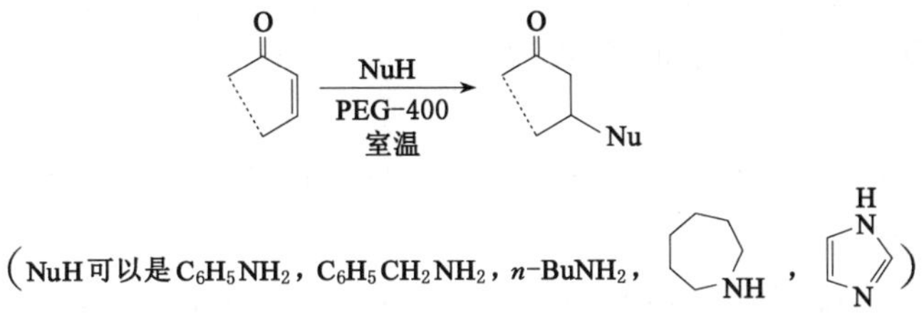

(5-13)

5. Mannich 反应

Mannich 反应也称作胺甲基化反应，是含有活泼氢的化合物（通常为羰基化合物）与甲醛和二级胺或氨缩合，生成 β-氨基（羰基）化合物的有机化学反应。Kidwai 等以 PEG-200、PEG-400 和 PEG-600 为溶剂，以硝酸铈铵（CAN）作为催化剂，进行苯乙酮、芳香醛和芳胺的 Mannich 反应，生成 β-氨基酮，反应收率为 97%～98%[式(5-14)]，而用甲苯、乙腈和乙醇为溶剂时，收率分别为 92%、95%和 97%。PEG 中的反应甚至可以在室温下进行，条件温和。由于 PEG-400 不溶于乙醚，反应产物可以用乙醚萃取。

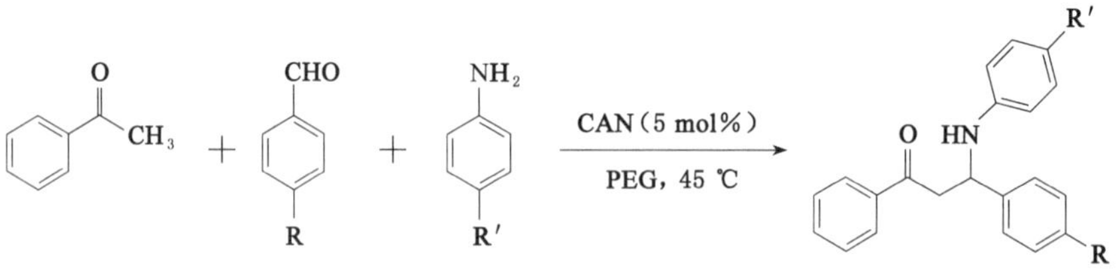

(5-14)

第五节 无溶剂反应

一、无溶剂反应概述

除采用离子液体、超临界溶剂、水或聚乙二醇作为溶剂外，采用无溶剂的固相反应也是避免使用挥发性溶剂的一个研究方向，如用微波来促进固-固相有机反应。不用溶剂，无论对人体健康还是对环境来说，好处均是十分明显的。在无溶剂状态下进行的反应可有三种情况：原料本身可以互溶，反应可在熔融状态下进行，反应可在固体表面进行。这些均可避免溶剂的使用。

由于反应过程完全不用溶剂，彻底克服了反应过程中溶剂对环境造成的污染；不用溶剂，有利于降低生产成本；无溶剂合成反应提供了与传统溶剂不同的新的分子环境，有可能使反应的选择性、转化率得到提高；可使产物的分离提纯过程变得较容易进行。如有的反应完成后用少量水或有机溶剂洗净即可；有的反应当加入化学计量比的反应物，且转化率达到 100%时，得到的是单一的纯净产物，不必进行分离提纯。因此无溶剂有机合成反应应当成为选择反应介质时首先加以考虑的方法，值得大力研究和提倡，归纳起来为以下四点：

① 经济（不需溶剂）；

② 经常是计量反应，容易纯化；

③ 反应速率高（因为反应物的“浓度”高）；

④ 对环境友好。

无溶剂有机合成也有其固有的缺点，特别是对以前使用有机溶剂较为普遍的固体物质参与的反应，会有如下一些问题：

① 并非所有的反应都能在无溶剂条件下进行。因为参加反应的分子之间要接近到一

个小的距离(如<1 nm)才可能发生反应,而不同固体反应物粉末混合时,达到此距离的异种分子对所占比例很小,因而许多反应无溶剂时不能进行,需要研究采用什么方法促进反应的进行。

② 散热问题,有些反应进行时放热多,在无溶剂条件下就存在散热难的问题。

③ 分离问题,反应完成后若得到的是固体混合物,进行分离时,有可能又要使用有机溶剂。

④ 因反应系统无流动性、黏滞性高,组织大规模、自动化水平高的生产较难。

为使反应在无溶剂条件下能够进行,需要采用一些方法以提供化学反应所需要的能量,比如有些反应只要加热、静置或加热、搅拌混合即可进行;又如采用研钵研磨、粉碎、加压、混合等方法;采用球磨机或高速振动粉碎等强力机械方法;用超声波照射或用光照射使反应进行;用主体客体方法,以反应底物为客体,以一定比例的另一种适当分子为主体形成包接化合物,然后再设法使底物发生反应,这时反应的定位选择性或光学选择性等都会因主体的作用而有所改变或改善,甚至变成只有一种选择。

二、无溶剂反应举例

各国学者进行了大量的无溶剂有机合成研究,主要集中在采用多种方法促进各类固体反应,使其能平稳进行。

(1) 用球磨法反应

在圆筒形金属反应器中加入金属球和要进行反应的物质,使反应器旋转,进行研磨,以实现反应。如烯胺类物质 1 与物质 2 用球磨法反应 3 h,再加热到 80 ℃保持 5 min,150 ℃保持 5 min,经一系列反应得产物 3。

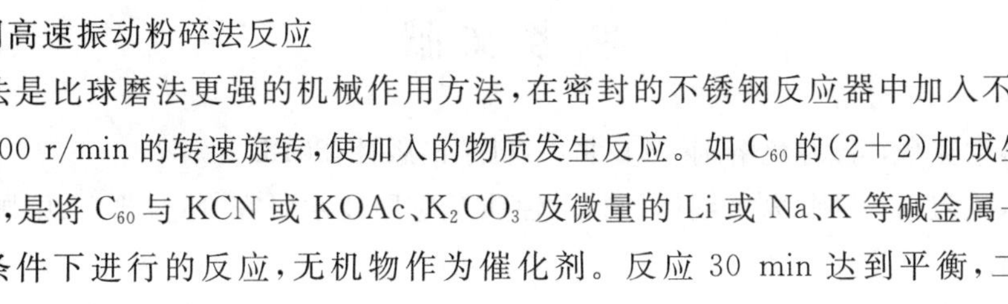

(5-15)

(2) 用高速振动粉碎法反应

该方法是比球磨法更强的机械作用方法,在密封的不锈钢反应器中加入不锈钢球,反应器以 3 500 r/min 的转速旋转,使加入的物质发生反应。如 C_{60} 的(2+2)加成生成一聚体 C_{120} 的反应,是将 C_{60} 与 KCN 或 KOAc、K_2CO_3 及微量的 Li 或 Na、K 等碱金属一起在高速振动粉碎条件下进行的反应,无机物作为催化剂。反应 30 min 达到平衡,二聚体含量为 30%。

(3) 用研钵研磨反应

二苯乙二酮 1 与两倍量的 KOH 用研钵混合研磨,在 80 ℃反应 12 min 后,混合物用稀酸洗净,得酸 2,产率 90%。苯环上有吸电子基时反应加快,有供电子基时反应变慢。

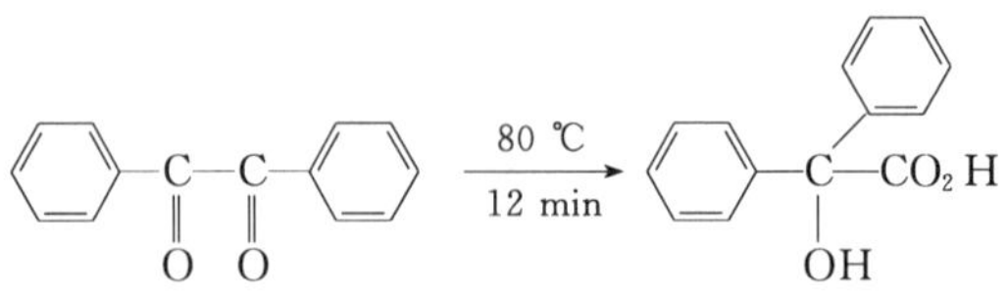

1 2 (5-16)

(4) 加热静置或室温下静置反应

如2-甲基环己酮与甲基乙烯基甲酮在无溶剂条件下发生 Robinson 缩环反应，在室温下放置3 h，产物的产率为25%。

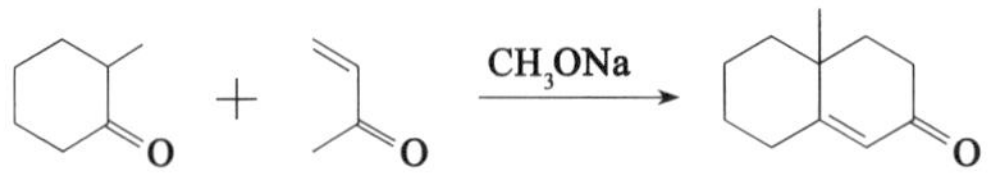

(5-17)

(5) 室温无溶剂搅拌

姜恒等提出用三种无机锌盐[分别是 $Zn(OAc)_2 \cdot 2H_2O$、$ZnCl_2$ 和 $ZnBr_2$]在室温、无溶剂、搅拌条件下，催化芳香醛1和活性亚甲基化合物2，通过 Knoeve-nagel 反应，生成16种亚芳基化合物3。

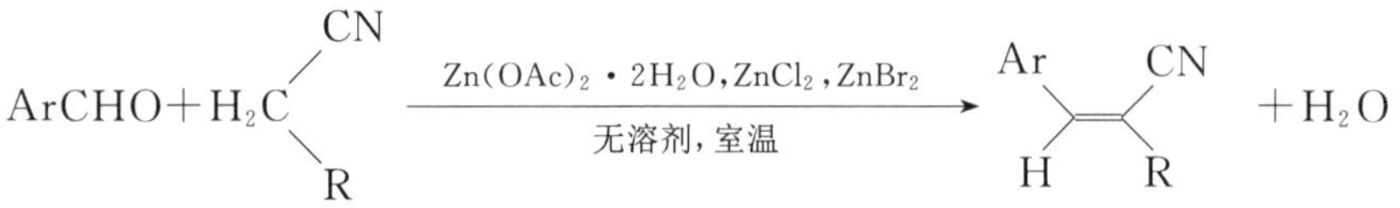

1 2 3(a~p) (5-18)

显然，室温下静置能耗最少，最为简易；其次是加热静置或加热搅拌；相比之下其他机械方法能耗较高或仪器多，操作较复杂。

总之，文献中报道过的、研究成功的无溶剂有机合成反应很多，几乎包括大多数有机合成反应的类型，较为经典的反应类型有还原反应、氧化反应、碳—碳键的形成、碳—杂原子键的形成、氮—氮键的形成、重排反应、消除反应、水解反应、保护反应及去保护反应等。

目前，无溶剂有机合成研究主要集中在实验室实现反应的基础研究上，对产物的分离提纯研究不多，对实现无溶剂有机合成反应的规律认识不足，对进一步推进到生产中的应用研究更少，但可以预期今后这些方面的研究会得到加强。

参考文献

[1] 王键吉，卓克垒，等．绿色溶剂[M]．北京：科学出版社，2018.

[2] 刘宝友，王淑娟，岳刚．离子液体：制备、性质及应用技术研究[M]．北京：中国石化出版社，2021.

[3] 夏春谷，李臻．功能化离子液体[M]．北京：化学工业出版社，2018.

[4] 廖传华，王重庆．超临界流体与绿色化工[M]．北京：中国石化出版社，2007.

[5] 李淑芬，张敏华，等．超临界流体技术及应用[M]．北京：化学工业出版社，2014.

[6] 廖传华，柴本银．超临界流体与新材料制备[M]．北京：中国石化出版社，2007.

第六章　绿色催化剂

第一节　固体酸碱催化剂

有机反应一般效率较慢、收率较低，大多数有机合成过程需要借助催化剂来提高反应过程的效率。因此，选择性能优良的催化剂对于有机合成过程具有关键的促进作用。

一、固体超强酸催化剂

1. 概述

固体超强酸是指比100％硫酸的强度还高的固体酸，酸强度常用Hammet指示剂的酸度函数 H_0 表示，$H_0=\mathrm{p}K_a$（所用指示剂的 $\mathrm{p}K_a$ 值）。已测得100％硫酸的 $H_0=-11.93$，因此，可将 $H_0<-11.93$ 的固体酸看成固体超强酸。H_0 值越小，酸强度越大。固体超强酸可分为以下三种类型：

（1）金属氧化物负载硫酸根型固体超强酸 SO_4^{2-}/M_xO_y，如 SO_4^{2-}/TiO_2 和 SO_4^{2-}/Al_2O_3 等，还包括采用复合氧化物载体的类型，如 $SO_4^{2-}/TiO_2/Al_2O_3$。此类型催化剂具有催化活性高，不腐蚀设备，耐高温及可重复使用的特点，适用于所有需强酸催化的反应。SO_4^{2-}/M_xO_y 型固体超强酸酸性中心的形成主要源于 SO_4^{2-} 在固体氧化物表面上的配体吸附，使M—O键上电子云强烈偏移，产生强Lewis酸中心，该中心吸附水分子后，对水分子中的电子产生强烈吸引作用，从而使其发生解离而产生质子酸中心。

（2）强Lewis酸负载型固体超强酸，主要是指将 BF_3、$AlCl_3$ 以及 SbF_5 等组分负载于多孔氧化物、石墨及高分子载体上所形成的固体酸，如 $AlCl_3$/离子交换树脂、BF_3/石墨等。这类催化剂中Lewis酸与载体之间主要通过物理和化学吸附作用进行结合，此类催化剂存在活性组分溶脱和其中的卤离子对设备有较强的腐蚀作用等问题，并且不适合于在较高温度条件下使用。

（3）其他类型固体超强酸，如杂多酸型、分子筛型及高分子树脂型等。

固体超强酸按照碳正离子机理进行催化反应。一般来说，影响催化剂活性（用转化率或选择性来表示）的因素包括反应温度、压力、反应物配比、空速、催化剂粒度和反应器形式等。另外，催化剂自身的物理化学性质（比表面积、孔容积、孔径及活性组分分布等）也是决定催化剂活性的先决条件。

影响 SO_4^{2-}/M_xO_y 型催化剂活性的主要因素为金属化合物种类，沉淀剂、金属氢氧化物的晶型、容积，SO_4^{2-} 的引入方式及其浓度等。

2. SO_4^{2-}/M_xO_y 固体超强酸催化剂的常用制备方法

(1) 沉淀浸渍法。沉淀浸渍法是目前使用最广泛的制备 SO_4^{2-}/M_xO_y 固体超强酸催化剂的方法，该法具有工艺简单、操作容易及原料价格低等优点，包括直接沉淀法、均匀沉淀法和共沉淀法。沉淀浸渍法是将合适的金属盐溶液与碱进行复分解反应生成氢氧化物沉淀，然后经过滤、洗涤、干燥和烘焙得到金属氧化物，再经 H_2SO_4 溶液浸渍、过滤和烘焙获得固体超强酸。所采用的沉淀剂为碱或羟胺，pH 值为 9～11。例如，SO_4^{2-}/TiO_2 固体超强酸催化剂的制备是将 $TiCl_4$ 与稀氨水反应生成白色的 $Ti(OH)_4$ 沉淀，经抽滤、洗涤、干燥及粉碎得到 TiO_2，再用 0.5 mol/L 的 H_2SO_4 溶液浸渍 12 h，在 500 ℃下活化 3 h 得到。

(2) 溶胶-凝胶法。溶胶-凝胶法是将有机金属盐(或无机盐)分散在溶液中，经水解后生成活性单体，活性单体经聚合成为溶胶，溶胶经陈化后生成具有一定结构的凝胶，最后经干燥、焙烧制得金属氧化物，再经 H_2SO_4 溶液浸渍、焙烧制得固体超强酸。该法的特点是制得的催化剂比表面积大，催化剂颗粒均匀，但制备周期较长，一般需要数天或数十天才能完成一次操作过程，且催化剂的制备成本高。例如，SO_4^{2-}/ZrO_2 固体超强酸催化剂的制备是以锆酸四丙酯为原料，少量硝酸为催化剂，向锆酸四丙酯的丙醇溶液中滴加异丙醇的水溶液，使有机锆水解得到 $Zr(OH)_4$ 溶胶，此溶胶在 150 ℃下缓慢干燥一定时间得到凝胶，凝胶在 420 ℃下干燥、粉碎、H_2SO_4 溶液浸渍及 550 ℃烘焙后制得。其比表面积为 188 m^2/g，比沉淀浸渍法制备样品的比表面积大 50%。在溶胶-凝胶法中，若结合超临界流体干燥技术，所获得的催化剂将具有更好的性能。

(3) 固相合成法。固相合成法是将金属盐和金属氢氧化物按一定比例混合，然后进行焙烧得到相应的金属氧化物固体超强酸。该法具有设备和工艺简单、反应条件容易控制、产率高、成本低等优点，但产品粒度不均一且易团聚，从而影响催化剂的酸度分布与活性。Hino 利用固相合成法制备了含 Pt 的 SO_4^{2-}/ZrO_2 固体超强酸。其制备过程如下：把 $Zr(OH)_4$ 干粉末浸于 H_2PtCl_6 溶液中，在 200 ℃下干燥，再与 $(NH_4)_2SO_4$ 粉末混合研磨，在 600 ℃下烘焙 3 h 后得到含 Pt 的 SO_4^{2-}/ZrO_2 固体超强酸催化剂。活性评价试验表明，负载 Pt 后可使催化剂的活性有很大的提高。

3. 固体超强酸催化剂的应用

(1) 烷基化反应。烷基化是制备表面活性剂原料烷基苯、抗氧化剂、叠合汽油及其他芳香烃类物质的重要反应过程。这些反应均属于强酸催化过程，传统上主要使用 H_2SO_4、HF 和 $AlCl_3$ 为催化剂，目前固体超强酸已用于烷基化反应过程。如以 SO_4^{2-}/ZrO_2 为催化剂，由异丁烷和丁烯烷基化制备叠合汽油的反应中，丁烯的转化率可达 100%，产物中 C_8 的含量达到 80%以上。

(2) 酯化反应。固体超强酸已成功地应用于酯化反应过程来合成各种酯、增塑剂、表面活性剂、防腐剂及香料等。例如，在 PEGMS 非离子表面活性剂合成过程中，以 SO_4^{2-}/ZrO_2

为催化剂，当硬脂酸与聚乙二醇(PEG-400)的物质的量比为 1∶2，催化剂用量为每摩尔酸 15 g，反应温度 125 ℃，反应时间为 6 h 时，所得酯化粗产物中单酯为 44.8%，双酯为 1%，提纯后单酯含量达 97%，硬脂酸的转化率在 90%以上。此法反应条件温和，产物单酯含量高。

(3) 酰基化反应。酰基化反应是制备许多精细化工中间体及产品的重要反应过程，也属于强酸催化反应过程。在甲苯与苯甲酰氯的酰基化反应过程中，以 $SO_4^{2-}/ZrO_2\text{-}Al_2O_3$ 为催化剂，反应温度为 110 ℃，反应时间为 12 h，转化率达 100%。

(4) 低聚反应。低聚反应主要是指数个到数十个含双键单体的聚合过程，用于由低碳数的烯烃制备高碳数的烯烃。该类反应主要是由 Brönsted 酸催化，因此固体超强酸也被用于低聚反应过程，例如 SO_4^{2-}/TiO_2 已用作乙烯、丙烯、1-丁烯低聚反应的催化剂，SO_4^{2-}/ZrO_2 已用于萘低聚反应。

(5) 缩醛和缩酮反应。缩醛(酮)反应是合成精细化工中间体、香料、表面活性剂等的重要反应，固体超强酸催化剂对此类反应表现出较高的活性。例如，以 $SO_4^{2-}/TiO_2\text{-}WO_3$ 为催化剂，当催化剂用量为反应物总质量的 0.25%，酮与醇的物质的量比为 1∶2，环己烷为带水剂，反应 1 h 后，产物的收率达 84.2%。另外，以 SO_4^{2-}/ZrO_2 为催化剂合成绿色表面活性剂烷基葡萄糖苷(APG)，当催化剂质量为葡萄糖质量的 10.5%，无机酸与有机酸的质量比为 5∶1，反应时间为 5 h 时，葡萄糖的转化率接近 100%。

(6) 异构化反应。异构化反应是典型的超强酸催化反应，主要用于由直链烷烃制备异构烷烃，再经脱氢制备异构烯烃及从轻石油制取高辛烷值汽油等。利用 SO_4^{2-}/ZrO_2 为催化剂，在 20～50 ℃下进行正丁烷的异构化反应，主要产物为异丁烷，选择性高达 97.9%。而含有 Pt 的 SO_4^{2-}/ZrO_2 催化剂在此异构化反应过程中则表现出非常好的催化活性稳定性，使用 1 000 h 后仍无失活现象。

固体超强酸催化剂还被用于醚化、F-T 合成、水合(或脱水)及环化等反应过程。

二、分子筛催化剂

1. 概述

分子筛是指能在分子水平上筛分部分物质的多孔无机硅铝酸盐的聚合物，它包括天然沸石和人工合成分子筛两类。天然沸石共有 50 多种，代表物为丝光沸石和天然层柱状硅酸盐(蒙脱土)。人工合成分子筛目前已有 170 种以上，工业上应用的有 MCM-2、ZSM-5、SAPO 镁碱沸石、RH 及 SAPO-34 等，正在开发的有磷锡沸石分子筛、钒铝沸石分子筛、纳米分子筛、介孔及大孔分子筛等。这些分子筛绝大部分可用作固体催化剂，用于石油炼制、精细化工、气体净化及吸附分离、特殊功能材料制备等过程，人工合成分子筛已成为现代化工中应用最为广泛的催化剂。

2. 沸石分子筛的分类和结构表征

近年来国际上的分类方法是将沸石分子筛分成 10 个族：方沸石族、钠沸石族、片沸石族、钙十字沸石族、丝光沸石族、菱沸石族、八面沸石族、浊沸石族、Pentasil 族(ZSM-5，ZSM-11)和笼形物族(ZSM-39)。我国学者根据沸石分子筛骨架的特征及所属的晶系将分子筛分为 5 族：第一族为含有四元环和六元环，具有立方构型的沸石骨架；第二族具有六重轴或三重反轴对称性的沸石骨架,属六方或三方晶系;第三族是由五元环构成的骨架,一般为正交或单斜晶系的晶体;第四族是由四元环或八元环组成的骨架;第五族是不具备上述四类特征的沸石,目前只有浊沸石一种。

构成沸石分子筛骨架的最基本结构单元为由中心原子 T(T 为 Si、Al、Ti、Fe、V、B、Ga、Be、Ge 等)所组成的四面体,常见的中心原子为 Si、Al、Ti,中心原子与周围的 4 个氧原子以 sp^3 杂化轨道成键,结构单元四面体的立方结构和平面结构如图 6-1 和图 6-2 所示。

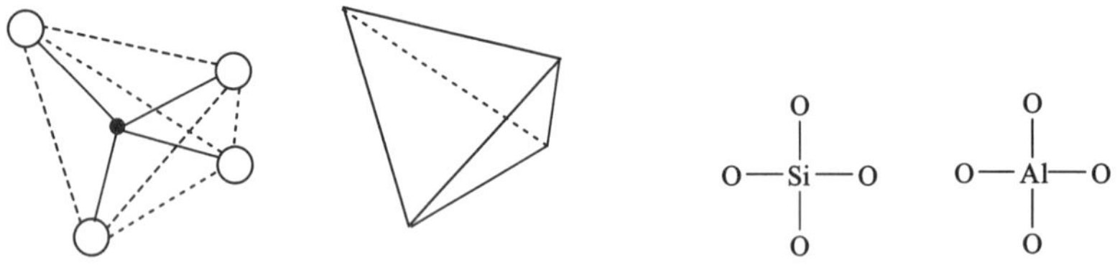

(a) 基本结构单元的立体结构　　(b) 基本结构单元的平面结构

图 6-1　沸石分子筛骨架的基本结构

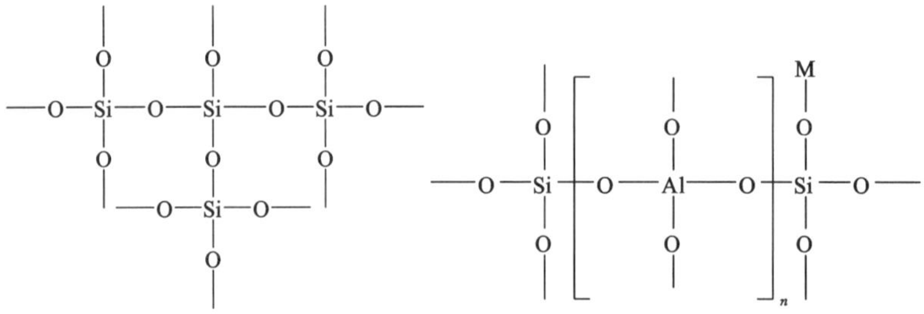

图 6-2　沸石分子筛中四面体间的连接方式

在连接的过程中有两个铝氧四面体不能相邻,通过氧桥相互连接的四面体形成了具有不同环结构的二级结构单元,一种或多种二级结构单元构成了复杂分子筛的骨架结构,二级结构单元通过氧桥进一步连接形成笼结构,笼结构是构成各种沸石分子筛的主要结构单元,二级结构单元在组成过程中围成新的更大的孔笼,孔笼又通过多元环窗口与其他孔笼相连,这样在沸石晶体内部孔笼之间形成了许多通道,称为孔道。沸石的孔径是指沸石主孔笼的最大多元环窗口尺寸,不同沸石分子筛的孔道结构数据见表 6-1。不同沸石的孔口几何形状是不相同的。按孔径大小,可将沸石分为小孔、中孔、大孔和超大孔四种。

表 6-1　多元环的最大直径

环	四元环	五元环	六元环	八元环	十元环	十二元环
最大直径/nm	1.15	1.6	2.8	4.5	6.3	8.0

除了孔道形状和大小的差异,不同沸石分子筛的孔道分布(维数)也是不同的,在 n 个坐标上孔道相通,就成为 n 维,有三维(A 型、八面沸石、ZSM-5)、二维(丝光沸石、镁碱沸石)和一维(ZSM-48)。

3．沸石分子筛催化剂的特点

（1）沸石分子筛的特征孔尺寸使得它对反应物能够选择性地吸附。一般而言，动力学直径比沸石孔径大 0.1 nm 以内或小于孔径的分子可进入沸石分子筛的孔内。因而沸石分子筛作为催化剂具有优异的反应选择性。

（2）沸石分子筛的特定的孔道结构直接影响着反应系统物质的扩散行为，小孔和大孔沸石分子筛由于对产物扩散的限制而易于失活，中孔沸石分子筛则不容易结焦失活。

（3）沸石分子筛具有酸性。研究表明，沸石分子筛具有 Lewis 酸或 Brönsted 酸中心，可用于酸催化的反应。

（4）沸石分子筛具有高的热稳定性和水热稳定性。

（5）催化剂无毒，对环境无害，对设备无腐蚀。因此，沸石分子筛是一种符合绿色化学要求的固体酸催化剂。

4．沸石分子筛酸中心的产生途径及催化作用原理

沸石分子筛酸中心的产生有以下三种途径：① 沸石分子筛脱阳离子形成酸中心；② 沸石分子筛与多价阳离子交换形成酸中心；③ 沸石分子筛中的质子、阳离子骨架均可移动，沸石表面上的氧离子和阳离子的表面扩散导致 O—H 解离，使沸石分子筛的酸性增强。

沸石分子筛经阳离子交换后产生的 Brönsted 酸中心，或是再经过脱水产生的 Lewis 酸中心均可作用于反应物形成碳正离子，并按碳正离子机理进行催化转化。

5．沸石分子筛催化剂的制备方法

（1）溶胶-凝胶法。这是最原始的合成方法，将可溶性铝盐、可溶性硅盐在强碱作用下形成活性凝胶，凝胶在加热条件下陈化可得到沸石结构。进一步改进是使用季铵盐类模板剂来调控沸石的孔结构，其反应原理为：

$$NaAlO_2 + Na_2SiO_3 + NaOH + R_4H^+OH^- \longrightarrow \text{硅胶} \xrightarrow{100\ ℃,6\ h} \text{沸石} \qquad (6\text{-}1)$$

（2）水热合成法。水热合成法是使用最广泛的合成沸石分子筛的方法。水热法合成沸石分子筛包括两个基本过程：硅铝酸盐水合凝胶的生成和水合凝胶的晶化。晶化过程一般包括以下四个步骤：① 聚硅酸盐和铝酸盐的再聚合；② 沸石的成核；③ 核的生长；④ 沸石晶体的生长及引起的二次成核。

影响沸石分子筛合成过程的因素较多，目前主要是研究反应条件对合成过程的影响，如反应物的组成、反应物的类型与性质、陈化条件、晶化温度和时间以及 pH 值。

合成沸石分子筛的主要原料为含铝化合物、含硅化合物、碱、水和模板剂，其组成通常表示为 $xM_2O \cdot Al_2O_3 \cdot ySiO_2 \cdot zH_2O$。合成沸石分子筛常用的原料见表 6-2。

表 6-2　合成沸石分子筛常用的原料

原料种类	具体物质名称
含铝化合物	活性氧化铝、氢氧化铝、偏铝酸钠及其他铝的无机盐
含硅化合物	硅胶、硅溶胶、硅酸钠、硅酸酯、粉状 SiO_2 和石英玻璃

表 6-2(续)

原料种类	具体物质名称
碱	氢氧化钠、氢氧化钾、氟化物
模板剂	季铵盐、胺、二胺、醇胺、醇、二醇、季膦碱
水	去离子水

水热法合成沸石分子筛的一般过程为：

$$\text{反应物}\xrightarrow{\text{混合}}\text{凝胶}\xrightarrow[\text{晶化}]{100\sim450\ ℃}\text{沸石晶体}\xrightarrow[\text{干燥}]{\text{过滤、洗涤}}\text{沸石晶体粉末}$$

向内衬塑料或不锈钢反应釜中加入按照一定比例配制好的反应物，在 100～450 ℃下进行晶化反应一段时间，待晶化完成后，沉淀物经过滤、洗涤及干燥等处理工序可获得尺寸为 1～10 μm 的沸石粉末。合成高硅沸石时晶化温度为 150 ℃以上，合成一般沸石时晶化温度为 100 ℃，洗涤 pH 值为 9～10；干燥温度为 110 ℃。用无机碱可获得低硅铝比的沸石分子筛，用有机碱可获得高硅铝比的沸石分子筛。

(3) 气相转移法。首先将合成的原料制成凝胶，再将凝胶置于反应器的中部，同时在反应釜底加入一定量的有机胺和水作为液相部分，反应过程中凝胶在有机胺和水蒸气的作用下转化为沸石分子筛。

(4) 干胶法(DG)法。干胶法是在气相转移法基础上衍生出来的制备分子筛的方法，首先将分子筛的合成原料与有机模板剂一起配制成干胶，然后使干胶在水蒸气的作用下形成沸石分子筛。该法可用于常规分子筛的合成，还可用于制备分子筛膜及分子筛成型体，目前应用干胶法已合成磷酸铝系列、SAPO 系列及纳米分子筛等。

6. 分子筛催化剂的应用

(1) 石油加工中酸催化反应。酸催化反应是分子筛催化剂最主要的应用领域，已广泛应用于烃类的裂解、异构化、烷基化、歧化、水合、脱水、加氢及脱氢等反应中。

(2) 氧化反应。氧化反应是制备多种精细化学品的重要反应。目前主要使用氧或双氧水为氧化剂。当以双氧水为氧化剂时，采用 TS-1 分子筛或 β 沸石为催化剂可生产一系列的精细化学品。其中以 TS-1 分子筛为催化剂，苯酚直接羟化制取对苯二酚和邻苯二酚在意大利已实现了工业化，反应的选择性以苯酚计算为 90%。

(3) 烷基化反应。目前许多烷基化反应均使用 $AlCl_3$ 或其他 Lewis 酸为催化剂。这些过程均存在催化剂对设备腐蚀及环境污染较严重的问题，而用分子筛催化剂代替 Lewis 酸催化剂可以较好地解决这些问题。如在乙苯的生产中，原来使用 $AlCl_3$ 配合物为催化剂，现在使用分子筛为催化剂的苯与乙烯的气相烷基化工艺已实现了工业化。

(4) 羟烷基化、酰基化反应。环氧烷烃与芳香烃的羟烷基化反应是制备医药中间体和芳香烃衍生物的重要反应。目前，Mobil 公司已成功地利用 β 沸石为催化剂，由环氧丙烷与异丁苯制备 2-(4-异丁基苯基)丙醇。

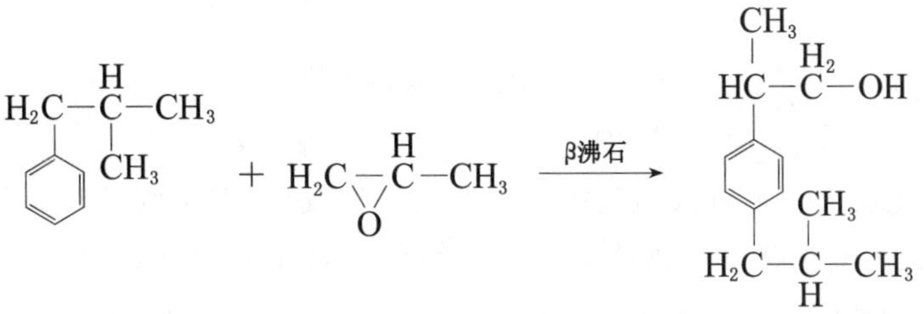

(6-2)

酰基化反应通常以酰氯为原料，但在反应中生成副产物 HCl，若以分子筛为催化剂，可以乙酸酐为原料，不会产生有害的副产物 HCl。目前以氢型沸石或氢型β沸石为催化剂，苯甲醚与乙酸酐酰化制得对甲氧基乙酰苯的气-固反应过程已实现了工业化。

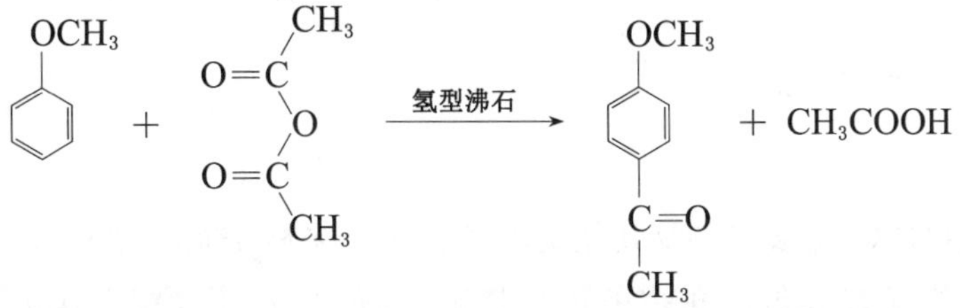

(6-3)

(5) *N*-烷基化和 *O*-烷基化反应。通过 *N*-烷基化和 *O*-烷基化可制备许多重要的精细化工产品。目前主要采用硫酸二甲酯或卤代烃为烷基化剂，这两类烷基化剂在使用过程中均会产生较严重的环境问题，以分子筛为催化剂，甲醇或碳酸二甲酯为烷基化剂可产生一系列物质的环境友好生产工艺过程。以氢型沸石为催化剂、甲醇为烷基化剂，由甲基咪唑制备药物中间体二甲基咪唑的绿色合成工艺如下：

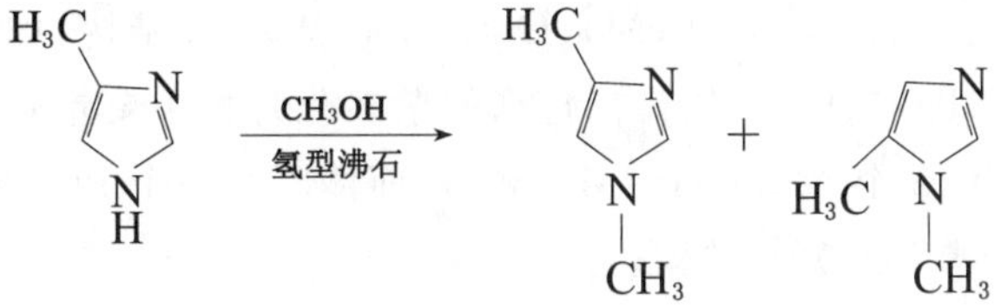

(6-4)

Rhone-Poulenc 公司开发的以邻苯二酚为原料制备香兰醛的新工艺中采用了丝光沸石为催化剂，新工艺的反应过程如下：

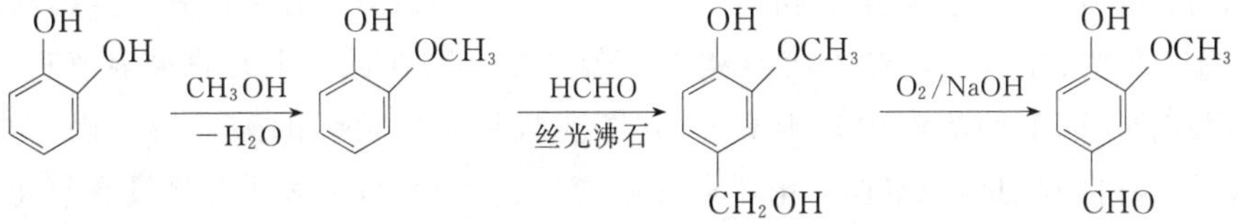

(6-5)

(6) 芳香烃硝化反应。传统的硝化反应使用 HNO_3 和 H_2SO_4 混酸为硝化剂，这种过程对环境的污染大，属于淘汰的工艺。目前已开发出利用脱铝丝光沸石由苯和 65% 硝酸进行气相催化硝化的新工艺。这种工艺不仅实现了生产工艺的绿色化，而且硝化产物结构可控。

(7) 氧化反应。传统的苯胺生产方法为硝基苯催化加氢，最近开发了苯酚直接催化氨化制苯胺的新工艺，以及由间苯二酚在分子筛催化下直接氨化制氨基苯酚的环境友好的生产工艺。

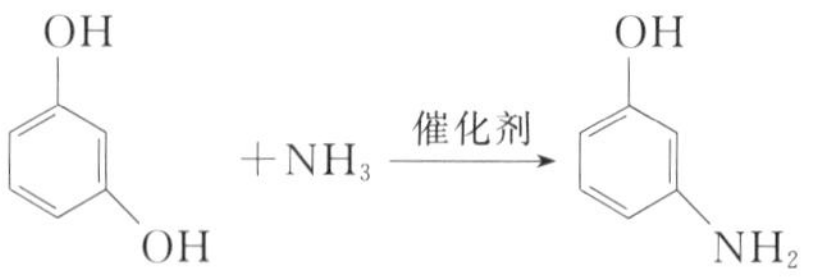

(6-6)

(8) 复杂环化反应。随着医药及相关行业的快速发展，对吡啶及其烷基取代衍生物的需求不断增加，人们成功开发了由醛类经分子筛催化氨化制取吡啶类化合物的新方法，如以乙醛(或甲醛)为原料，以 HZSM-5 为催化剂来合成吡啶和 3-甲基吡啶，其反应式为：

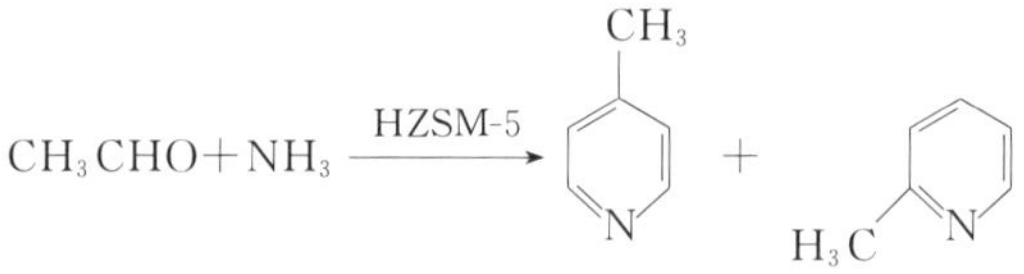

(6-7)

三、杂多化合物催化剂

1. 概述

杂多化合物(HPC)是杂多酸及其盐类的统称。杂多酸是指由两种或两种以上无机含氧酸缩合而成的复杂多元酸。在杂多化合物中，其杂原子(P、Si、Fe、Co 等)与配位原子(Mo、W、V、Nb、Ta 等)按一定的结构通过氧原子配位桥连组成一类含氧多元酸，杂多酸盐是指杂多酸中氢部分或全部被金属离子或有机胺类化合物取代所生成的物质。固态的杂多化合物是由杂多阴离子、阳离子和结晶水等组成的三维结构(也称二级结构)，其中杂多阴离子是由中心原子和配位原子通过氧桥连接的多核配位结构(也称一级结构)。

目前杂多化合物大致可分为五类：① Keggin 结构，如 $H_3PW_{12}O_{40}$；② Anderson 结构，如 $[TeMo_6O_{24}]^{6-}$；③ Silverton 结构，如 $[CeMo_{12}O_{42}]^{8-}$；④ Wangh 结构，如 $(NH_4)_6MnMo_9O_{32}$；⑤ Dawson 结构，如 $K_6P_2W_{18}O_{62}$。用作催化剂的杂多化合物主要指具有 Keggin 结构的物质，Keggin 结构是指由 12 个 MO_6(M＝Mo、W)八面体围绕一个 PO_4 四面体连接形成的笼状大分子，具有类似于沸石的笼状结构。

2. 杂多化合物催化剂的种类及主要性质

杂多化合物催化剂主要包括杂多酸、杂多酸盐以及它们的负载型。杂多化合物一般具有高的相对分子质量，杂多酸及金属离子小的盐在水及其他极性溶剂中易溶解，含有大量阳离子(Cs^+、Ag^+、NH_4^+)的盐不溶或微溶。杂多化合物在低 pH 值的水溶液和有机介质中稳定，但在高 pH 值的溶液中易于解离，其游离酸是酸性很强的酸。杂多化合物一般在 350 ℃以下具有良好的热稳定性。由于存在着变价金属元素，杂多化合物具有氧化还原性，因此杂多化合物是可作为酸性催化剂和氧化还原催化剂的双功能催化材料。

杂多化合物作为催化剂的主要性质如下：

(1) 杂多化合物具有强的 Brönsted 酸性。其酸性强于与其组成元素相同氧化态的简单酸(如 $H_5PW_{12}O_{40}$，$H_0=-13.2$)，但腐蚀性远小于常用的无机酸。

(2) 杂多化合物极易溶于水和一般的有机溶剂，这使得杂多酸易于与反应物混合形成均相系统，因而利于反应的进行。

(3) 杂多化合物的酸性可通过改变阴离子组成元素，成盐及负载化等方式进行设计和调控，因此可根据反应自身的特点，要求设计所需的催化剂。

(4) 杂多化合物具有良好的化学和热稳定性。在一般酸、碱介质中，杂多化合物都能保持其结构，其耐热温度可达 350 ℃，因此适用于大多数的反应环境。

(5) 杂多化合物适用于均相或非均相反应体系，对于非极性分子仅在表面反应，而对于极性分子则还可以扩散进入晶格间的体相中进行反应(成为"假液相"行为)，这种行为使得反应既发生在固体的表面，又发生在固相内部，表现出极高的催化活性。

为解决固体杂多化合物的比表面积小、成本高及产物分离难等问题，同时提高催化剂活性组分的利用率，人们提出了制备负载杂多化合物用作催化剂的设想。所谓负载杂多化合物，是指将杂多化合物负载到适宜的惰性孔结构的载体(如 SiO_2、活性炭、离子交换树脂及分子筛等)上所形成的负载物，通过负载可大大减少反应过程中催化剂的用量，有利于催化剂与反应系统中液相的分离，可使杂多化合物适用于气-固催化系统。但杂多化合物被负载后在酸度方面会发生变化，仍存在着催化剂活性组分溶脱等问题。

3. 杂多化合物催化剂的应用

(1) 烷基化反应。杂多化合物催化剂在烷基化反应中代替传统的无机强酸已取得了令人满意的结果。直链十二烷基苯是生产阴离子洗涤剂的重要原料，目前已将中孔分子筛负载硅钨酸、MCM-41、SiO_2 和活性炭负载硅酸等催化剂应用于十二烷基苯的合成。在异丁烷与丁烯烷基化清洁汽油的反应中，采用 $Cs_{2.5}H_{0.5}PW_{12}O_{40}$ 作催化剂，产物收率和选择性分别达到了 79.4%和 73.3%，当采用 40%HPW/SiO_2 作催化剂时，丁烯的转化率为 98.8%，C_8烷烃占液体产物的 59.5%，反应过程中未发现活性组分丧失。

(2) 酯化反应。酯类产品在香料、溶剂、增塑剂、化妆品、食品添加剂、医药、染料等工业中具有重要的应用价值，杂多酸作为环境友好的低温高活性酯化催化剂已获得了广泛应用。

(3) 缩合反应。研究表明，杂多化合物对缩合反应具有良好的催化活性。二甲苯-甲醛树脂是生产油漆和新型聚酯等的重要原料，传统的制备过程中采用硫酸做催化剂，反应过程需要进行有机相与水相分离、蒸馏等工艺，存在着过程复杂、对环境产生污染及产品质量不稳定等问题。当以不饱和硅钼钨混合型杂多化合物为催化剂，催化剂用量为原料总量的 0.8%～10.0%，反应温度为 160 ℃，产率达到 95%。另外催化剂可重复使用，整个过程基本上对环境无污染，工艺过程得到极大简化。

(4) 硝化反应。杂多酸及其盐在苯的气相硝化中显示出了良好的催化活性。在 270 ℃时，$H_3PW_{12}O_{40}/SiO_2\text{-}Al_2O_3$ 可催化苯与 NO_2 的气相硝化法，产物中没有二硝基苯生成，且反应速率随 $H_3PW_{12}O_{40}$ 负载量的增加而增大，当磷钨含量达 30%时，硝基苯的产率达 56%。

(5) 水合反应。杂多化合物是水合反应的高效催化剂，硅钨酸、磷钨酸、硼钨酸、磷钼酸和硅钼酸均可用作乙烯、丙烯和丁烯均相水合制醇的催化剂，在反应温度为 170～350 ℃，压力为 10～50 MPa，催化剂浓度为 10^{-8}～10^{-3} mol/L 的条件下，选择性可达 95%～99%。

(6) 聚合反应。由四氢呋喃经阳离子开环聚合制得的四氢呋喃均聚醚(PTMEG)是生产聚氨酯基弹性体的重要原料。研究表明，磷钨杂多酸和钼钨杂多酸是此聚合过程的高效催化剂，并已成功地应用在万吨级工业装置上。

四、高分子酸性催化剂

1. 概述

高分子酸性催化剂是指在交联结构高分子上带有磺酸基的离子交换树脂，可简单地表达为 RSO_3H（R 为高分子基体），如强酸性阳离子交换树脂和全氟磺酸树脂。与传统的酸性催化剂相比，该类树脂作为催化剂具有以下特点：① 通过简单的过滤分离就可实现催化剂和反应物的完全分离，使工艺和设备大大简化；② 酸性树脂催化剂的选择性高；③ 所催化的化学反应易于实现连续化生产；④ 腐蚀性小，对设备材质的要求不高；⑤ 反应过程中生成“三废”少。

2. 高分子酸性催化剂的主要性质

(1) 交换量。强酸性阳离子交换树脂的交换量是表征树脂酸性强弱的重要指标，它是指单位质量或体积的阳离子交换树脂中全部磺酸基团的数量，以 mmol/g 或 mmol/mL 表示。其测定方法如下：

当氢型阳离子交换树脂浸泡在氯化钙溶液中，只有强酸基团（磺酸基）才能发生反应，通过滴定置换出来的氢离子（H^+）计算阳离子交换树脂强酸基团的交换容量。其反应式为：

$$2RSO_3H + CaCl_2 \longrightarrow (RSO_3)_2Ca + 2HCl \tag{6-8}$$

阳离子交换树脂湿基强酸基团交换容量按下式计算：

$$Q'_s = \frac{4(V - V_0)c_{NaOH}}{m}$$

式中，Q'_s 为阳离子交换树脂湿基强酸基团交换容量，mmol/g；c_{NaOH} 为 NaOH 标准溶液的浓度，mol/L；V 为滴定浸泡液消耗的 NaOH 标准溶液的体积，mL；V_0 为空白溶液消耗 NaOH 标准溶液的体积，mL；m 为树脂样品的质量，g。

(2) 粒度。离子交换树脂一般为球状颗粒，粒径为 0.30～1.20 mm。树脂的粒度常以标准筛目数表示，美国标准筛目数和毫米数可以用经验式换算：

粒径(mm)＝16/筛目数

(3) 孔结构。离子交换树脂的孔分两类：一是凝胶孔，它是树脂大分子链间的距离，而不是真正的孔，同时还随外界条件而变化，所以用一般物理方法难以测定；二是大孔，这是真正的毛细孔，可用低温氮气吸附的方法测定。

(4) 稳定性。离子交换树脂的稳定性是指其在外力、热和化学作用下变化的情况，主要包括机械强度、耐热性和化学稳定性，与树脂使用寿命直接相关。机械强度是指树脂抵抗各种机械力作用发生变形的能力。耐热性是指树脂在使用过程中不发生热分解的温度范围。研究表明，离子交换树脂的耐热性与结构有密切的关系，普通凝胶型强酸树脂的最高使用温度为 100 ℃，大孔型树脂可达 130 ℃。化学稳定性是指其耐受化学药品和氧化剂作用的能力。当离子交换树脂做催化剂时，树脂的组成、孔结构、交联程度、交换基团的性质和反离子的性质对反应都有影响。

3. 高分子酸性催化剂的主要应用

(1) 烷基化反应。Nafion 可催化烷基化反应，该反应可在气相、液相中进行。利用苯与丙烯的烷基化反应来比较与其他离子交换树脂的相对催化活性，在 100 ℃下反应，Amberlyst 15、Nafion-H 及 Nafion-H/SiO_2 的反应速率(转化率)分别为 0.6(10.7%)、2.0(2.2%)和 87.5(16.2%)。

(2) 酰基化反应。酰基化一般要求反应温度较高，催化剂的酸强度也较高。大孔聚苯乙烯型磺酸树脂只能催化活性高的芳环酰基化。各种离子交换树脂催化剂对苯甲醚与乙酸酐的反应均有较好的活性，产物的选择性为 100%，其中 Amberlyst 36 催化效果最好。

(3) 缩合反应。甲基异丁基酮是一种重要溶剂，用强酸性阳离子交换树脂 Amberlyst IR-120 为催化剂，丙酮经缩合、脱水、加氢生成甲基异丁基酮，该工艺已实现工业化。

(4) 环化和开环反应。用 Nafion 和 Amberlyst 15 可有效催化三甲基对苯二酚与异叶绿醇反应合成维生素 E，产率超过 90%，此反应先发生烷基化，随后分子间脱水成环得到产物。

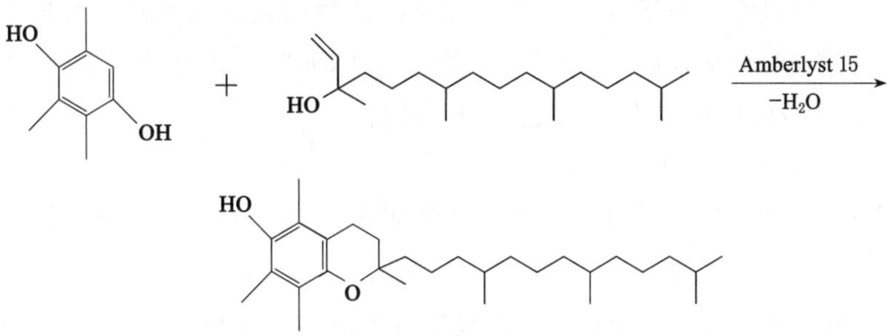

(6-9)

五、固体碱催化剂

1. 概述

固体碱(非均相碱)催化剂越来越受到重视，在氧化、氨化、氢化、还原、加成等典型的有机反应中得到了广泛应用。随着绿色化学的发展，人们也越来越重视环境友好的新催化工艺过程。固体碱由于具有活性高、选择性高、反应条件温和、产物易于分离、可循环使用等诸多优点，在精细化学品合成方面发挥着越来越重要的作用，有望成为新一代环境友好的催化材料。

固体碱是指能使酸性指示剂改变颜色或者能化学吸附酸性物质的固体。按照 Brönsted 和 Lewis 的定义，固体碱是指具有接受质子或给出电子对能力的固体物质。

目前固体碱主要包括有机固体碱、有机/无机复合固体碱和无机固体碱三大类。有机固体碱主要是指端基为叔胺或叔膦基团的碱性树脂类物质，如端基为三苯基膦的苯乙烯和对苯乙烯共聚物。有机/无机复合固体碱主要是指负载有机胺或季铵碱的分子筛。负载有机胺分子筛的碱活性位主要是能提供孤对电子的氮原子，而负载季铵碱分子筛的碱活性位主要是氢氧根离子。由于这类固体碱的活性位是以化学键和分子筛连接的有机碱，所以反应过程中活性组分不流失，且碱强度均匀，但不适用于高温反应。无机固体碱具有制备简单、碱强度分布范围宽、热稳定性好等优点，已成为固体碱催化剂的主要品种。

无机固体碱包括金属氧化物、金属氢氧化物、负载型、水滑石类和碱性离子交换树脂固体碱等。例如：

(1) 金属氧化物型无机固体碱

金属氧化物型无机固体碱主要指碱金属和碱土金属氧化物。这一类金属氧化物的碱活性位主要来源于表面吸附水后产生的羟基和带负电的晶格氧。如 MgO，低温处理时其表面的碱活性位主要为弱碱性的羟基；而高温处理时其表面产生面、线、点等缺陷，使得原来六配位的 Mg 变成五配位、四配位或三配位，增加了氧原子的电荷密度，从而使 MgO 表面带上不同程度的强碱活性位。一般而言，碱金属和碱土金属氧化物催化剂的碱性强度随碱金属和碱土金属原子序数的增加而增加，其顺序为 $Cs_2O > Rb_2O > K_2O > Na_2O$，$BaO > SrO > CaO > MgO$。另外，煅烧温度和先驱物的种类也显著影响碱金属及碱土金属氧化物的碱强度，通常煅烧温度高有利于强的碱活性位的形成，不同先驱物煅烧所得碱土金属氧化物的碱强度顺序为碳酸盐>氢氧化物>乙酸盐。总之，通过改变制备条件或选择不同的先驱物，可以制备出具有强碱活性位甚至超强碱活性位的碱金属及碱土金属氧化物，但是这些固体碱均为粉状，机械强度低，不易从产物中分离，而且其比表面积小(除 MgO 外均小于 70 m^2/g)，其比表面积随碱活性位增强而显著降低。

(2) 水滑石类无机固体碱

水滑石类材料是层状双氢氧化物，其结构式为$[M_1^{2+}M_2^{3+}(OH)_{2(x+1)}](A_{1/m}^{m-})\cdot nH_2O$，其中 M_1 为 Mg、Zn 或 Ni，M_2 为 Al、Cr 或 Fe，A^{m-} 可以是 Cl^-、CO_3^{2-} 等。通常以 M_1^{2+} 和 M_2^{3+} 为中心的 $M(OH)_6$ 八面体单元通过共边形成带有正电荷的层板，而 A^{m-} 和 H_2O 分别是位于层板间的各种阴离子和水分子，A^{m-} 起平衡层板正电荷的作用。当 M_1 为 Mg、M_2 为 Al 时，这种水滑石类催化剂表面同时具有酸、碱活性位，适当地改变镁铝比及加入起中和作用的阴离子可以改变层板氧原子的电荷密度，从而调节这类催化剂表面酸、碱活性位的比例。

(3) 负载型无机固体碱

目前制备负载型无机固体碱常用的载体主要有三氧化二铝和分子筛两种，也可用活性炭、氧化镁、氧化钙、二氧化锆、二氧化钛等。负载的先驱物主要为碱金属、碱金属氢氧化物、碳酸盐、氟化物、硝酸盐、乙酸盐、氨化物或叠氮化物。由于碱土金属的氢氧化物和碳酸盐均为难溶物，而其硝酸盐分解温度普遍较高，所以也有少量报道用碱土金属乙酸盐作为先驱物。负载型无机固体碱的活性位主要是碱金属或碱土金属氧化物、氢氧化物和碳酸盐以及碱金属，也有先驱物经高温煅烧后与载体反应生成的活性位。

2. 固体碱的主要制备方法

固体碱催化剂的制备有以下几种方法：浸渍法、共沉淀法、水热处理法、离子交换法等。下面以水滑石类和负载型无机固体碱催化剂的制备为例，来说明典型固体碱的制备过程，

(1) 水滑石类无机固体碱的制备

水滑石类物质(layered double hydroxides，LDHs)，又称层状双羟基结构的阴离子黏土，是近年来发展极为迅速的一类新型无机功能材料。为了制备纯的水滑石类化合物，首

先要正确选取阳离子和阴离子的配比，要求引入 LDHs 中的阴离子必须在溶剂中以较高浓度存在，且与 LDHs 层板有较强的亲和力，同时还要注意避免金属盐的阴离子进入层间而污染样品。在制备非碳酸根阴离子的 LDHs 时，大气中的二氧化碳很容易进入反应系统，所以常采用离子交换法或者在氮气保护下来制备。文献报道的用于制备 LDHs 的方法有共沉淀法、水热处理法、离子交换法、焙烧复原法和成核/晶化隔离法。

LDHs 通常采用共沉淀法合成，这种方法的优点如下：① 几乎所有的 M_1^{2+} 和 M_2^{3+} 都可形成相应的 LDHs，应用范围广；② 调整 M_1^{2+} 和 M_2^{3+} 的原料配比，可制得一系列不同 M_1^{2+}/M_2^{3+} 的 LDHs，产品品种较多；③ 可使不同阴离子存在于层板间。具体的制备过程为：在含有金属盐类的溶液中加入沉淀剂，通过复分解反应生成难溶的金属水合氢氧化物或凝胶，并在沉淀条件下进行晶化，然后过滤、洗涤、干燥，即得到 LDHs。

(2) 负载型无机固体碱的制备

负载型无机固体碱的制备方法主要包括共沉淀法和混合法。共沉淀法是将催化剂中的两种或多种组分的先驱物在溶液中生成共沉淀，然后经过一定的处理制得催化剂载体。它的特点是几个组分间可达到分子级的均匀混合，热处理(焙烧)时可加速组分间的固相反应。混合法是将两种氧化物机械混合，再经过热处理制得载体的方法，它受氧化物的颗粒度和研磨时间影响较大。它的特点是设备简单，操作方便，可用于制备高含量的多组分催化剂，尤其是混合氧化物催化剂，但此法分散度较低。下面以负载磺化酞菁钴(CoPcS)为例，具体介绍负载型无机固体碱催化剂的制备过程。

① 共沉淀法制备 Mg(Al)O 固体碱载体。称取一定量的固体 Na_2CO_3 和 NaOH，溶于水后倒入三口烧瓶中，然后将 $Mg(NO_3)_2$、$Al(NO_3)_3$ 的水溶液定时滴入三口烧瓶，并剧烈搅拌，反应结束后将三口烧瓶内溶液加热至(60±5) ℃，保持 1 h。产品冷却至室温，将沉淀物滤出用去离子水洗涤，反复多次，再将产品在 100 ℃下烘 16 h，450 ℃焙烧 12 h，破碎，选取 12～30 目的颗粒作为 Mg(Al)O 固体碱载体。

② 混合法制备 MgO/Al_2O_3 固体碱载体。准确称取一定量的粉末状 MgO 和 Al_2O_3，在研钵中混合并研磨均匀，加入适量蒸馏水后挤压成条状，然后在 100 ℃下烘 8 h，200 ℃焙烧 8 h，破碎，选取 12～30 目的颗粒作为 MgO/Al_2O_3 固体碱载体。

③ 活性组分 CoPcS 的负载。采用浸渍法负载活性组分 CoPcS。将一定量的 CoPcS 溶解在无水甲醇中，浸渍 Mg-Al 复合氧化物固体碱载体 24 h 后，真空下脱去甲醇，就得到 Mg(Al)O-CoPcS或 MgO/Al_2O_3-CoPcS 固体碱催化剂。

3. 固体碱的主要应用

(1) 烷基化反应

含有 MO(M 为 Zn、Cu、Ca、Ba、Mn、Co)和 FeO 的混合物是优良的催化剂，用于苯酚与甲醇的甲基化，生成邻甲苯酚和 2,6-二甲苯酚。

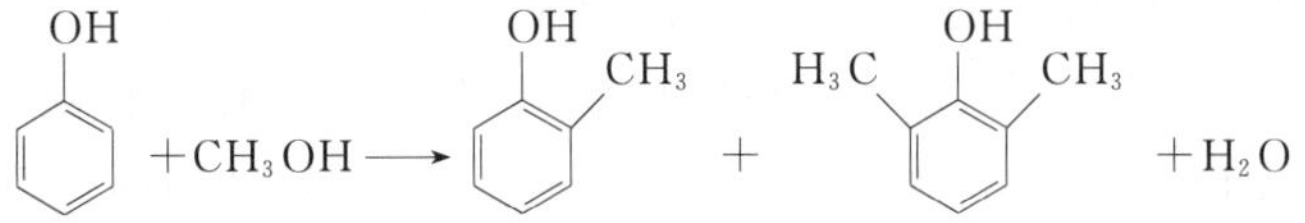

(6-10)

甲苯和甲醇在碱金属交换沸石 MX(Na^+、K^+、Rb^+、Cs^+交换的 X 型沸石)上可进行侧链烷基化。

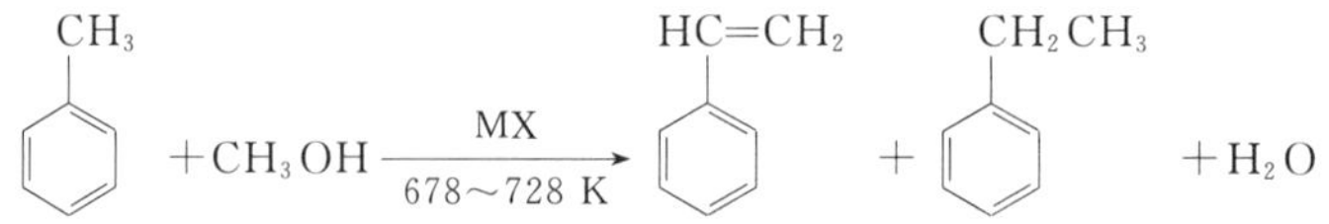

(6-11)

甲苯与甲醇的侧链烷基化能在载有碱金属氧化物的活性炭上进行。

（2）聚合反应

载体或纯碱金属在 420～470 K 及 7.0 MPa 下，很容易催化丙烯二聚为 2-甲基戊烯混合物，载体上含有 0.1 mol 分散的碱金属，在 423 K、10 MPa 下，主要产物是 4-甲基-1-戊烯。

$$2CH_2=CHCH_3 \longrightarrow H_2C=CHCH_2CH(CH_3)_2 \qquad (6\text{-}12)$$

（3）脱氢反应

工业上苯乙烯由乙苯脱氢制得：

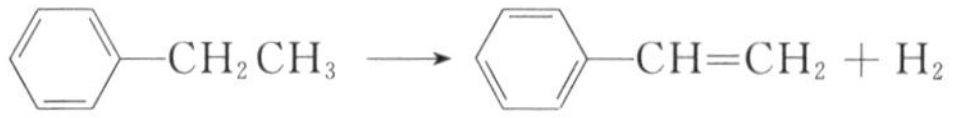

(6-13)

在水蒸气存在下，采用含 Fe 氧化物（Fe-Cr-K、Fe-Ce-Mo、Fe-Mg-K 氧化物）的催化剂，碱的促进效果按 Cr、K、Na、Li 依次降低。K 的主要作用是与氧化铁反应生成 $K_2Fe_2O_3$ 碱性活性相。此外，K 还可降低催化剂表面炭沉积并加速产物解吸。Ce 对促进脱氢反应是有效的。Mo 的作用是适度调节活性从而抑制副产物苯和甲苯的生成。Mg 能增加活性中心数，且 Mg 在 Fe_3O_4 中形成固溶体而提高热稳定性。

（4）醇醛缩合反应

醇醛缩合包括醛和酮的自身缩合（二聚）或交叉缩合以生成 β-羟基醛或 β-羟基酮的反应。其反应通式如下：

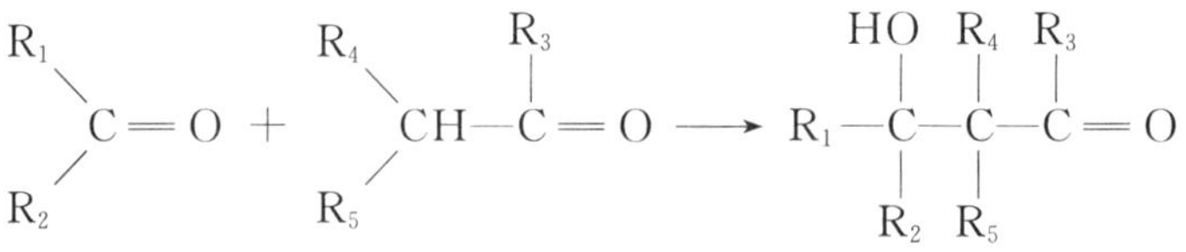

(6-14)

最常用的碱性催化剂是 $Ba(OH)_2$，还有碱金属和碱土金属氧化物。强碱性离子交换树脂对醛和酮的自身缩合反应也有活性。水滑石 $Mg_6Al_2(OH)_{18}CO_3 \cdot 4H_2O$ 对于甲醛和丙酮的交叉缩合生成甲基乙烯酮的反应具有高活性。

第二节 离子液体催化剂

一、概述

离子液体（ionic liquid）是指由有机阳离子和无机阴离子构成的、在室温或近室温下呈液态的盐类化合物，也称为室温熔融盐或室温离子液体。它具有以下特点：① 无色、无臭、不挥发和低蒸汽压；② 有较宽的稳定温度范围；③ 有较高的化学稳定性和较宽的电势范围；④ 对有机物、无机物和聚合物具有良好的溶解性；⑤ 通过结构的调整和设计，可具有酸性或碱性。因此，离子液体既可作为清洁的反应介质，又可作为反应的催化剂。

离子液体是由阳离子和阴离子共同组成的。它的阳离子主要包括四类：① 烷基季铵离子$[NR_xH_{4-x}]^+$；② 烷基季膦离子$[PR_xH_{4-x}]^+$；③ 1,3-二烷基取代的咪唑离子或 N,N'-二烷基取代的咪唑离子$[R^1R^3im]^+$或$[R^1_0R^2R^3im]^+$；④ N-烷基取代的吡啶离子$[RPy]^+$。阴离子主要为卤化盐，如 $AlCl_3$、$AlBr_3$，此类阴离子组成的离子液体的酸碱性与组成有关，对于$[C_4mim](AlCl_3)_{1-x}$，当 $x=0.5$ 时，此离子液体呈中性；当 $x<0.5$ 时，呈酸性；当 $x>0.5$时，呈碱性。此类离子液体对水极敏感，易于分解，必须在无水的环境中使用。与 BF_4^-、PF_6^-组成的离子液体的阳离子主要为取代的咪唑离子$[R^1R^3im]$，该类离子液体对水和空气介质稳定，还有 CF_3^-、SO_3^{2-}、$C_3F_7COO^-$、CF_3COO^-、SbF_6^-、AsF_6^- 等阴离子可用于合成离子液体。

二、离子液体的制备方法

1. 一步合成法

一步合成法包括酸碱中和法和季铵化法，它们具有操作经济简便，产品易纯化及无副产物等优点。酸碱中和法是指碱和酸进行中和，再经提纯处理得到产物的方法。如硝基乙胺离子液体的制备就是首先将计量的乙胺水溶液和硝酸进行中和反应，反应完成后经真空脱水除去系统中的水，将所得到的离子液体产物于乙腈或四氢呋喃中溶解，经活性炭脱色，真空除去有机溶剂后就得到离子液体。季铵化反应是指卤代烃与甲基咪唑的反应。如$[C_4mim]Cl$ 离子液体的制备，是将$[C_4mim]Cl$ 的粗品用乙酸乙酯洗涤数次，再经真空旋转蒸发除去溶剂后得到离子液体。

2. 两步合成法

若不能通过一步合成法制得离子液体，就可采用两步合成法。首先通过季铵化反应制得含有目标阳离子的卤盐([阳离子]X)，然后用阴离子 Y^- 置换出 X^-，或加入 Lewis 酸 MX_y，制得目标离子液体。有关反应的方程式如下：

$$C_2Cl + mim \longrightarrow [C_2mim]Cl \tag{6-15}$$

$$[C_2mim]Cl + AgBF_4 \longrightarrow AgCl + [C_2mim]BF_4 \tag{6-16}$$

$$[C_2mim]Cl + NH_4BF_4 \longrightarrow NH_4Cl + [C_2mim]BF_4 \tag{6-17}$$

$$[C_2mim]Cl + HBF_4(aq) \longrightarrow [C_2mim]BF_4 + HCl \tag{6-18}$$

通过上述方法还可以合成具有手性特征的手性离子液体。

三、离子液体在有机合成中的应用

1. Friedel-Crafts 反应

异丁烷与丁烯烷基化是合成高辛烷值环保汽油的主要方法。利用 Cu^{2+} 改性的 $AlCl_3$ 型离子液体为催化剂，进行上述反应，产物中 C 组分达 75%以上，已接近或达到工业硫酸法烷基化的水平，且催化剂可多次重复使用。

2. 氧化反应

离子液体在氧化反应中主要用作反应介质。在 1-甲基-3-烷基咪唑六氟磷酸离子液体与水构成的两相系统中，以双氧水为氧化剂，对于甲基戊烯酮的环氧化反应，在适宜的反应条件下原料的转化率为100%，环氧化产物的选择性为98%，催化剂重复使用8次后仍保持原活性。

3. 酯化反应

传统的酯化反应中产物的分离比较困难，而采用离子液体为催化剂和溶剂，由于离子液体和酯不互溶，可以自动相互分开，另外离子液体在较高的温度下经脱水后可重复使用。研究结果表明，离子液体在酯化反应中具有良好的催化效果。

4. 还原反应

在还原反应中离子液体主要用作反应的溶剂，使产物易于分离，也可作为纳米催化剂粒子的稳定剂。以Ir纳米粒子为催化剂，$[C_4mim]PF_6$离子液体为反应介质，脂肪类烯烃和芳香烃进行加氢反应，在温和条件下，脂肪类烯烃的转化率大于99%。反应结束后利用产物在离子液体中溶解度低的特点，产物容易从反应系统中分离，过程的后处理与传统工艺相比得到很大的简化。

5. 羰基合成

羰基合成是指由烯烃与合成气($CO+H_2$)反应生成醛的过程，是工业上生产醛类的主要方法。$C_2 \sim C_5$的羰基化过程一般是在水/有机两相系统中进行，更高碳原子数的烯烃由于在水中的溶解度极低，不能采用水/有机两相反应系统，以离子液体为反应介质则可以很容易地解决上述问题。

第三节　生物酶催化剂

一、概述

酶是生物体产生的具有特定催化功能的生物分子。根据酶的组成，酶可分成两类：单纯酶和结合酶。单纯酶水解后只获得氨基酸，也就是说单纯酶是由若干种氨基酸按照特定的序列，通过肽键(肽键是一种氨基酸的氨基与另一种氨基酸的羧基缩合失水而形成的键)结合而成的。结合酶是由蛋白质部分(酶蛋白)和非蛋白质部分(辅酶)结合而成的。辅酶可以是有机物(大多是B族维生素的衍生物)，也可以是金属离子。单独的酶蛋白和辅酶都没有催化功能，只有当它们结合起来之后才具有催化功能。

酶催化剂除具有一般催化剂的共性外，还有如下一些特性：

① 催化效率高。酶催化反应比一般的非催化反应快$10^8 \sim 10^{20}$倍，比一般的催化反应快$10^7 \sim 10^{13}$倍。

② 高专一性。一种酶只对一种物质或一类物质起催化作用，原则上没有副反应。关于专一性的机制，有不同的学说，但它们的差别只在深层的问题上。一般来说酶分子和底物分子或其一部分，在立体结构上有一定的互补性，它们可以紧密地镶嵌在一起。如果底物分子中某一个链因紧密镶嵌而被削弱，就会导致底物分子发生特定的生化反应。由此可见，酶催化的专一性来自它特定的立体构象。

③ 温和的反应条件。酶催化反应需在常温、常压下进行，强酸、强碱、有机溶剂、重金

属、光辐射等，凡是能够破坏蛋白质的都会使酶失活。

④ 酶的活力可以调节和控制。酶的催化活性与底物（原料、反应物）的立体结构有关，如果底物中有抑制剂就可以降低酶的活性。抑制剂有两类：一类是它的结构与底物相似，会在一定程度上占据酶分子结构中的活性中心；另一类是它与酶的非活性中心结合，改变了酶的立体结构，从而降低了酶的活性。

二、酶的固（态）化

酶是一种水溶性催化剂，如以溶液形态使用，在反应完成、产物被分离出来以后，作为催化剂的酶将随废水一起排放，不仅造成浪费，而且污染环境。如果将酶固（态）化，就可以避免上述不良后果。

酶的固（态）化主要有载体结合、包埋及交联三种方法，其中以载体结合法和包埋法较常用。

① 载体结合法。载体结合就是将酶沉积、附着并结合在某种粒状固体载体上。以载体结合的酶，其活性较稳定，使用寿命也较长，可以连续而较长期地用于固定床或流化床反应器。对于全混流反应器，也可在反应完成后，通过过滤或离心分离将其回收并重复使用。

② 包埋法。包埋法是三种固（态）化方法中应用最广的一种。因为在包埋过程中酶不会受到损伤。包埋法不仅可应用于酶，也可应用于产酶细菌的（固态）化。包理法把酶或产酶的细菌包裹在有限的空间中。这个空间可以是凝胶，也可以是聚合物构成的半透膜胶囊。酶或细菌不会透过半透膜，而溶于水中的底物（反应物）和产物却可以透过。包理法更常用于固（态）化产生酶的细菌，因为这一方法可以省掉分离酶的过程，因而可以降低制作成本。因为包埋的酶在细胞内是自然状况，具有较高的活性，而且被包埋的细菌如处于生存状态，仍可发育繁殖。因此，包埋法是工业发酵的一个新的发展方向。用于固（态）化的包埋材料通常有海藻酸、聚丙烯酰胺凝胶、琼脂及卡拉胶等。

③ 交联法。交联法是采用双功能或多功能试剂，使酶分子之间或酶分子与载体之间或酶分子与惰性蛋白之间交联聚合成“网状”结构的固定化方法。戊二醛是最常用的双功能试剂。

三、酶的应用

酶的应用甚广，发展十分迅速。几个酶产量较大的国家年产量都以万吨计。目前应用最多的是蛋白酶，其中用量最大的是作为添加剂用于生产可以有效去除蛋白质污渍的洗涤剂；其次是在皮革工业中用于脱毛、软化；在纺织业中用于生丝的脱胶、软化；在食品工业中用于嫩化肉类、软化肠衣、提高面团延伸性等。

近年来蛋白酶在医药方面也有较多的应用，如用于治疗动脉硬化、高血压、血栓性静脉炎、蛇毒伤以及消炎、止血、退肿等。用量次于蛋白酶的是以糖类为底物的水解酶，如糖化酶、淀粉酶、葡萄糖异构酶及纤维素酶等。

（1）乙醇的发酵生产

乙醇是重要的溶剂和化工原料。乙醇的生产有两种路线：一是以碳水化合物为原料，通过发酵生产乙醇；二是以石油产品为原料，通过有机合成生产乙醇。当石油产品廉价时，用合成法比较经济，但这种方法生产的乙醇含有甲醇、高级醇和其他杂质。这些杂质对人体有害，不能用于生产饮料、食品、医药、香料以及其他与人体接触的产品。生产食品必须采用发酵法生产的乙醇。另外从资源的角度看，发酵法的主要原料，如糖蜜（生产蔗糖时残留的母液）、淀粉、玉米、薯干、高粱等，都是可再生资源，又不受地域限制，因此有广阔的发展前景。植物纤维素也是糖类，而且资源最为丰富、廉价，应该说是最有发展前途的原料。只是目前可用的纤维素酶还不能快速而深度地降解小树枝、枯枝、杂草、谷壳等含木质素较多的纤维素废物，未能实现技术经济上可行，但是随着基因工程的高速发展，相信解决这一问题不是遥远的梦想。

用发酵法生产乙醇的原料主要是淀粉和糖蜜。用淀粉作原料要经过预处理，使之成为葡萄糖，其生产流程如图 6-3 所示。将原料（玉米、甘薯、高粱等）粉碎后蒸煮，在 120～150 ℃温度下使淀粉细胞破裂，淀粉游离、溶解而糊化。糊化的淀粉在催化剂的催化作用下成为葡萄糖：

$$(C_6H_{10}O_5)_n + nH_2O \longrightarrow nC_6H_{12}O_6$$

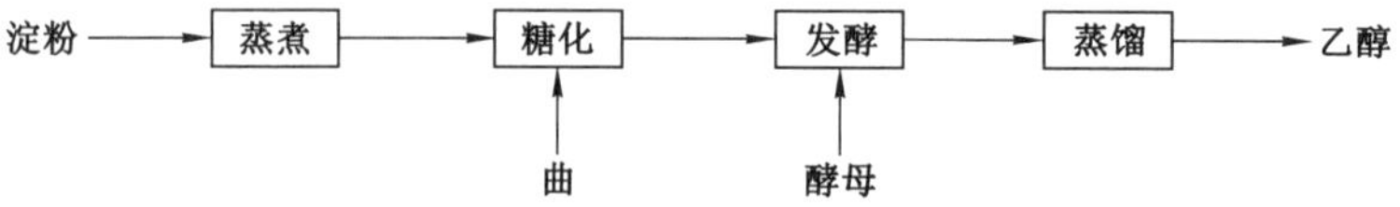

图 6-3　淀粉生产乙醇原则流程

糖化剂有三种：麦芽、酶制剂、曲，我国多使用曲，制曲常用曲霉菌如米曲霉、黑曲霉。用固体表面培养的曲称作麸曲，用液体深层通风培养的曲称作液体曲。作为糖化剂的曲含有液化型淀粉酶（α-淀粉酶）和糖化型淀粉酶（糖化酶）。

α-淀粉酶破坏淀粉分子的网络结构成为糊精，糖化酶使糊精水解成葡萄糖。淀粉经糖化以后，加入酵母使之发酵。其反应历程为：

$$0.5\ C_6H_{12}O_6 + H_3PO_4 \xrightarrow[\text{ADP} \longrightarrow \text{ATP}]{\text{NAD} \longrightarrow \text{NADH}_2} CH_3COCOOH \tag{6-19}$$

丙酮酸在丙酮酸脱羧酶的作用下生成乙醛：

$$CH_3COCOOH \xrightarrow{\text{丙酮酸脱羧酶}} CH_3CHO + CO_2 \tag{6-20}$$

乙醛则在乙醇脱氢酶及辅酶的作用下还原成乙醇：

$$CH_3CHO \xrightarrow[\text{NADH}_2 \longrightarrow \text{NAD}]{\text{乙醇脱氢酶}} CH_3CH_2OH \tag{6-21}$$

发酵后的固、液混合物称作醪，用过滤法分离出固体后，可通过精馏法获得乙醇。

近年来，细菌固（态）化技术在乙醇生产中有所发展。此法先将酵母菌固（态）化，将制好的固（态）化酵母菌小粒用作反应塔的固定床填料。这样，一个反应塔的生产能力相当于几个发酵罐，发酵时间也能从传统的 30 h 缩短到 3 h 以下，乙醇的生产能力为 20～50 kg/(m^3 · h)，比传统发酵罐的生产能力[2 kg/(m^3 · h)]大很多倍。

(2) 氨基酸的发酵生产

氨基酸广泛应用于调味剂（味精）、饲料添加剂、药物、化妆品和甜味剂（天冬氨酸），除此以外也可作为表面活性剂。过去氨基酸是从蛋白质水解而来，自 20 世纪 50 年代开始用发酵法生产谷氨酸（味精）以后，绝大多数氨基酸都是用发酵法或酶法生产。

在氨基酸生产中，产量最大的是谷氨酸，其化学名称为 α-氨基戊二酸。谷氨酸的结构式为 $COOHCH(NH_2)CH_2CH_2COOH$。谷氨酸的钠盐就是味精。我国年生产味精超过 15×10^4 t，占世界总产量的 50%。

味精的生产过程有以下 4 步。

① 淀粉水解成葡萄糖。

$$(C_6H_{10}O_5)_n + nH_2O \longrightarrow nC_6H_{12}O_6 \tag{6-22}$$

② 糖液发酵生产谷氨酸。葡萄糖经过酵解生成丙酮酸之后，丙酮酸一部分脱羧成乙酰辅酶 A，另一部分则将脱羧过程所产生的 CO_2 予以固定生成草酰乙酸，草酰乙酸与乙酰辅酶 A 在柠檬酸合成酶的催化作用下缩合成柠檬酸，再在辅酶 NAD、脱羧酶和氨的作用下生成谷氨酸。

淀粉经糖化以后，加入酵母使之发酵生成丙酮酸：

$$0.5C_6H_{12}O_6 + H_3PO_4 \xrightarrow[\text{ADP}\longrightarrow\text{ATP}]{\text{NAD}\longrightarrow\text{NADH}_2} CH_3COCOOH \tag{6-23}$$

一部分丙酮酸在丙酮酸脱羧酶的作用下生成乙醛：

$$CH_3COCOOH \xrightarrow{\text{丙酮酸脱羧酶}} CH_3CHO + CO_2 \tag{6-24}$$

另一部分丙酮酸将 CO_2 固定生成草酰乙酸：

$$\text{丙酮酸} + H_2O + CO_2 + ATP \rightleftharpoons \text{草酰乙酸} + AMP + Pi + PPi \tag{6-25}$$

总反应方程式为：

$$\underset{\text{葡萄糖}}{C_6H_{12}O_6} + NH_3 + 1.5O_2 \longrightarrow \underset{\text{谷氨酸}}{C_5H_9O_4N} + CO_2 + 3H_2O \tag{6-26}$$

生产谷氨酸的菌种主要是棒杆菌属、短杆菌属、微杆菌属及节杆菌属的细菌。谷氨酸在细胞体内合成，然后通过细胞膜扩散到培养基中积累。

谷氨酸以及其他许多氨基酸的发酵收率受环境条件影响大，环境可以改变代谢途径得到不同产物，见表 6-3。

③ 谷氨酸的提取。目前，应用最多的谷氨酸提取方法是等电点与离子交换相结合的方法。谷氨酸和其他氨基酸都是两性化合物，都有等电点。谷氨酸的等电点为 pH=3.2。在等电点时，氨基与羧基附近的正、负静电荷等于零，此时氨基酸在水中的溶解度最小。另外，降低温度也可降低氨基酸的溶解度。为了获得颗粒较大、纯度较高的谷氨酸，必须防止溶液过度饱和。具体措施是在缓慢搅拌的条件下缓慢地降低 pH 值和温度，当 pH 值降到 4.2～4.8，温度降低到 24～26 ℃时，谷氨酸已处于轻度过饱和，手触和目视可发现晶核出现。这时停止加酸和降温并投加纯度高的晶种继续搅拌 2 h，让晶核长大成晶体，然后继续缓慢地加酸和降温使晶体长大。当 pH 值达到 3.2，温度降到 3 ℃左右，继续搅拌 8 h，然后静置 5 h，使晶体完成长大过程。最后用伞式高速离心机（立式转鼓，鼓内设多层倒锥形分离板）进行固、液分离。谷氨酸晶体回收率可达到 78%～80%。分离出晶体的母液含谷氨酸的质量分数约为 1.8%，可用离子交换法进一步回收。将母液与前流液混合，并加酸使

pH 值降至 1.5，当经过阳离子交换柱时，其中的谷氨酸即被树脂截获，其他则作为废水排出。当树脂吸饱谷氨酸后，改用 pH 值为 9.5 的洗脱液使谷氨酸洗脱，先洗出的液体 pH 值较低，后洗出的较高。按其 pH 值可分成三段：第一段 pH 值为 1.5～2.2，即为前流液，可与离心机分离出的母液混合，再重新进行离子交换；第二段 pH 值为 2.2～5.2，含谷氨酸浓度较高，称作高流液，可返回与发酵液混合配成等电点溶液，冷却和离心以获得谷氨酸；第三段称作后流液，pH 值为 6.0～8.8，可加氨配成 pH 值为 9.5 的洗脱液，用于离子交换柱的洗脱。谷氨酸提取流程如图 6-4 所示。

表 6-3 环境因素对谷氨酸发酵产物的影响

环境因素(少⇌多)	产物产量(少⇌多)
氧	乳酸或琥珀酸⇌谷氨酸
NH_4^+	α-酮戊二酸⇌谷氨酸⇌谷氨酰胺
生物素	谷氨酸⇌乳酸或琥珀酸
H^+	谷氨酰胺⇌谷氨酸
磷酸	谷氨酸⇌缬氨酸

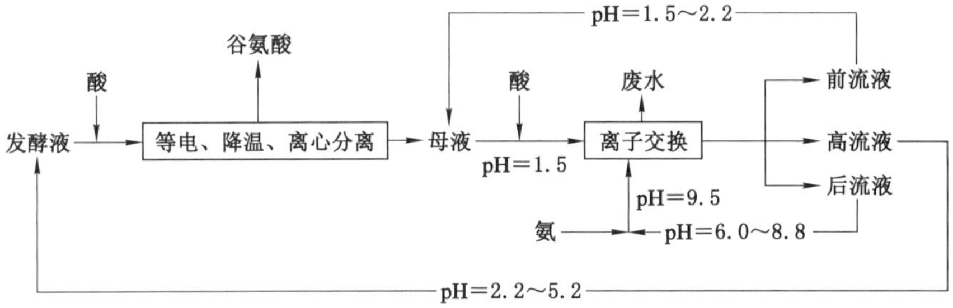

图 6-4 谷氨酸提取流程

④ 味精制造。味精是谷氨酸的单钠盐，带有一个分子的结晶水，化学名称叫 α-氨基戊二酸一钠，其生产过程如图 6-5 所示。整个生产过程包括许多操作步骤其目的主要是中和、除杂和分离。

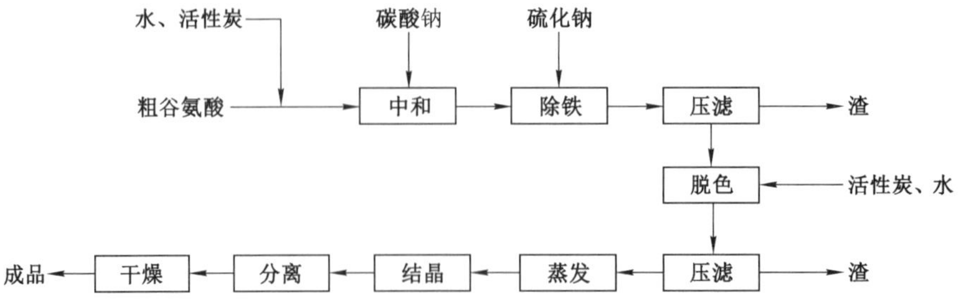

图 6-5 味精的生产过程

第四节　膜催化剂

膜技术作为当代最有发展前景的高新技术之一，对21世纪许多相关行业的科技进步与发展将产生很大的推动作用，是世界各国科技工作者研究的热点。

膜按化学组成可分为无机膜和有机高分子膜；按结构可分为对称膜（单层膜）和不对称膜（多层复合膜）；按用途可分为分离膜和膜反应器。因此，膜技术通常包括膜分离技术和膜催化技术。

膜分离技术具有成本低、能耗少、效率高、无污染并可回收有用物质等特点。膜催化反应可以"超平衡"地进行，提高反应的选择性和原材料的转化率，节省资源，减少污染。因此，膜技术主要应用于绿色电子、轻工、食品、医药、生物工程、环境保护等行业中，成为一个迅速崛起的新兴技术。

一、膜催化技术

膜催化技术是近10年来在多相催化领域中出现的一种新技术。该技术是将催化材料制成膜反应器或将催化剂置于膜反应器中操作，反应物可选择性地穿透膜并发生反应，产物可选择性地穿过膜而离开反应区域，从而有效地调节某一反应物或产物在反应器中的区域浓度，打破化学反应在热力学上的平衡状态，实现反应的高选择性并提高原材料的转化率。

根据膜的作用和功能，膜反应器可分为两种类型：一种是分离膜和催化剂分占不同位置，催化剂位于反应区内，邻近膜，膜起选择性分离作用；另一种是分离膜同时作为催化剂，反应区在膜内，反应和分离同步进行。表6-4列出了组成膜反应器的膜材料的种类和典型实例。

膜催化技术在化学工业中具有重要的作用，表6-5列出了一些实例，其中甲烷氧化偶联制烯烃、甲烷直接氧化制甲醇、甲醛及其下游精细化学品，其实用价值和经济意义更大。就我国来说，天然气资源的储量更为丰富，合理利用天然气资源作为未来能源和化工原料更有深远的意义。

表6-4　膜反应器的种类和主要膜材料

种类		代表性的实例
无机膜	金属膜或合金膜	Pd膜、Pd-Ag膜、Ni-Rh合金膜
	多孔陶瓷膜	Al_2O_3膜、SiO_2-Al_2O_3膜、ZrO_2膜
	多孔玻璃膜	SiO_2膜、多孔Vycor玻璃膜
有机膜	高分子膜	聚酰亚胺、聚四氟乙烯、聚砜、聚苯乙烯、硅氧烷聚合物、等离子体处理聚合膜
	生物膜	酶膜反应器
	复合膜	Pd-多孔陶瓷膜、Pd-分子筛膜、多孔玻璃复合膜

表 6-5 膜催化技术在化学工业中的应用

反应类型	应　　用
催化加氢	不饱和烯烃加氢
	环多烯烃加氢
	芳烃加氢
	C_2,C_3 选择性加氢
	精细化工合成中的加氢
催化脱氢	C_2～C_3 低级烯烃脱氢制烯烃
	长链烷烃(如庚烷)脱氢环化制芳烃
	丙烷脱氢环化二聚制芳烃
烃类催化氧化	C_1 中的甲烷氧化偶联制烯烃
	甲烷直接氧化制甲醛
	甲醇氧化制甲醛
	乙醇氧化制乙醛
	丙烯氧化制丙烯醛
	C_2,C_3 环烯烃氧化环状氧化物

此外,NO_x 的还原反应在膜反应器中进行,其转化率可达 100%,这对于汽车尾气 NO_x 的处理及保护大气环境意义重大。

二、膜反应器

对烃类选择氧化而言,所用的催化膜通常由具有氧离子/电子导体性能和催化活性的金属氧化物材料制得。其反应机制如图 6-6 所示,烃分子与催化膜左侧的晶格氧反应生成氧化产物,氧分子在催化膜的右侧离解吸附,获得电子转化为氧离子,催化膜作为氧离子/电子导体,可把氧离子从膜的右侧输送到左侧,同时把电子从左侧输送到右侧,实现还原-氧化循环。这种膜反应器虽然可显著提高氧化反应的选择性,但由于氧离子的传输速率较慢,限制了膜反应器的反应速率,其反速率通常比共进料反应器慢 1～2 个数量级。此外,这种膜反应器的放大,目前在制造技术上还存在很多难题有待解决。

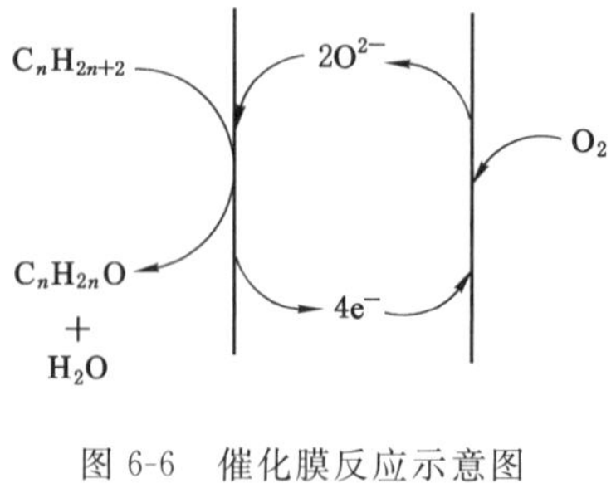

图 6-6 催化膜反应示意图

三、循环流化床提升管反应器

循环流化床(circulating fluid bed,CFB)提升管反应器(如图 6-7 所示)是一种很有前景的装置。该工艺在无气相氧存在下用催化剂晶格氧作为供氧体,按 Redox 模式,使还原-再氧化循环分别在反应器和再生器中完成;也就是说,在提升管反应器中烃分子与催化剂的晶格氧反应生成氧化产物,失去晶格氧的催化剂被输送到再生器中用空气氧化到初始高价态,然后送到反应器与烃原料反应。循环流化床提升管反应器烃类晶格氧选择氧化工艺不仅可避免原料和产物与气相氧的直接接触,还可消除沸腾床中容易发生的返混现象,使目的产物的收率和选择性得以显著提高。

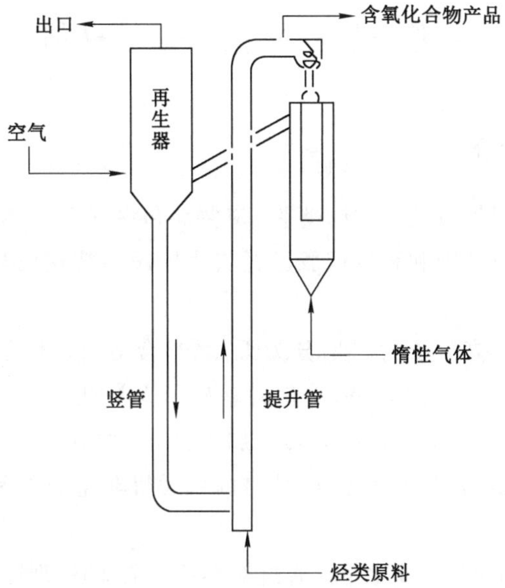

图 6-7　烃类氧化的循环流化床提升管反应器示意图

该工艺的优点有:① 可使催化剂的还原和再氧化分开进行,以便于选择各自的最佳操作条件;② 因无气相氧分子存在,而且在提升管反应器中排除了返混现象,可大幅度提高选择氧化反应的单程收率、选择性和时空产率;③ 烃类的进料浓度不受爆炸极限的限制,可提高反应产物的浓度,使反应产物容易分离回收;④ 可用空气代替纯氧作氧化剂,省去制氧的投资和操作费用。以上优点是属于比较理想的情况,实际上烃类晶格氧选择氧化工艺还存在许多问题。

参 考 文 献

[1] 房忠雪.绿色催化有机合成[M].北京:化学工业出版社,2022.
[2] 夏春谷,李臻.功能化离子液体[M].北京:化学工业出版社,2018.

第七章 绿色化学品

第一节 绿色高分子材料

一、高分子材料简介

高分子材料包括塑料、橡胶、纤维、薄膜、胶黏剂和涂料等。其中,被称为现代高分子三大合成材料的塑料、合成纤维和合成橡胶已经成为国民经济建设与人们日常生活必不可少的重要材料。

通常,根据来源可将高分子材料划分为天然、半合成(改性天然高分子材料)和合成高分子材料。天然高分子是生命起源和进化的基础。人类社会一开始就利用天然高分子材料作为生活资料和生产资料,并掌握了其中加工技术,如利用蚕丝、棉、毛织成织物,用木材、棉麻造纸等。现在高分子材料已与金属材料、无机非金属材料一样,成为科学技术、经济建设中的重要材料。

高分子材料的结构决定了其性能,通过对结构的控制和改性,可获得不同特性的高分子材料。高分子材料独特的结构和易改性、易加工等特点,使其具有其他材料不可比拟、不可取代的优异性能,从而广泛用于科学技术、国防建设和国民经济等领域,并已成为现代社会生活中衣食住行各个方面不可缺少的材料。按照特性可将高分子材料分为橡胶、纤维、塑料、高分子胶黏剂、高分子材料和高分子基复合材料。

二、绿色高分子材料的提出

1. 传统高分子材料的缺陷

高分子材料在合成、加工、使用和后处理中,都存在这样或那样的缺陷,造成资源和能源的大量消耗,并对环境产生污染。

在高分子的合成过程中,会使用大量的溶剂、催化剂等物质,它们可能会残留在产品中。同时,在合成反应中有时会生成有毒的副产物,如果不把这些有害物质去除干净,就会给产品的使用者带来危害。另外对高分子合成来说,一般需要特定的工艺条件,例如高压、加热、冷却等,这样就需消耗大量的水和能源。高分子材料传统的加工方法主要是热加工、机械加工和化学加工。热加工的设备大部分是电热式的,热效低、能耗大,导致能源浪费,有些高分子材料受热很容易发生降解及氧降解行为。例如,聚氯乙烯产生有害气体,一方面对环境产生危害,另一方面也严重损害了加工机械设备。对于化工产品在使用过程中是否会给环境和人类带来危害,有些产品是可以通过实验方法在比较短的时间内得到答案的,但有些产品却很难迅速、及时作出正确的回答。例如,氟利昂(氟氯烷)在使用多年以后才发现它严重破坏大气层中的臭氧;硅橡胶在生物医用领域已经使用多年,但其安全性至今仍受到怀疑。与任何工业制品一样,大规模生产的高分子材料制品在生产和使用中也必然出现大量的废弃物。“白色污染”已经严重污染环境、土壤,成为世界各国的主要污染源,而且值得关注的是,它们的产量逐年递增。

2. 绿色高分子材料

为解决环境污染和资源危机,我们必须走绿色高分子材料的道路。绿色高分子材料是环境友好型材料,它充分合理地利用资源和能源,并把整个预防污染环境的战略持续地应用于生产全过程和产品生命周期全过程,以减少对人类和环境的危害。

绿色高分子材料的含义包括两方面的内容,即绿色高分子和绿色化学。绿色高分子材料主要是指可降解高分子和环境稳定高分子的循环使用;绿色化学是指所有高分子与相应单体的合成方法,都必须对环境无害。

3. 可降解高分子材料

可降解高分子材料包括光降解高分子材料、生物降解高分子材料和光-生物降解高分子材料三大类。光降解高分子材料是利用高分子材料在太阳光作用下,分子链可发生断裂而降解的机理设计的;生物降解高分子材料则是能在细菌、酶和其他微生物的作用下使分子链断裂的高分子材料;光-生物降解高分子材料是结合光和生物的降解作用,以达到高分子材料的完全降解。

(1) 光降解高分子。光降解高分子之所以能降解是因为聚合物材料中含有光敏基团,可吸收紫外线发生光化学反应,在太阳光的照射下引发光化学反应,高分子化合物的链断裂和分解,使大分子变成小分子。普通聚合物中一般不含有光敏基团,通过添加少量的光敏剂,用常规合成方法就可以得到光降解材料。光降解塑料的制备方法有两种:一是在塑料中添加光敏化合物;二是将含羰基的光敏单体与普通聚合物单体共聚,如以乙烯基甲基酮作为光敏单体与烯烃类单体共聚,成为能迅速光降解的聚乙烯、聚丙烯、聚酰胺等聚合物。常用的光降解促进剂有芳基酮类、二苯甲酮及其衍生物、氮的卤化物、有机二硫化合物以及过渡金属盐或配合物等。

(2) 生物降解高分子。生物降解高分子来源有三个方面:合成高分子、天然高分子和微生物合成高分子。在化学合成材料中,已经开发的商业化的绿色塑料主要有聚羟基酸类、聚环内酯类和聚碳酸酯类等。如聚 ε-己内酯(PCL),力学性能与聚烯烃相似,与多种聚合物相容性较好,能够完全地生物降解。PCL 现在还被用于医学领域,比如外科用手术缝合线和控制药物释放的载体。天然高分子大多数是可生物降解的,但它们的热学及力学性能差,不能满足工程材料的性能要求。目前,主要将天然高分子添加到合成高分子基体中,起到降解改性的目的。这类天然可降解高分子有淀粉、纤维素、木质素等。如改性淀粉与聚烯烃共混,制成可降解薄膜,在土壤中微生物的侵蚀下发生生物降解,薄膜被分解成小碎片。淀粉在20世纪70年代作为填料加入普通聚合物中,但淀粉与聚合物共混得到的高分子材料,只有其中的淀粉可降解,而不能使复合物完全降解。微生物合成可降解高分子是指以碳水化合物为原料,通过生物发酵方法制得的可降解高分子。这是一类极具研究和开发价值的材料,典型代表是聚3-羟基链烷基酸酯(PHA)。生物降解高分子在医学领域的应用研究特别活跃,在临床主要用作手术缝合线、人造皮肤、骨固定材料、药物控制释放体系等。

(3) 光-生物降解高分子。光-生物降解高分子是结合光和生物的降解作用,以达到高分子材料的完全降解,这将是未来可降解高分子研究的重要方向之一。在生物降解高分子中添加光敏剂可以使高分子同时具有光降解和生物降解的特性。光降解塑料只有在较直接的强光下才能发生降解,当埋入地下或得不到直接光照时,不能进行光降解。而生物降解塑料的降解速率和降解程度与周围环境直接相关,如温度、湿度、微生物种类、微生物数量、土壤肥力和土壤酸碱性等,实际上生物降解的程度也不完全。为了提高可降解塑料制品的实际降解程度,将光降解和生物降解结合起来,制备出光和微生物双降解塑料。目前研究和开发较多的光-生物降解高分子是聚乳酸(PLA),它由乳酸分子经羟基和羧基在适当条件下脱水缩合而成。由于聚乳酸机械强度高,常用作医用材料,它不仅符合医用要求,而且能被人体逐步分解吸收,有助于损伤肌体的康复。

第二节 绿色农药

绿色农药又称环境无公害农药或环境友好农药,是指具有高效防治病菌、杀灭害虫或除去杂草的能力,而对人畜、害虫天敌以及农作物自身安全,在环境中易分解,在农产品中低残留或无残留的农药。绿色农药的发展基于绿色化学的进步,按类别其可分为生物农药与化学合成类绿色农药。

一、生物农药

生物农药是指利用生物活体或代谢产物对有害生物进行防治的一类制剂。按其来源,生物农药可分为微生物源、植物源、动物源、转基因作物和基因工程农药等。

1. 微生物农药

微生物农药是利用微生物(如细菌、真菌、病毒和线虫等)或其代谢产物来防治农业有害生物的生物制剂。微生物农药的所有种类中,最常使用的真菌杀虫剂为绿僵菌和白僵菌,它们可防治200余种害虫。真菌杀虫剂的作用机理为触杀式,其具有许多微生物杀虫剂欠缺的广谱杀虫效果。因此,真菌杀虫剂的应用最广泛。病毒制剂中研究较多、应用较广的是颗粒体病毒、核型多角体病毒和质型多角体病毒。

2. 植物源农药

植物源农药是利用具有杀虫、杀菌、除草及植物生长调节等活性的植物中的某些部分,或提取其有效成分加工而成的药剂。主要包括植物源杀虫剂、植物源杀菌剂、植物源除草剂及植物光活化霉菌等。当前开发使用的植物源农药具有低毒性、不破坏环境、少残留、选择性强、不杀伤天敌、持续时间长、用量少及成本低等优点。

3. 动物源农药

动物源农药是指动物体的代谢物或其体内所含的具有特殊功能的生物活性物质，例如昆虫所产生的各种内、外激素等。其通过调节昆虫的各种生理过程，以达到除虫的目的。动物源杀虫剂主要包括动物毒素、昆虫内激素、昆虫信息素以及天敌动物等。

① 动物毒素

动物毒素主要是由节肢动物产生的用以保卫自身、抵御敌人的天然产物，比如斑蝥素、蜂毒、蜘蛛毒素、蝎毒等。

② 昆虫内激素

昆虫内激素是昆虫体内的内分泌器官或细胞分泌的，在体内起到调控作用的一类激素。正常情况下，激素分泌量正常才能维持昆虫的正常生长与发育，缺少任意内激素都会影响昆虫正常的变态发育过程。较典型的昆虫内激素，比如蜕皮激素和羽化激素，在昆虫蜕皮及羽化过程中起到关键的作用。

③ 昆虫信息素

昆虫信息素又称为昆虫外激素，是昆虫产生的作为种内或种间个体间传递信息的微量活性物质，具有高度专一性，可引起其他个体的某种行为反应，具有引诱、刺激、抑制、控制昆虫摄食或集合、报警、交配产卵等功能。利用昆虫信息素防治害虫的方法可分为大量诱捕法、交配干扰法及与其他生物农药组合使用的技术。

二、绿色化学农药

化学农药是由人工研制合成、由化学工业生产的农药，其分子结构复杂，品种繁多，生产量大，应用范围广，是现在所施用农药的主体部分。按化学组成分类，化学农药可分为有机氯、有机磷、有机汞、有机砷、氨基甲酸酯类等。由于化学农药见效快，易大规模生产，低能耗的特点，使其在将来相当长一段时间仍将作为农药施用的主体部分。但化学农药往往具有高毒性、高残留、环境污染严重的缺点，因此绿色化学农药的研发是农药发展的重点。绿色化学农药应有如下特点：仅对特定有害生物起作用的高选择性，药剂施用量少而见效快的超高效性，无毒或低毒且能迅速降解的无公害性。

第三节　绿色表面活性剂

表面活性剂由于其两亲分子的结构特征，极易富集于界面，改变界面性质，对界面过程产生影响，因而是许多工业部门必要的化学助剂。表面活性剂用量小，收效大，往往能起到意想不到的效果。但其在生产和使用过程中对人体及环境生态系统会造成严重危害。如在洗涤剂中加入一定量的表面活性剂虽然可以增强洗涤剂的溶解性和洗涤性，但由于这些表面活性剂具有一定的毒性，会对皮肤产生明显的刺激作用，而且大量使用表面活性剂还会对生态系统产生潜在的危害。例如，烷基苯磺酸钠（ABS）的生物降解性差，在洗涤剂中大量使用所产生的泡沫造成了城市下水道及河流泡沫泛滥；含有磷酸盐的表面活性剂在使用时使河流湖泊水质产生“富营养化”,对环境造成了巨大的危害。因此,开发对人体尽可能无毒无害的表面活性剂势在必行。

绿色表面活性剂是由天然再生资源研究开发而成的温和、安全、高效、生物降解性好、表面性能优异、成本低、环境友好的表面活性剂,它能改善产品的质量,保护环境,甚至起到“绿色使者”的作用。同传统表面活性剂一样,绿色表面活性剂具有亲水基和憎水基。与传统表面活性剂相比,绿色表面活性剂具有高效强力去污性、优良的配伍性及良好的环境相容性,并表现出良好的乳化性、洗涤性、增溶性、润湿性、溶解性和稳定性等。此外,每一种绿色表面活性剂都具有其特有的性能,如 α-磺基脂肪酸酯盐(MEC)在低浓度下就具有表面活性、耐硬水性,单烷基磷酸酯具有优良的起泡乳化性、抗静电性能以及特有的皮肤亲和性。常见的绿色表面活性剂有下面几种。

一、醇醚羧酸盐及酰胺醚羧酸盐

烷基醚羧酸盐是国外 20 世纪 80 年代大力研究开发的性能优良的阴离子表面活性剂,是世界上公认的绿色表面活性剂新品种。其衍生物如脂肪醇聚氧乙烯醚羧酸盐成为新开发的一类多功能绿色表面活性剂。烷基醚羧酸盐包括醇醚羧酸盐(AEC)、烷基酚醚羧酸盐(APEC)和酰胺醚羧酸盐(AAEC),它们的生产方法类似,但性能和应用方面又不尽相同,可根据具体需要而有所选择。

AEC 因原料较丰富,各项性能指标良好,在三种产品中具有最广泛的应用。AEC 的性能可归结为以下几点:对皮肤和眼睛温和,环氧乙烷加合数愈高,产品的刺激性愈小;杂质含量低,使用安全,与其他表面活性剂配伍性好;清洗性能和泡沫性能良好,几乎不受 pH 值和温度的影响;对酸、碱、氯稳定,抗硬水性好,钙皂分散能力强;优良的乳化、分散、润湿及增溶性能,低温溶解性好;具有优良的油溶性能,易生物降解。

二、烷基多苷及葡萄糖酰胺

烷基多聚糖苷(APG)是 20 世纪 90 年代以来国际上致力开发的新型非离子表面活性剂。APG 是以再生资源淀粉的衍生物葡萄糖和天然脂肪醇为原料,由半缩醛羟基与醇羟基在酸等的催化下脱去一分子水生成的产物。其生物降解迅速彻底,无毒无刺激,有优良的表面活性,性能温和,对环境无害。APG 除了特别适用于与人体接触相关的餐洗、香波、护肤等日化用品外,还可用于工业清洗剂、纺织助剂以及塑料、建材、造纸、石油等行业的助剂。意大利的 Cesal-Pinia Chemical 公司开发了三种 APG 衍生物,它们是 APG 的柠檬酸酯、APG 的碳酸酯和 APG 的磺基琥珀酸酯钠盐。APG 具有优良的表面活性和毒理性能,是真正能称得上“世界级”表面活性剂的品种,故引起国内外的普遍重视,应用领域迅速扩展,生产量迅速增长。从生态学和资源角度考虑,APG 是一种天然绿色表面活性剂。同时,丰富的淀粉资源,天然和合成高碳醇产量的逐年上升,也为 APG 的生产提供了丰富的原料。随着表面活性剂朝着温和、天然、绿色的方向发展,烷基糖苷必将得到广泛的应用和发展,市场前景非常乐观。

烷基葡萄糖酰胺(AGA)作为一种新型绿色表面活性剂已经成为行业内研究的热点,以淀粉或葡萄糖为起始原料衍生的淀粉基温和表面活性剂就是其中的一类。烷基葡萄糖酰胺是一种新型非离子表面活性剂，具有对皮肤表面作用温和、生物降解快且安全、无毒无刺激、能与各种表面活性剂复配及优良的协同增效作用等特点。由于其性能在某些方面超过APG，发展势头好，出现了 *N*-十二酰基-*N*-甲基-葡萄糖酰胺（NMGA）、*N*-十二酰基胺乙基葡萄糖酰胺、*N*-丁基月桂葡萄糖酰胺等新型多功能表面活性剂。

三、单烷基磷酸酯及单烷基醚磷酸酯

通常的单烷基磷酸酯（MAP）表面活性剂包括单烷基磷酸酯和单烷基醚磷酸酯。单烷基磷酸酯及其盐最突出的应用是在两个行业，即个人护理品和合成油剂。MAP 的钠盐、钾盐和三乙醇胺盐因其丰富的发泡性、良好的乳化性、适度的洗净力、无毒无刺激性以及特有的皮肤亲和性而能满足毛发洗净剂的要求，是众多个人护理产品的理想原料，如洗面奶、沐浴露、卸妆品和其他温和清洁用品。一般油剂具备三种作用，即平滑性、抗静电性和乳化性。单一成分满足这些特性要求是困难的，因此，通常是由几种成分复配。磷酸酯具有优良的平滑性、抗静电性、耐热性等，因此与高级醇硫酸酯一样是合成油剂的基本成分。需要指出的是磷酸酯中单酯和双酯比例不同，对油剂的性能会产生不同效果，要由配方来定。此外，磷酸原料易得，污染小，是一条既经济又有社会效益的路线，故广泛应用于纺织、皮革、塑料、造纸及化妆品等工业领域。

四、生物表面活性剂

生物表面活性剂是微生物在一定条件下培养时，在其代谢过程中分泌出具有一定表面活性的代谢产物，如糖脂、多糖脂、脂肽或中性类脂衍生物等。目前，常见的生物表面活性剂有纤维二脂、鼠李糖脂、槐糖脂、海藻糖二脂、海藻糖四脂及表面活性蛋白等。同一般化学合成的表面活性剂一样，生物表面活性剂具有显著降低表面张力、稳定乳状液、较低的临界胶束浓度等特点。此外，它还具有以下优点，包括可生物降解，对环境不造成污染；无毒或低毒；不致敏，可消化，可用作化妆品、食品和功能食品的添加剂；可以用工业废物生产，利于环境治理；在极端温度、pH 值、盐浓度下具有很好的选择性和专一性；结构多样，可以用于特殊领域。

五、脂肪酸甲酯磺酸盐

脂肪酸甲酯磺酸盐（MES）采用天然椰子油、棕榈油等油脂原料经磺化、中和后得到，是一种性能良好的阴离子表面活性剂。因其具有优良的去污性、钙皂分散能力、乳化性、增溶性、低刺激性和低毒性、抗硬水性以及优越的洗涤性能，原料来源于天然动植物油脂，制取方便，生物降解性好，受到人们的重视，甚至被称为第三代洗涤活性剂，属于绿色、环保型表面活性剂，被视为烷基苯磺酸钠的替代品，广泛应用于复合皂、牙膏、洗衣粉、香波、丝毛清洗、印染、皮革脱脂、矿物浮选等领域以及作为农业产品的润湿和分散剂。

第四节 绿色涂料

传统的涂料在干燥成膜时向空气中散发的挥发性有机化合物 VOCs 会对大气环境和人体健康构成严重威胁，绿色涂料的发展方向就是要寻求 VOCs 排放不断降低直至为零，且涂料的使用范围尽可能宽、设备投资适当、实用性能优越等。当前，绿色涂料发展的方向主要是涂料水性化、无溶剂化和高固体分化。

一、水性涂料

水性涂料是以水为分散剂，可有效避免涂料中溶剂带来的污染，具有无毒、无臭、不燃、易实现自动化涂装等优点。涂料树脂的水性化有三个途径：一是在分子链上引入阳离子或阴离子，使其具有水溶性或增溶分散性；二是在分子链中引入强亲水基团，如羧基、羟基、氨基、酰胺基等，通过自乳化分散于水中；三是外加乳化剂乳液聚合或树脂强制乳化形成水分散乳液。根据树脂分子量及水性化途径可将水性涂料分为水溶性、水分散性和水乳化三类。

水性涂料中以水分散性涂料品种最多，由于其储存稳定性好、性能较优、使用方便而被广泛开发使用。水分散性涂料通过将高分子树脂分散在有机溶剂/水混合溶剂中而形成，其关键是在高分子化合物上引入亲水基团以获得水溶性树脂。现主要采用成盐法来实现，通过反应将聚合物主链变成阳离子或阴离子，如带氨基的聚合物与羧酸类中和成盐。水分散性涂料仍然会含部分有机溶剂(作助溶剂)，但量较少，VOC 值低。如汽车阴极电泳涂料的 VOC 含量低于 2%。

作为涂料，水性涂料还存在一些不足之处，如稳定性差，有的耐水性差；水的高汽化焓使成膜所需能量高，烘烤型能耗高，自干型干燥慢；表面污物易使涂膜产生缩孔等。但水性涂料可显著降低涂料中的 VOC 含量，且在很多场合其性能能够达到要求，因而是涂料发展的趋势。

二、无溶剂涂料

由于不含溶剂，环境污染问题可得到较彻底的解决，因此无溶剂涂料受到了极大的重视，发展十分迅速。无溶剂涂料包括粉末涂料和光固化涂料。

(1) 粉末涂料是由树脂、颜料、填料及添加剂组成的，不包含有机溶剂，固体分含量为 100%。粉末涂料的 VOC 接近于零，比传统溶剂的综合效能高，节能降耗，涂层耐候、耐久和耐化学性能优越，这些优点使其品种和产量在不断提高和扩大，产量仅次于水性涂料，约占涂料总量的 20%。此外，涂装后还可回收过喷粉末，减少浪费，提高涂料利用率。目前，粉末涂料在低温固化、涂膜薄层化及复合化三个方面取得了一定的进展。低温固化粉末涂料的固化温度在 150 ℃，较一般粉末涂料固化温度低近 30 ℃，使得其生产效率得到了提高，扩大了使用范围。涂膜的厚度是决定其外观的重要因素之一，粉末涂料中涂膜厚度较难控制，一次喷涂的膜层较厚，薄膜化和表面平滑困难，这限制了粉末涂料的应用范围。美国

PPG 公司开发的 Enviracryl 涂料，为宝马轿车涂装，取得了很好的效果，现已在欧美上市。复合粉末涂料是由特殊的热固性环氧树脂涂料与特殊的丙烯酸树脂粉末涂料混合而成，这种粉末涂料作为无溶剂涂料的代表，与水性涂料一样，受到涂料涂装产业界的重视，正朝着低温固化、合成原子和分子构件、功能化、专用化、美术化、研究开发新型固化剂几个方向发展。

(2) 光固化粉末涂料是一项将传统粉末涂料和光固化技术相结合的新技术，它是利用对波长为 300～450 nm 的紫外线敏感的光敏剂产生自由基引发聚合，最终固化成膜。光固化粉末涂料由光固化树脂、光引发剂和各种添加剂组成，其中光固化树脂和光引发剂的选择尤为重要。光固化树脂是光固化粉末涂料的主要成膜物质，是决定涂料性质和涂膜性能的主要成分，按其固化机理可以分为自由基型和阳离子型两种。自由基型光固化树脂是具有C═C不饱和双键的树脂，如丙烯酰氧基、甲基丙烯酰氧基、乙烯基、烯丙基等，阳离子型光固化树脂是具有乙烯基醚或环氧基团的树脂。

光引发剂是对光固化速率起决定性作用的关键成分，因产生的活性中间体不同，可分为自由基型光引发剂和阳离子型光引发剂两类。自由基型光引发剂有分裂型和夺氢型，前者受光激发后分子内分解自由基，是单分子光引发剂，如安息香醚类；后者需要与一种含活泼氢的化合物配合，通过夺氢反应形成自由基，是双分子光引发剂，如二苯甲酮类。阳离子光引发剂都是鎓盐，在光照下分解成离子基和自由基，可引发阳离子聚合和自由基聚合。添加剂主要包括颜料、填料和各种助剂。颜料具有提供颜色、遮盖底材、改善涂层的性能、改进涂料的强度等功能。填料主要是为了降低涂料的成本，改善涂料的流变性能。在紫外线固化粉末涂料配方中，助剂也是重要的组成部分，对涂膜的外观有很大的影响，常用的助剂有流平剂、消泡剂、消光剂、粉末松散剂和固化促进剂等。

三、高固体分涂料

在施工黏度下，固体分高达 80%(质量分数)的溶剂型涂料统称为高固体分涂料，有醇酸、聚酯、环氧、聚氨酯和丙烯酸等。高固体分涂料一般涂膜厚，施工效率高，具有良好的装饰性和环境性。高固体分涂料近年来发展很快，其增长速度超过了 5%。在美国汽车涂料中有 90%是高固体分涂料。

第五节　绿色染料

一、天然染料

天然染料也叫天然色素。天然染料一般来源于植物、动物和矿物质，以植物染料为主。植物染料是从植物的根、茎叶及果实中提取出来的，如靛蓝、茜草、紫草、红花、桑、茶等。动物染料种类较少，主要取自贝壳类动物胭脂虫体内，如脂虫红等。矿物染料是从矿物质中提取的有色无机物质，如铬黄、群青、锰棕等。近年来，人们发现细菌、真菌、霉菌等微生物产生的色素也可作为天然染料。

天然染料的制备不会造成污染。天然染料主要为植物染料，其色素分别存在于花、果皮、茎、叶和根中。大部分植物色素是可溶于水的，故植物染料一般直接用水萃取。将植物含色素的部分粉碎后，在水中浸泡一定时间，再加热煮沸 20～30 min，所得的溶液即为染液。这一加工过程，基本上是绿色加工，不会造成环境污染。

但是天然染料无法标准化，如天然植物染料缺乏像合成染料那样的规范化标准，产品没有同一性，无法按质量标准付诸生产。

除少数几种外，天然染料还普遍存在染色牢度差的问题。尽管媒染和某些后处理可提高其染色牢度，但因为天然染料发色基因固有的不稳定性，导致其耐洗和耐光牢度低，如用天然染料所染的黄色，日晒牢度仅为 3～4 级。此外，天然染料给色量低，染色时间长，也制约了其发展。

我国是一个地大物博、植物资源丰富的国家，天然染料色素的生产带来的社会效益和经济效益十分可观，对改善生态环境更具有深远的意义。因此，如能克服天然染料在印染技术上应用的缺点，对开发绿色纺织品意义重大。

二、新型环保染料

目前环保型染料的判别原则有下列 10 条：① 不含德国政府和欧盟及 Eco-Tex Standard 100 明文规定的在特定条件下会裂解释放出 22 种致癌芳香胺的偶氮染料，无论这些致癌芳香胺游离于染料中或是由染料裂解所产生；② 不是过敏性染料；③ 不是致癌性染料；④ 不是急性毒性染料；⑤ 可萃取重金属的含量在限制值以下；⑥ 不含“环境激素”；⑦ 不含会产生环境污染的化学物质；⑧ 不含变异性化合物和持久性有机污染物；⑨ 甲醛含量在规定的限值以下；⑩ 不含被限制农药的品种且总量在规定的限值以下。

从严格意义上讲，真正的环保型染料除满足上述要求外，还应该在生产过程中对环境友好，不产生“三废”，即使产生少量的“三废”也应当可以通过常规的方法处理而达到国家和地方的环保和生态要求。

1. 环保活性染料

活性染料是我国棉织物和含棉织物的主要染料，但个别活性染料属于禁用染料，如活性黄 K-R、活性黄 KE-4RN、活性黄棕 K-GR、活性蓝 KD-7G、活性艳红 H-10B 等。新型环保活性染料主要集中于 4 种类型：固着率活性染料；低盐染色用新型活性染料；不含金属和不含可吸附有机卤化物的活性染料；可用来取代联苯胺结构的黑色直接染料和黑色硫化染料的新型深黑色活性染料。

近几年，双活性基活性染料在中深色染色技术中应用较为广泛。环保型双活性基活性染料得到了重点开发，如我国上海染化八厂 ME 型活性染料、美国亨斯迈 Cibacron FN 型活性染料、日本住友化学株式会社 Samifix Supre 型活性染料。新型环保染料需要相应的应用技术，应针对性地进行新工艺、新技术开发。对部分环保双活性基活性染料的连续轧染焙固法、气固法和轧蒸法工艺试验表明，环保染料同样具有工艺适应性，应有针对性地选用。

2. 环保酸性染料

酸性染料主要用于羊毛、丝绸和尼龙的印染，也可用于皮革、纸张及墨水。禁用酸性染料品种数仅次于直接染料，占20%左右。新开发的绿色酸性染料不仅要不会被还原分解出致癌芳胺，而且不能含重金属，有较好的日晒和水洗牢度。由于禁用酸性染料中红色色谱高达65%，因此禁用酸性染料的代用以红色为主。

第六节　绿色清洗剂

在工业生产和加工的各个领域都需要清洗工序，目的是除去油脂、有机残留物和颜料污垢及覆盖层和氧化物质，在食品工业领域和工厂卫生中还包括消毒杀菌作用。化学清洗是用化学方法去除物体表面积垢而使其恢复原表面状态的过程。化学清洗剂是由清洗主剂、缓蚀剂及助剂组成的。

化学清洗技术正在向"绿色"环保方向发展，主要体现在以下方面：具有生物降解能力和酶催化作用的环保型化学清洗剂取代难分解的污染性清洗剂，弱酸性或中性的有机化合物取代强酸、强碱，直链型有机化合物和植物提取物取代芳香基化合物，无磷、无氟清洗剂取代含磷、含氟清洗剂，水基清洗剂取代溶剂型和乳液型清洗剂。

同其他洗涤剂一样，绿色清洗剂的配方通常也是由表面活性剂、助洗剂、添加剂等成分组成的。通过对表面活性剂、助洗剂、添加剂的绿色化，可以实现清洗剂的绿色化。

表面活性剂的疏水基可以来源于化石原料或天然油脂，来自天然油脂的称为绿色表面活性剂。

在合成洗涤剂中，助洗剂通常起软化水硬度和改善洗涤液酸碱度的作用，其用量一般较大。STPP(三聚磷酸钠)作为软水剂性能全面，是常用的助洗剂。但由于STPP是含磷助剂，会在一定程度上加剧水体的富营养化。层状二硅酸钠、4A沸石、葡萄糖酸钠、柠檬酸钠均可用作绿色洗涤剂的助洗剂。新型绿色整合剂Ds(亚氨基二琥珀酸)、EDDs(乙胺二琥珀酸)、GLDA(谷氨酸二乙酸钠)也是绿色洗涤剂的较好选择。

添加剂的用量较小，习惯称为"小料"。酶制剂是洗涤剂的重要添加剂，其不仅有助于洗除特殊污渍(如奶渍、汗渍、血渍、油渍、菜汁渍等)，而且可节省表面活性剂，降低洗涤温度和耗水量，减少废物排放，对节能环保具有重要意义。虽然酶制剂单价较贵，但用量低，效果好，性价比高。酶制剂在洗液中的稳定性不太理想，但在洗衣粉中的稳定性相当好。

第七节　绿色缓蚀剂

一、缓蚀剂概述

缓蚀剂是以适当的浓度和形式存在于环境(介质)中的，可以防止或减缓腐蚀的化学物质或几种化学物质的混合物。缓蚀剂技术广泛应用于石油品生产加工、化学清洗、工业用水、仪表制造等生产过程。

一般认为，缓蚀剂的作用机理主要有以下三类：

(1) 吸附理论：有机缓蚀剂属于表面活性物质，其分子由亲水疏油的极性基和亲油疏水的非极性基组成。在介质中极性基定向吸附排列在金属表面，从而使致腐离子难以接近金属表面，起到缓蚀作用。吸附型缓蚀剂的性能取决于缓蚀剂在基体表面的吸附能和覆盖度。

(2) 成膜理论：缓蚀剂能与金属或腐蚀介质的离子发生反应，在金属表面生成不溶或难溶的具有保护作用的各种膜层，阻止腐蚀过程，起到缓蚀作用。

(3) 电极过程控制理论：缓蚀剂的加入抑制了金属在腐蚀介质中的电化学过程，减缓了电化学腐蚀速度。缓蚀剂的存在可能增大阴极极化或阳极极化。

常用的缓蚀剂包括以下几类：

(1) 铬酸盐、亚硝酸盐、钼酸盐和钨酸盐，曾是用于循环冷却水系统中最有效的缓蚀剂。它们属于无机阳极氧化膜型缓蚀剂，能使钢铁表面生成一层连续而致密的含有 Fe_2O_3 和 Cr_2O_3 的钝化膜。

(2) 聚磷酸盐(常用的为三聚磷酸钠和六偏磷酸钠)，属于无机阴极沉积膜型缓蚀剂。在水中有溶解氧存在时，其与二价金属离子形成螯合物，沉积于金属表面而形成保护膜，抑制腐蚀的阴极反应。

(3) 有机膦酸类缓蚀剂，属于有机阴极沉积膜型缓蚀剂。常用的有羟基亚乙基二膦酸(HEDP)、氨基三亚甲基膦酸(ATMP)、乙二胺四亚甲基膦酸(EDTMP)、多元醇膦酸酯、羟基膦酰基乙酸(HPAA)、膦酰基羧酸(POCA)和多氨基多醚基亚甲基膦酸(PAPEMP)等。

(4) 有机胺类、脂肪酸类及咪唑啉类等则属于有机吸附膜型缓蚀剂。

二、绿色缓蚀剂

近年来，基于环境保护和可持续发展战略的需要，工业缓蚀剂不仅要求具有稳定高效的缓蚀效果和安全方便的管理使用方法，在应用开发过程中还应适应绿色化学的要求，降低产品的环境负荷，经过探索发展了一系列绿色缓蚀剂。

(1) 天然植物类缓蚀剂

植物类缓蚀剂是将植物中的有效缓蚀成分提取出来并用于金属腐蚀的防护。据相关记载，世界上第一个缓蚀剂专利是钢板酸洗缓蚀剂，它的成分就是糖浆和植物油的混合物。现今使用的缓蚀剂主要来源于矿物原料等，存在着成本高、对环境污染大、有二次污染及不易降解等缺陷。天然植物类缓蚀剂被认为是绿色环保型缓蚀剂，它具有来源广泛、性能优良以及对环境友好的优点。

(2) 氨基酸类缓蚀剂

氨基酸分子中同时含有酸性羧基和碱性氨基两种基团，并且氨基酸分子中可以含有多个羧基或多个氨基。根据分子中羧基和氨基数目的相对多少可以将其分为酸性、中性和碱性氨基酸。氨基酸来源广泛，可以通过蛋白质水解获得，同时还可以在自然环境中完全分解。由于氨基酸具有来源广泛、价格低廉和绿色环保等优点，已经被广泛应用于缓蚀剂研究和应用。

由于氨基酸分子中的N、S原子上含有孤对电子，它们能够与Fe空轨道结合形成表面配合物吸附到金属表面，形成一层致密的吸附膜，这层膜能有效阻止金属与腐蚀介质接触，大大降低其腐蚀速度。此外，氨基酸能够吸附在金属/溶液界面比较活泼的地方，使界面的双电层结构发生变化，增大界面反应活化能，从而使腐蚀反应中的阴极反应或阳极反应受到阻滞。

(3) 离子液体缓蚀剂

离子液体是新型的绿色缓蚀剂，越来越引起人们的关注及研究。离子液体是完全由离子所组成的在室温或接近室温时呈液态的盐。通过调整组成离子液体的阴阳离子，可构造出各种功能、特性的离子液体。但是目前还存在一些问题，如离子液体是一类“新化学产品”，基础理论和实验研究尚不充分和深入，离子液体的生产成本比较高，合成工艺较复杂，回收利用还有待进一步研究。

第八节 绿色阻垢剂

一、阻垢剂概述

一般来讲，阻垢剂的阻垢机理包括以下方面：

(1) 螯合增溶作用

阻垢剂能与水中Ca^{2+}、Mg^{2+}等阳离子形成稳定的可溶性螯合物，阻止其与成垢阴离子的接触，使得成垢的概率大大下降。

(2) 凝聚与分散作用

聚羧酸盐类聚合物阻垢剂在水溶液中解离生成的阴离子在与碳酸钙微晶碰撞时，会发生吸附现象而使微晶表面形成双电层。聚羧酸盐的链状结构可吸附多个相同电荷的微晶，它们之间的静电斥力可阻止微晶的进一步碰撞，从而避免了大晶体的形成。当吸附产物又碰到其他聚羧酸盐离子时，会把已吸附的离子交给其他聚羧酸盐分子，最终呈现出分散的状况。这种凝聚和随后的分散作用，使得有成垢可能的微晶体稳定地悬浮在水溶液中，既阻碍了晶粒之间及晶粒与金属表面的碰撞，又减少了溶液中的晶核数，从而提高了晶体的溶解性能。

(3) 晶格畸变作用

溶液中的碳酸钙晶体生长是严格有序的，钙离子和碳酸根离子碰撞后彼此结合，微晶粒按照一定的方向生长成大晶体，之后沉积下来。阻垢剂不仅能与水中溶解的钙、镁离子发生作用，而且能与晶体表面的钙发生作用，阻止钙离子与碳酸根离子在活性生长点上生长，或是阻垢剂分子镶嵌在晶格中，增加了晶体的张力，使晶体处于不稳定状态，阻碍晶格的正常生长，使晶格歪曲而形成形状不规则的晶体，这就是晶格畸变。

(4) 再生-自解脱膜假说

Herbert等认为聚丙烯酸类阻垢剂能在金属传热面上形成一种与无机晶体颗粒共同沉淀的膜，当这种膜增加到一定厚度时，会在传热面上破裂并脱离传热面。由于这种膜的不断形成和破裂，使垢层生长受到抑制，此即“再生-自解脱膜假说”。

阻垢剂种类很多，大致可以分为以下几大类：

(1) 天然聚合物阻垢剂：天然高分子化合物，如淀粉、纤维素、单宁、木质素、壳聚糖等是最早应用于冷却水系统的一类阻垢剂。这类聚合物的特点是分子中含有许多羟基、羧基等，因而对钙、镁等盐垢晶体生长有一定的抑制作用。

(2) 无机含磷聚合物阻垢剂：工业循环冷却水中，最常用的无机含磷聚合物阻垢分散剂是三聚磷酸钠和六偏磷酸钠。微量无机含磷聚合物加入水中，可以破坏碳酸钙等成垢晶体的正常生长，从而起到阻垢效果。

(3) 有机膦酸阻垢剂：有机膦酸既是阴极沉积膜型缓蚀剂，也是非化学当量螯合型阻垢剂，对钙、镁等二价离子不仅具有明显的抑制作用，而且对其他药剂还有协同作用，是目前广泛使用并且效果良好的阻垢剂。其产品主要有氨基三亚甲基膦酸(ATMP)、羟基亚乙基二膦酸(HEDP)及羟基膦酰基乙酸(HPAA)等。

(4) 有机水溶性聚合物阻垢剂：有机水溶性聚合物阻垢剂产品种类繁多，可分为酸类聚合物阻垢剂、有机含磷水溶性聚合物阻垢剂和磺酸类聚合物阻垢剂。如聚丙烯酸(PAA)及其钠盐、聚甲基丙烯酸(PMAA)、水解聚马来酸(HPMA)、膦基聚羧酸(PCA)及膦酰基羧酸共聚物(POCA)等。

二、绿色阻垢剂

随着人类环保意识日渐增强，开发低磷或无磷、环境友好型的“绿色阻垢剂”的概念已被提出并成为水处理剂的发展方向。

(1) 聚天冬氨酸

聚天冬氨酸(PASP)是受动物代谢过程启发而合成出来的一种高分子化合物，不含磷。Wheler 和 Sikes 在对碳酸钙有机体的研究中发现，从渗入牡蛎壳的蛋白母体得到的糖蛋白具有阻止无机或生物碳酸钙沉积的作用，是一种潜在的阻垢剂，而不是像过去人们一直认为的那样，是碳酸钙成核和晶体生长的促进剂。进一步的研究发现，在氨基酸聚合物中，聚天冬氨酸的阻垢性能最好，并具有非常好的生物相容性和可生物降解性。

(2) 聚环氧琥珀酸

聚环氧琥珀酸(PESA)最早在 20 世纪 90 年代初由美国开发，是一种无磷、非氮并具有良好生物降解性的绿色阻垢剂，具有很强的抗碱性，在高钙、高硬度水中，其阻垢性能明显优于常用的有机膦酸类。

(3) 烷基环氧羧酸盐

烷基环氧羧酸盐(AEC)是由美国贝迪公司生产的。它无毒、能耐氧、耐温，有特别优良的碳酸钙阻垢性能，是无磷阻垢剂。当其与少量无机盐(磷酸盐或锌盐等)复配时，对碳钢具有缓蚀作用，因而可组成低磷或低锌配方，用于高 pH 值、高碱度、高硬度、高浓缩倍数的冷却水系统，且对环境损害很小。

(4) 其他环境友好型阻垢剂

主要是某些改性的天然产物，如孙海梅等研究了一种天然阻垢剂，其主要作用成分是用秸秆等农田作物下脚料经发酵而制取的一种天然大分子有机物质，它含有羧基、酚羟基等多种酸性基团和羟基等亲水基团。实验证明，这种新型天然阻垢剂具有良好的阻垢效果，可用于低压锅炉和工业循环冷却水。

另外，含磷水溶性聚合物如PCA和POCA，其本身磷含量一般低于3%，这样低的磷系配方对环境保护十分有利，意味着此类含磷水溶性聚合物也符合环境友好型水处理剂的概念。

参考文献

[1] 吕彤.表面活性剂合成技术[M].北京：化学工业出版社，2016.
[2] 崔正刚.表面活性剂、胶体与界面化学基础[M].2版.北京：化学工业出版社，2019.
[3] 周淑晶，冯艳茹，李淑贤.绿色化学[M].2版.北京：化学工业出版社，2023.
[4] 李清寒，赵志刚.绿色化学[M].北京：化学工业出版社，2017.

第八章　绿色精细化工技术

第一节　绿色精细化工产品

一、化工过程废物“零排放”的产品

1. 环氧乙烷的生产

环氧乙烷(别名氧化乙烯),化学式 C_2H_4O,在室温下为无色液体,有醚味,高浓度有刺激臭味,密度 0.871 1×10^3 kg/m^3(20 ℃),熔点－111.3 ℃,沸点 10.73 ℃,黏度 0.32 cP(0 ℃),闪点低于－17.77 ℃,自燃温度 428.88 ℃,在空气中可燃极限 3%～100%,溶于有机溶剂,可与水按任何比例混合。环氧乙烷是重要的有机合成原料之一,主要用于制造乙二醇(制涤纶纤维原料)、合成洗涤剂,生产表面活性剂 AEO、NPE 和饲料添加剂氯化胆碱、抗冻剂、乳化剂以及缩乙二醇类产品和其他许多精细化工产品的原料,也用于生产增塑剂、润滑剂、橡胶和塑料等。其生产方法包括氯醇法和乙烯直接氧化法。

(1) 氯醇法。环氧乙烷的生产,以前多采用氯醇法两步制备,其反应方程式如下:

$$CH_2{=}CH_2 + Cl_2 + H_2O \longrightarrow CH_2ClCH_2OH + HCl \tag{8-1}$$

$$2CH_2ClCH_2OH + Ca(OH)_2 \longrightarrow 2\,\underset{\diagdown\,O\,\diagup}{CH_2{-}CH_2} + CaCl_2 + 2H_2O \tag{8-2}$$

乙烯经次氯酸化生成氯乙醇,然后与氢氧化钙皂化生成环氧乙烷粗品,再经分馏,制得环氧乙烷。其流程如图 8-1 所示。

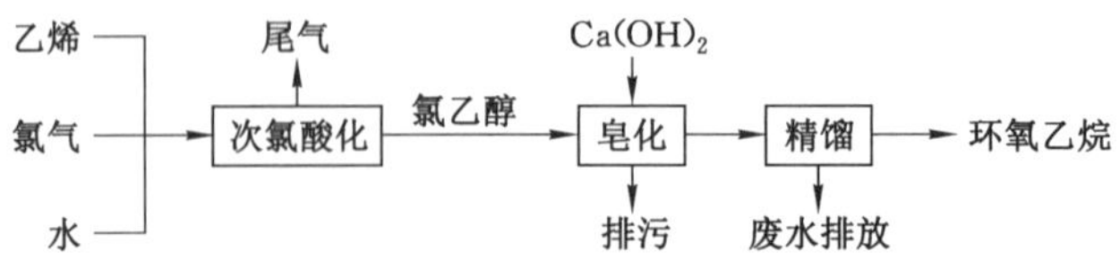

图 8-1　氯醇法生产环氧乙烷的流程

氯醇法消耗定额如表 8-1 所示,产品质量如表 8-2 所示。

(2) 乙烯直接氧化法。自发现银催化剂后,改用乙烯直接氧化成环氧乙烷的一步法“原子经济”路线,原子利用率从原来的 37.45%提高到 100%。反应方程式如下:

表 8-1　氯醇法生产环氧乙烷的消耗定额

原料名称	规格	消耗定额/(kg/t)
乙烯	95%	1.523
氯气	100%	2.053

表 8-2　氯醇法生产环氧乙烷的产品质量

项目	外观	含量/%	含醛量/%	环氧丙烷含量/%	水分/%
质量情况	无色透明液体	≥98	≤0.2	≤0.3	≤0.1

$$CH_2{=}CH_2 + 1/2\ O_2 \xrightarrow[10\sim20\ kg/cm^2,\ 200\sim300\ ^\circ C]{Ag\ 催化剂} \underset{\diagdown\ \ O\ \ \diagup}{CH_2{-}CH_2} \tag{8-3}$$

乙烯和空气或氧气在银催化剂存在下，直接气相氧化生成环氧乙烷。反应生成的环氧乙烷气于吸收塔内再用水吸收，未反应乙烯循环回反应器，吸收液经解吸精馏，得环氧乙烷。其流程如图 8-2 所示。

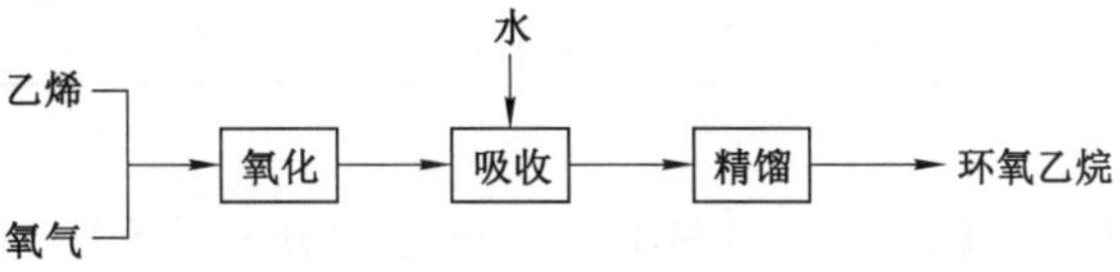

图 8-2　乙烯直接氧化法生产环氧乙烷的流程

2. 环氧丙烷的生产

环氧丙烷(氧化丙烯、甲基环氧乙烯)，化学式 C_3H_6O，常温常压下为无色液体，有乙醚气味，有毒，易燃，无腐蚀性，能与丙酮、苯等几乎所有溶剂相溶，有极强的溶解力，化学性质很活泼，能和很多基团发生反应。环氧丙烷是一种重要的有机化工原料，在丙烯衍生物中是产量仅次于聚丙烯和丙烯腈的第三大品种，主要应用于制聚氨酯所用的多元醇和丙二醇，用于生产塑料，是制聚氨基甲酸酯泡沫塑料、环氧树脂、丙二烯的主要原料，也是一种良好的溶剂，亦可制表面活性剂、原油破乳剂及消沫剂等。目前国际市场对环氧丙烷(PO)的需求量约 4 Mt/a，并以每年 3%的速度增长。我国环氧丙烷的年产量为世界产量的 2%以下，一直依赖进口，近年我国引进了几套聚醚生产装置，预计对环氧丙烷的需求量将大大增加。

环氧丙烷的生产方法一般有如下两种：

(1) 氯醇法。国内目前大多采用此技术，生产规模较小，一般在 15～20 kt/a。国内现有的生产技术是从国外引进的氯醇法。陶氏公司、巴斯夫公司和拜耳公司氯醇法的生产方法为：

$$CH_3{-}CH{=}CH_2 + 2HOCl \longrightarrow CH_3{-}\underset{OH}{\underset{|}{CH}}{-}\underset{Cl}{\underset{|}{CH_2}} + CH_3{-}\underset{Cl}{\underset{|}{CH}}{-}\underset{OH}{\underset{|}{CH_2}} \tag{8-4}$$

$$CH_3-\underset{OH}{\underset{|}{CH}}-\underset{Cl}{\underset{|}{CH_2}}+CH_3-\underset{Cl}{\underset{|}{CH}}-\underset{OH}{\underset{|}{CH_2}}+Ca(OH)_2 \longrightarrow 2CH_3-\underbrace{CH-CH_2}_{O}+CaCl_2+2H_2O \tag{8-5}$$

该工艺需要消耗大量的石灰和氯气，设备腐蚀和环境污染严重，废水排放量大，每生产1 t环氧丙烷将排放60 t废水。其次，生产成本高，使下游产品丙二醇、聚醚、聚氨酯等成本相应升高。其原子利用率仅为41%。产品质量指标见表8-3。

表8-3 氯醇法生产环氧丙烷的质量指标

指标名称	一级	二级
外观	无色透明液体	无机械杂质
色度(号)	≤10	≤20
水分/%	≤0.04	≤0.1
总醛量/%	≤0.04	≤0.15
酸值/%	≤0.01	≤0.05
环氧乙烷含量/%	≤0.1	≤0.5
环氧丁烷含量/%	≤0.01	≤0.05

(2) 丙烯直接氧化法。Ugine公司和Enichem公司开发TS-1分子筛作催化剂的过氧化氢氧化丙烯工艺，其反应方程式为：

$$2CH_3-CH{=}CH_2+H_2O_2 \xrightarrow{TS-1} 2CH_3-\overbrace{CH-CH_2}^{O}+H_2O \tag{8-6}$$

该工艺使用TS-1(钛硅分子筛)作催化剂，工艺简单，对环境友好，反应条件温和，温度约40～50 ℃，压力低于0.1 MPa，氧源安全易得(采用30%过氧化氢水溶液)，反应几乎以化学计量的关系进行，以过氧化氢计算的转化率为93%，环氧丙烷的选择性达到97%以上，仅联产水，是低能耗、无污染的绿色化工过程，原子利用率76.32%。

该法的不足之处是过氧化氢成本高，在经济上可能缺乏竞争力，因为该反应是一个强放热的气-液-固三相反应，要实现该反应的连续化，可以采用搅拌釜式反应器或固定床反应器。由于搅拌釜返混严重，体积效率低，一般不宜采用。固定床反应器最早是由美国ARCO公司的Jubin等人采用，并对反应器进行研究。该反应器实际上是多段气液并流式滴流床反应器，操作压力在1.25 MPa以上，采用大循环比操作，能耗高。该反应器的热量和流量分布不均匀，特别是催化剂一旦失活，其再生将非常困难。

我国也正就克服这些缺点，研究开发绿色工艺。陈晓晖等根据环氧化反应放热量大、催化剂粒径小、悬浮性好等特点，结合均相热虹吸环流反应器能耗低、操作稳定、传质及传热效率高和易于大型化、连续化等优点，提出三相热虹吸环流反应器的设想，并对该反应器中TS-1催化丙烯环氧化反应的工艺条件进行了研究，确定了适宜的操作范围，为环氧化过程的工业化提供了依据。

二、清洁磺化工艺制绿色化学产品

在有机化合物分子中引入磺酸基，生成相应的磺酸类化合物的反应，称为磺化反应。磺化反应在精细化工产品的生产过程中，是最常见的有机合成单元反应之一。它不仅用于合成表面活性剂、染料、离子交换树脂等多种精细化工产品，而且磺酸类化合物可以通过化学反应，使磺酸基转变成羟基、氨基、氰基、卤素等，从而制得相应的酚、胺、腈及卤化物等一系列生产染料、医药、农药等精细化学品的重要中间体。另外，利用磺酸基的位阻作用和易水解性，可以合成用一般方法难以制取的邻位取代芳烃。因此，磺酸类化合物在精细化工生产中占有十分重要的地位。

工业上采用的磺化方法主要有以下几种：过量硫酸磺化法、共沸去水磺化法、三氧化硫磺化法、烘焙磺化法、氯磺酸磺化法、亚硫酸盐磺化法等。所用的磺化剂分别为各种浓度的硫酸（如 98％硫酸、92.5％硫酸即绿矾油等）、发烟硫酸（含游离三氧化硫为 20％～25％或 60％～65％）、三氧化硫、氯磺酸、亚硫酸盐等。如何正确地选择磺化工艺路线，实现清洁生产，发展无废、少废的磺化工艺，降低物耗、能耗，提高反应的选择性和磺化产品的收率与质量，减少对人体和环境的危害，是当今化工行业必须解决的重要问题。

1. 苯磺酸的合成

苯磺酸，化学式为 $C_6H_5SO_3H$，为无色针状或片状结晶，无水物的熔点为 65～66 ℃，含 1.5 分子结晶水的熔点是 43～44 ℃，易溶于水和乙醇，微溶于苯，不溶于乙醚和二氧化碳。苯磺酸用于制备染料、医药、农药、香料中间体等，也可用于生产苯酚。苯磺酸制备反应方程式如下：

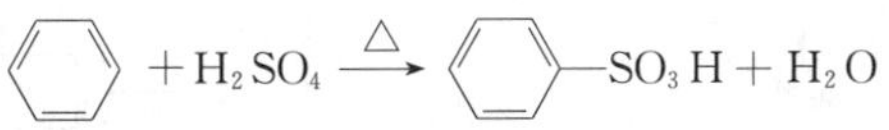

(8-7)

将 93％硫酸 2 400 L 加入磺化锅中，并预热至 90～120 ℃。将苯以 2 500～3 000 L/h 的流量打入蒸发器，经过蒸发及过热，变成 150 ℃以上的过热苯蒸气，通过鼓泡器在硫酸层中进行磺化。反应温度自行上升至 170 ℃左右，保温，当磺化液中游离酸含量降至4％～5％时停止反应（反应时间约 10 h）。未反应的苯蒸气和生成的水蒸气经冷凝、油水分离，所得酸性苯层再经液碱中和、食盐脱水后循环使用。含苯的苯磺酸经减压脱苯，即得苯磺酸，收率 96.5％。其流程如图 8-3 所示。

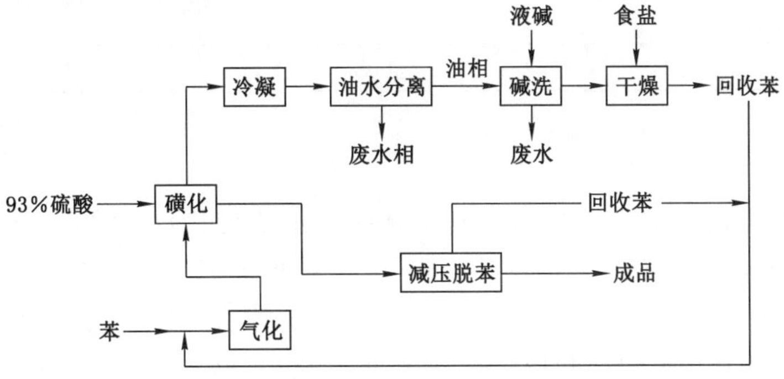

图 8-3　苯磺酸的生产流程

2. 对氨基苯磺酸钠的合成

对氨基苯磺酸钠(磺胺酸钠),化学式为 $C_6H_6NNaSO_3$,为白色结晶,易溶于水,不溶于乙醇、乙醚和苯,吞入有毒,其水溶性为中性。本品为染料中间体,主要用于制备香料、农药(防治小麦锈病)。其制备反应方程式如下:

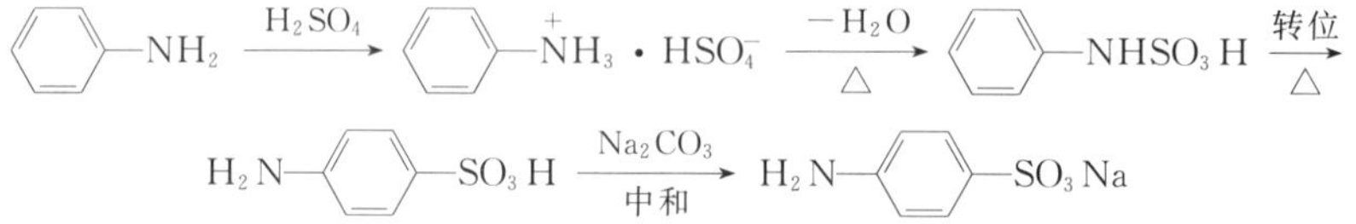

(8-8)

在转鼓反应器内加入 450 kg 98%硫酸,转鼓转动后于 1 h 内加入苯胺(含量 99%)400 kg。将炉温升至 160 ℃,开启喷射泵,使系统的真空度达到 53.3 kPa 以上。炉温再升至 200 ℃,保温 0.5 h。继续升温至 260 ℃,保温至转位完全(以视镜出现黑粉,铁球发出响声即为反应终点)。降温,关闭喷射泵,回转 10 min。排风,冷却至 80 ℃,加入 2 500 L 水,转动混合,放入地槽。在地槽中,物料升温至 70~80 ℃,加入碳酸钠(约 230 kg),中和至 pH=7~7.5。转移到已装有 600 L 上批母液的中和锅中,调整相对密度为 1.12 左右。加活性炭 4 kg,加热至沸,搅拌 0.5 h,趁热过滤。滤渣用热水洗涤,滤液蒸发浓缩至物料相对密度为 1.18,放入结晶桶中,在 8 h 内冷却至 30 ℃,离心过滤,滤液用作下批母液。滤饼即为对氨基苯磺酸钠,重约 850 kg,总收率 86.5%。其生产流程如图 8-4 所示,消耗定额如表 8-4所示。

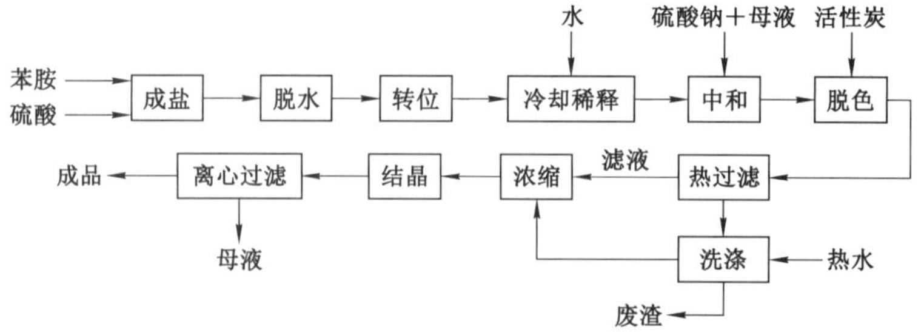

图 8-4 对氨基苯磺酸钠的生产流程

表 8-4 生产对氨基苯磺酸钠的消耗定额

原料名称	规格/%	消耗定额/(kg/t)
苯胺	99	460
硫酸	98	492
纯碱	98	264

3. 十二烷基硫酸钠的生产

十二烷基硫酸钠(又称发泡剂 K_{12}、月桂醇硫酸钠、发泡粉),化学式为 $C_{12}H_{25}OSO_3Na$,为白色至微黄色粉末,具有轻微的特殊气味,堆积密度 0.25 g/mL,熔点 180~185 ℃(分解),易溶于水,无毒,1%水溶液的 pH 值为 7.5~9.5,水分≤3%。它被用作牙膏发泡剂,某些有色金属矿选矿的发泡剂和捕收剂,药膏的乳化剂,也是氯乙烯乳液聚合用乳化剂或悬浮聚合用助分散剂,合成橡胶等聚合用乳化剂,合成纤维纺丝的抗静电剂、纺织品的洗涤剂、助染剂。其制备反应方程式如下：

$$CH_3(CH_2)_{11}OH + ClSO_3H \longrightarrow CH_3(CH_2)_{11}OSO_3H + HCl\uparrow \quad (8\text{-}9)$$

$$CH_3(CH_2)_{11}OSO_3H + NaOH \longrightarrow CH_3(CH_2)_{11}OSO_3Na + H_2O \quad (8\text{-}10)$$

将十二碳醇与氯磺酸(或液体三氧化硫)按摩尔比 1∶1.03 投料，在 30～35 ℃下进行磺化反应，生成磺酸酯，然后用 30%的氢氧化钠溶液与磺酸酯进行中和反应，生成十二烷基硫酸钠，再经双氧水(用量为 0.4%)漂白、喷雾干燥即得产品。其生产流程如图 8-5 所示，质量指标如表 8-5 所示。

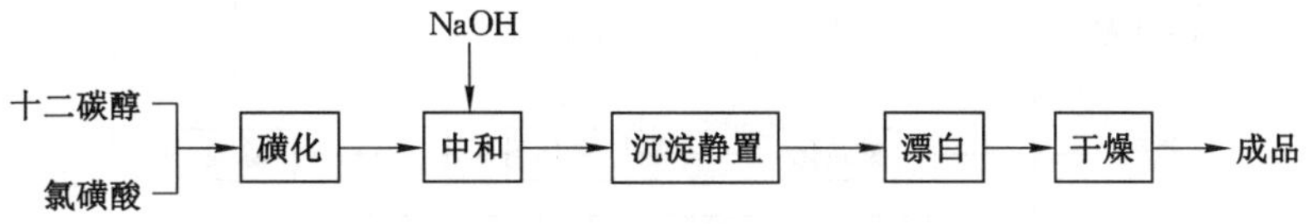

图 8-5　十二烷基硫酸钠的生产流程

表 8-5　生产十二烷基硫酸钠的质量指标

指标名称	一级品	二级品
外观	白色粉末	黄色固体
活性物含量/%	96±2	—
总醇量/%	60	58
不皂化物含量/%	≤2	≤3

4. 表面活性剂 AS(烷基磺酸钠)的合成

烷基磺酸钠(AS)(又名石油磺酸钠)，化学式为 $R—SO_3Na$(R 为 C_{14}～C_{18}的烷基)，为白色或淡黄色液体，有臭味，相对密度 1.09，溶于水而呈半透明液体。表面活性剂 AS 为洗涤剂原料，氯乙烯悬浮聚合的助分散剂、匀染剂、矿物浮选剂、浮化剂、发泡剂、润湿剂和油类添加剂，并可作为泡沫钻井液的发泡剂、油包水钻井液的乳化剂、表面张力降低剂、清洁剂等。其制备反应方程式如下：

$$RH + SO_2 + Cl_2 \xrightarrow[65\ ℃]{hv} RSO_2Cl + HCl \quad (8\text{-}11)$$

$$RSO_2Cl + 2NaOH \longrightarrow RSO_3Na + NaCl + H_2O \quad (8\text{-}12)$$

在含有 C_{14}～C_{18}的直链石蜡中，通入二氧化硫和氯气，在紫外线照射下，于 65 ℃反应，生成烷基磺酰氯，然后与氢氧化钠作用，再经脱油、除水、漂白、蒸发，即得表面活性剂 AS。其生产流程如图 8-6 所示，消耗定额如表 8-6 所示。

表 8-6　生产烷基磺酸钠的消耗定额

原料名称	规格	消耗定额/(kg/t)
C_{14}～C_{18}直链石蜡	沸点 230～320 ℃	714
二氧化硫	工业品	135

表 8-6(续)

原料名称	规格	消耗定额/(kg/t)
氯气	99%	140
氢氧化钠	工业品	120

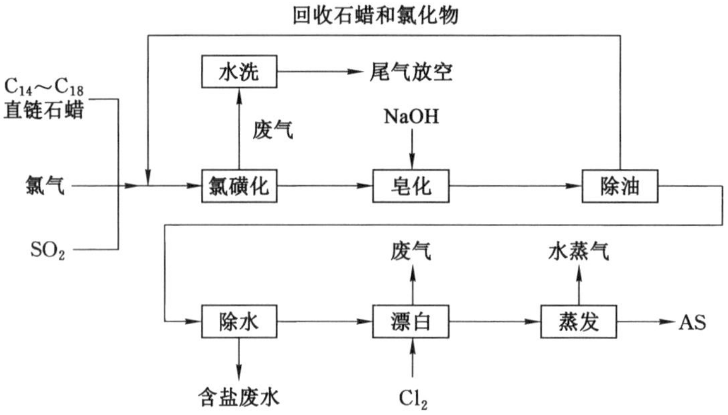

图 8-6 烷基磺酸钠的生产流程

三、清洁硝化工艺制绿色化学产品

在有机化合物分子中引入硝基的反应，被称为硝化反应。硝化反应有 3 种类型：第 1 种为有机化合物分子中，与碳(或氧、氮)原子相连的氢原子被硝基($—NO_2$)取代；第 2 种是有机化合物分子中原有的取代基(例如卤素、磺酸基、酰基、重氮基等)被硝基置换；第 3 种是烯烃与硝酰氯的加成。第 1 种硝化反应在工业上应用最为普遍，特别是芳环上碳原子的硝化反应，是精细有机合成中极为常见的重要单元反应。

芳香族硝基化合物用途十分广泛，主要体现在以下几个方面：

(1) 作为有机合成重要的中间体，用以生产相应的胺、偶氮化合物、羟胺、酚等有机化合物。

(2) 硝基的引入，能赋予某些化合物一定的特性，如加深着色，增强药效等，使其在染料、医药、农药等精细化学品的研制和生产中得到了很好的利用。

(3) 用作溶剂或温和的氧化剂。

(4) 多硝基化合物，如三硝基甲苯(TNT)等，具有强烈的爆炸性，可用作炸药。

工业生产所用的硝化剂有：不同浓度的硝酸、硝酸-硫酸混酸、硝酸-乙酸(乙酐)混合物、硝酸-有机溶剂混合物、硝酸盐-硫酸混合物、硝酸-发烟硫酸混合物等。

工业上采用的硝化方法有直接硝化法和间接硝化法，前者主要包括稀硝酸硝化法、浓硝酸硝化法、硝酸-硫酸混酸硝化法，后者主要包括置换磺酸基法和置换重氮基法。

1. 邻硝基甲苯的合成

邻硝基甲苯，化学式为 $C_7H_7NO_2$，为淡黄色油状液体，熔点为 −9.55 ℃，沸点 221.7 ℃，相对密度 1.162 9，能与乙醇、乙醚、苯、氯仿和石油醚混溶，不溶于水，能随蒸汽挥发。本品主要用于生产邻甲苯胺、联甲苯胺，为生产染料、涂料、塑料、医药等精细化学品的重要原料。其制备反应方程式如下：

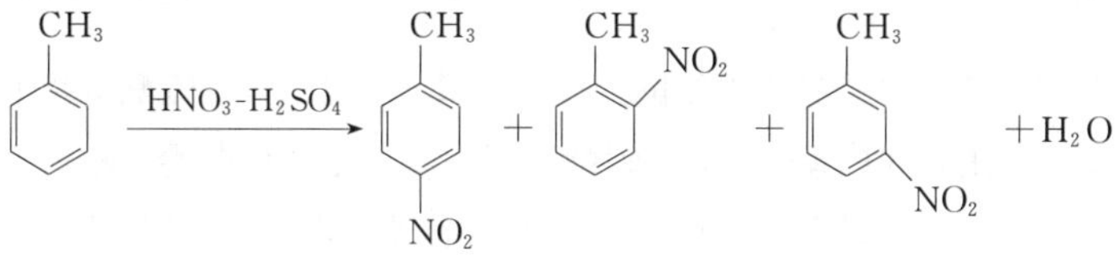

(8-13)

35%～40%　55%～60%　2%～5%

将甲苯加入硝化反应器中，冷却至 25 ℃以下，加入配好的混酸（硝酸 25%～30%、硫酸 55%～58%、水 20%～21%），控制反应温度≤50 ℃，连续搅拌 1～2 h。然后静置 6 h，油水分层，分弃废酸。油相经水洗、碱洗，蒸去未反应的甲苯，即得硝基甲苯粗品，其中含邻硝基甲苯 55%～60%、对位异构体 35%～40%、间位异构体 2%～5%。

粗产品经真空蒸馏，蒸出大部分邻硝基甲苯。再进一步减压蒸馏，馏出物经冷却、结晶，得到对位异构体。多批积累的蒸馏残液再精馏，可获得间位异构体。邻位和对位异构体纯度分别达 98%和 99%。

该工艺过程亦可采用两锅串联，主锅反应温度为 40～45 ℃，次锅为 50～55 ℃，混酸的组成为硝酸 26%～28%、硫酸 56%～57%、水 16%～18%。其生产流程如图 8-7 所示，消耗定额如表 8-7 所示。

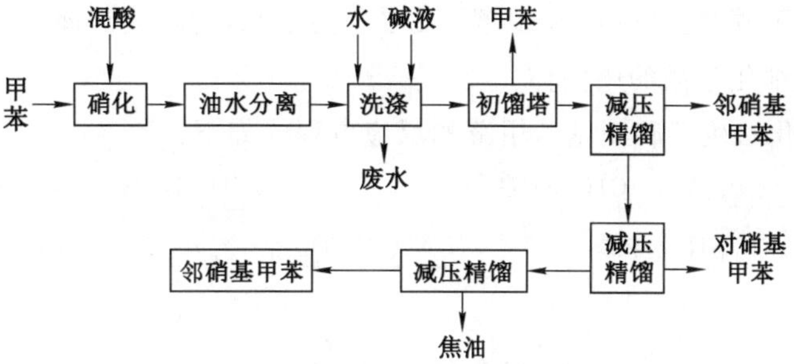

图 8-7　邻硝基甲苯的生产流程

表 8-7　生产邻硝基甲苯的消耗定额

原料名称	规格	消耗定额/(kg/t)	原料名称	规格	消耗定额/(kg/t)
甲苯	98%	735	硫酸	93%	1.178
硝酸	工业品	567	烧碱	42%	226

2. 1,4-二氯-2-硝基苯的合成

1,4-二氯-2-硝基苯，分子式为 $C_6H_3NO_2Cl_2$，为淡黄色棱柱状或片状结晶，熔点 56 ℃，沸点 267 ℃，可溶于醚、氯仿、苯，不溶于水，相对密度 1.669，易溶于苯及热酒精中。本品为染料中间体和氮肥增效剂，同时为精细化学品的重要原料。其制备反应方程式如下：

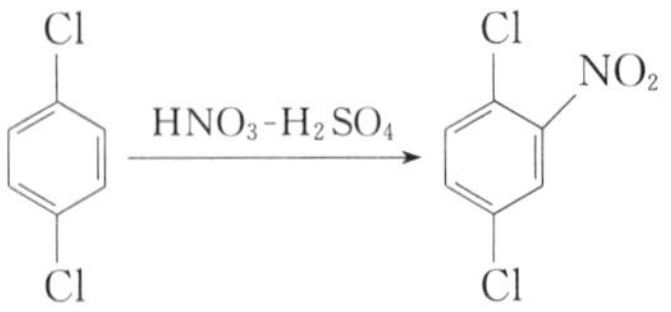

(8-14)

在搪瓷反应锅中加入对二氯苯(含量>96%)620 kg 及 98%硫酸 500 kg,加热熔融。搅拌冷却至 60～65 ℃,在 8 h 内滴加 96%硝酸 285 kg。然后升温至 68～70 ℃,保温 1 h,取样测定凝固点≥52.8 ℃时,即达反应终点。加入温水 60 kg,静置 15 min,分弃废酸。用 80 ℃热水 300～400 L 洗涤 3～4 次,直至洗液呈中性,于 45 ℃左右烘干得成品,收率达 96%～97%。其生产流程如图 8-8 所示。

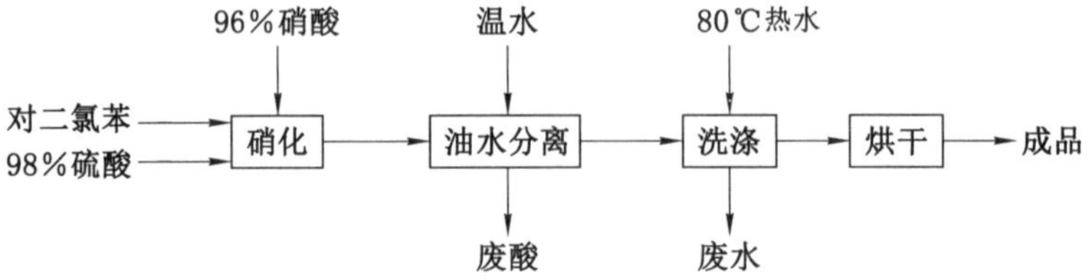

图 8-8　1,4-二氯-2-硝基苯的生产流程

3. 间硝基苯甲醛的合成

间硝基苯甲醛,化学式为 $C_6H_4CHONO_2$,为微黄色结晶,熔点 58～59 ℃,沸点 164 ℃(3.07 kPa),能溶于醇、醚、氯仿、苯、丙酮,几乎不溶于水,能随蒸汽挥发。本品为染料、表面活性剂、医药等精细化学品的中间体。

硝酸-硫酸硝化法生产间硝基苯甲醛的反应方程式如下:

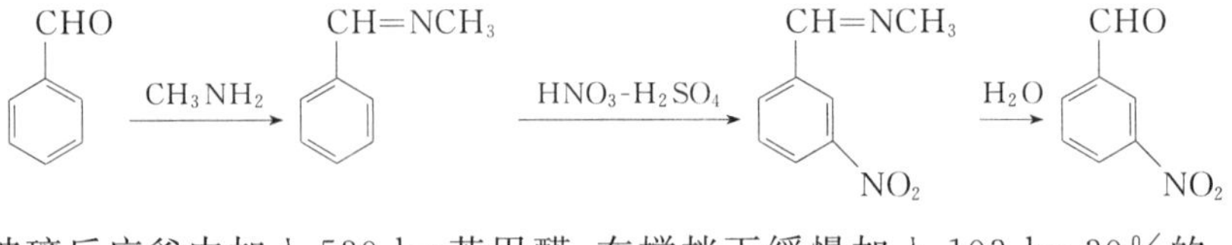

(8-15)

在搪玻璃反应釜中加入 530 kg 苯甲醛,在搅拌下缓慢加入 103 kg 30%的一甲胺水溶液,用气相色谱跟踪反应进程。当苯甲醛完全转化时,分出水层,油层用无水氯化钙干燥后,得苯甲醛缩亚甲胺中间体 550 kg。将苯甲醛缩亚甲胺油状物在搪玻璃釜中冷却至 20 ℃,搅拌下滴加 175 kg 浓硫酸,保持温度在 20 ℃下。加完后,再滴加 40 kg 98%的浓硝酸,控制滴加速度以保持反应温度在 20 ℃以下。加毕,继续搅拌 1 h,将混合物倒入冰水中,得淡黄色结晶,过滤、乙醇洗涤、真空干燥,产品质量为 657 kg,熔点 56～58 ℃,收率 87%。其生产流程如图 8-9 所示。

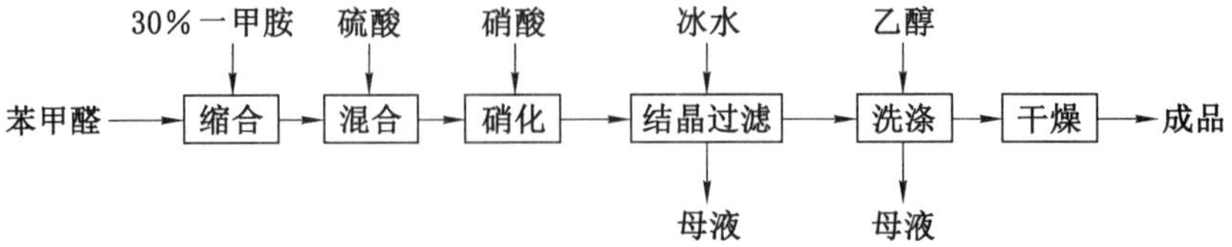

图 8-9　间硝基苯甲醛的生产流程

第二节　绿色制药工业产品

一、维生素 C

1. 物化性质

维生素 C(Vc,又名抗坏血酸),为白色或略带黄色的结晶或结晶粉末,无臭、有酸味,受光的作用会慢慢变色,在干燥状态下比较稳定,但在水中即很快分解,可溶于水,不溶于有机溶剂,熔点 187～192 ℃。将维生素 C 以超过生理需要量给予动物时,会从尿中排出。但即使大量口服、皮下注射或静脉注射,也能耐受。给小鼠口服 0.5～1.0 g/(kg・d),连续 7 天,给家畜及狗大量服用,均未发现毒性。维生素 C 不仅是重要的医药产品,而且其应用范围已扩展到食品和饲料方面。维生素 C 在医药上主要用于对坏血病的预防或治疗,以及由于抗坏血酸不足引起的龋齿、牙龈脓肿、贫血、生长发育停滞等(人体每日需要量:婴儿、幼儿为 30 mg,成人为 60 mg)。在食品方面,维生素 C 可用作浓缩橘子汁、果汁晶、糖果、果子冻、口香糖、果子酱等的维生素强化剂,啤酒、火腿、香肠等的抗氧化剂。作抗氧剂用时,一般用其钠盐,使用方便,效果好。

2. 生产方法

随着全球范围内对维生素 C 需求量的不断增加,其生产工艺得到了不断的改进。维生素 C 生产最早使用莱氏法,此法早在 20 世纪 30 年代就研究成功。此工艺两次用到酸催化,产生大量的废酸水,中间产物纯化困难,且反应步骤长,劳动强度大,对环境污染严重。目前工业上采用的二次发酵法,是 20 世纪 70 年代研究出来的,它是由发酵、提取和转化三大步骤组成,属我国首创,其先进性已得到国际公认。其合成路线如下:

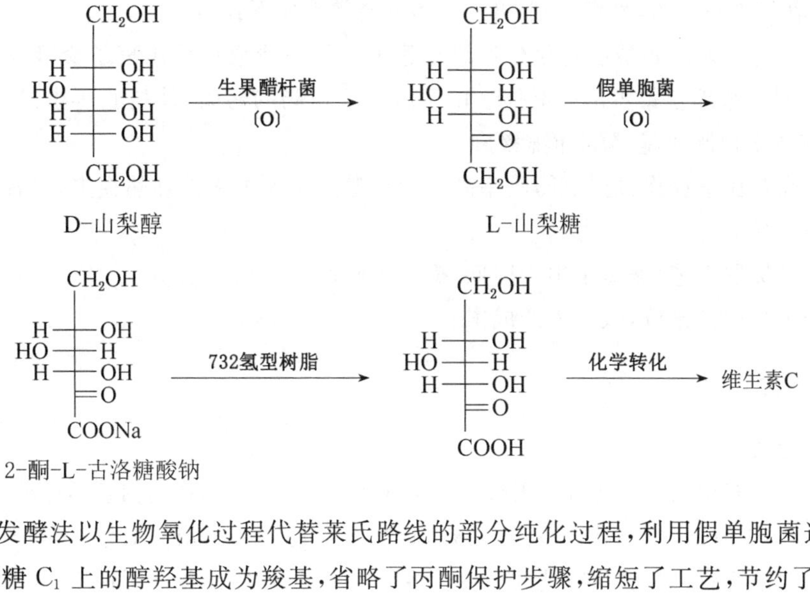

(8-16)

二次发酵法以生物氧化过程代替莱氏路线的部分纯化过程,利用假单胞菌选择性地氧化 L-山梨糖 C_1 上的醇羟基成为羧基,省略了丙酮保护步骤,缩短了工艺,节约了原料,提高了收率；利用可再生的离子交换树脂进行酸化，避免了二次酸化，同时避免了使用发烟硫酸，减少了对设备的腐蚀，是一条较清洁的绿色化工生产工艺。但经过二次发酵后，发酵液中维生素 C 的含量只有 8%，且残余菌丝体、蛋白质和悬浮微粒等杂质，从中分离提纯维生素 C 非常困难。为了减少废物排放量，降低后处理的费用，必须改变传统的加热沉淀工艺为对环境友好的工艺。加热沉淀法的生产工艺过程如图 8-10 所示。

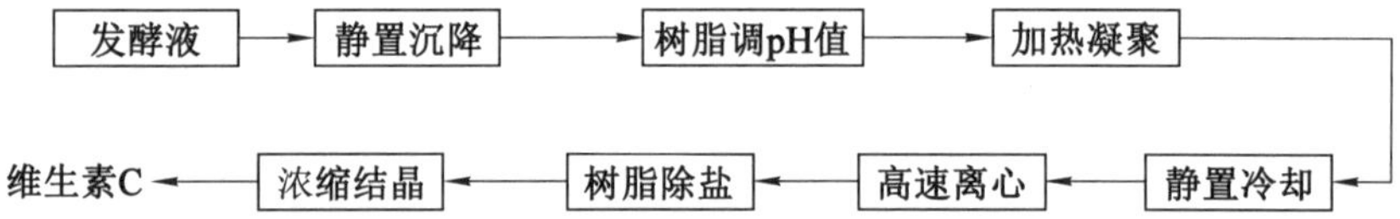

图 8-10 加热沉淀法生产维生素 C 的流程

加热沉淀法的缺点是：它通过氢型树脂调 pH 值至蛋白质等电点后，加热除去蛋白质，既耗能又造成有效成分的降解；发酵液直接进入离子交换树脂柱，使树脂表面污染严重，交换容量下降，使柱效降低；两次通过树脂柱，带进大量水分，必定增大浓缩时的能耗。超滤法则有效克服了上述缺点。

超滤是一种膜分离技术。维生素 C 的钠盐发酵液通过超滤膜，使维生素 C 的钠盐与菌丝体、蛋白质和悬浮微粒等大分子杂质分离，其提取工艺流程如图 8-11 所示。

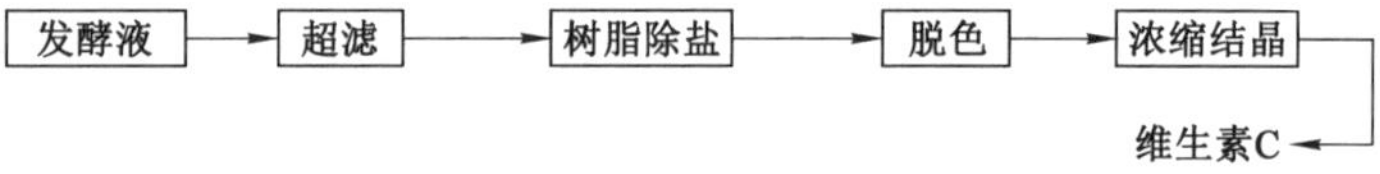

图 8-11 超滤工艺流程图

维生素 C 发酵液由泵控制在 0.1 MPa 和适当流量等条件下，通过中空纤维超滤组件，古洛酸钠清液就不断透过膜流出，发酵液中残余的菌丝、蛋白质和微粒则被截止在另一侧，从而达到提取分离的目的，收率达到 98%。其主要优点如下：

① 本工艺适合碱法和酸法转化生产维生素 C。超滤清液也可用离子交换树脂酸化为古洛酸溶液，脱色浓缩获得古洛酸晶体。由于解决了树脂的污染，使树脂再生简化，利用率大为提高，节省了树脂用量，降低能耗约 10%。

② 超滤在常压下操作，能耗低，收率高。由于避免了发酵液的加热损失，可提高古洛酸的收率 3%～4%。

③ 简化了提取工艺，缩短了生产周期，提高了收率。

④ 减少了“三废”排放，减低生产成本。

二、萘普生

1. 物化性质

萘普生[*d*-2-(6-甲氧基-2-萘基)-丙酸]，化学式为 $C_{14}H_{14}O_3$，药物为白色结晶或结晶粉末，无臭、无味，易溶于丙酮，溶于甲醇、无水乙醇、氯仿、冰醋酸及醋酸乙酯，难溶于苯，几乎不溶于水，溶于氢氧化钠溶液及氨水，遇光慢慢变色，熔点 154～158 ℃。急性毒性 LD_{50}(mg/kg)：雄大鼠(口服)为 347,雌大鼠(口服)为 338.1。慢性毒性:给大鼠以 20 mg/(kg·d)剂量,口服 6 个月,发现 1 只雌大鼠局部胃溃疡,其他未见异常,亦无致畸性和致癌性,无成瘾性。

2. 生产方法

以 β-萘酚为起始原料,经甲醚化、Friedle-Crafts 丙酰化、溴化、缩酮和水解氢化拆分等制得。其反应方程式如下:

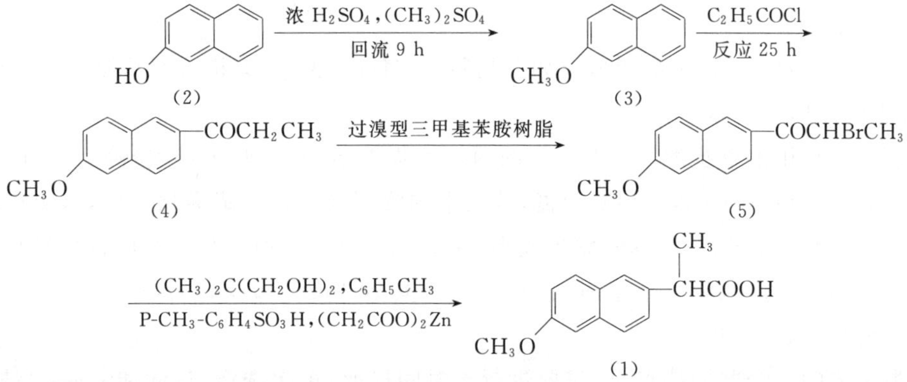

(8-17)

这种采用分子内诱导合成拆分方法的一个共同特点是路线长、收率低,总收率仅 11%～12%(以 β-萘酚计),成本高和污染严重;而且反应中用到浓硫酸催化、氢氧化钠水溶液和盐酸调节其 pH 值,会产生大量的废水污染环境,不符合对环境友好工艺的要求。

近年来,萘普生不对称合成技术发展很快,利用末端烯烃氢羧化的区域选择性,将其用于萘普生的合成。对手性配体进行筛选,用手性配体(a)时,底物(b)在室温和常压下能高产率选择性地合成萘普生。其反应方程式如下:

(a):(S)—(+)BNPPA 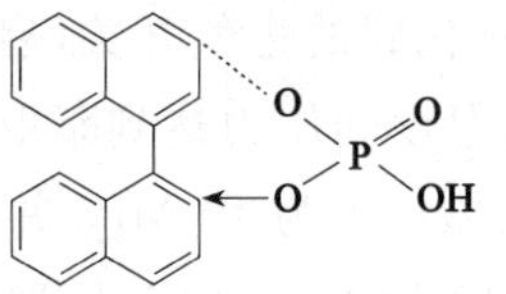

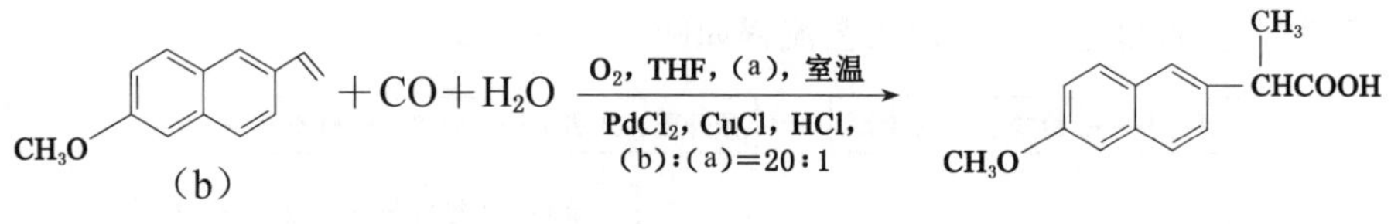

(8-18)

新工艺与常规的方法相比:反应步骤减少,常温常压反应条件温和;避免了使用大量的甲苯、甲醇、二氯乙烷等有害有机溶剂,后处理简单;几乎没有废物产生,减少了废水对环境的污染;收率高,产品不需要拆分。总之,由于萘普生对应异构体药理特性的差异和临床上巨大的应用价值,其不对称合成技术已引起广大化学和药物工作者的关注。

三、银杏叶有效成分的提取

1. 物化性质

银杏是我国最古老的中生代稀有植物之一,有裸子植物活化石之称,为我国特有的树种，主要产于湖北、河南、江苏、广西、山东、浙江等地。银杏叶中的有效成分主要是黄酮类化合物(flavonoides)、萜内酯[包括银杏内酯(ginkgolide)、白果内酯(bilobalide)]及银杏酚酸等活性成分，对中枢神经系统、血液循环系统、呼吸系统和消化系统等有较强的生理活性，同时有抗菌消炎、抗过敏、消除自由基等作用，可促进血液循环及代谢、抗病毒和抗癌、改善人体的生理活动。

2. 生产方法

银杏叶内主要活性成分的提取有如下几种：水蒸气蒸馏法、有机溶剂萃取法、吸附-洗脱法、超临界流体提取法等。

目前较多采用溶剂提取法：以 60%的丙酮为提取溶剂，将叶干燥、粉碎后用有机溶剂(丙酮、乙醇、石油醚等)浸泡、萃取、过滤，滤液中的溶剂采取减压蒸馏除去后，得银杏浸膏。这种方法的生产设备简单，产品收率也较高(约 12%～14%)，但产品中杂质含量较高，通常呈棕黑色，含灰分约 0.25%，重金属约 20 μg/g。其活性成分黄酮化合物含量 7%～10%，萜内酯含量 0.6%～1%。

此类工艺的一个共同特点是：需要进行长时间提取，多次洗涤、过滤和萃取，工艺路线长；消耗了大量的有机溶剂，生产成本高；收率低，产品的质量较差；产生了大量的废渣和废液，对环境污染大；产品中含有重金属和有机溶剂的残余，会给使用者带来一定的副作用。为了克服上述缺点，人们正广泛应用超临界流体萃取法(SCFE 法)提取银杏有效成分。

3. 生产工艺

超临界二氧化碳萃取工艺为：取绿色银杏叶干燥粉碎，经过预处理后，分次装到萃取器中压紧密封，打开萃取器、分离器和系统的其他加热装置，进行整个系统的预热，同时设定萃取分离所需的温度；打开二氧化碳的进气开关，启动压缩机，使压力达到所需的范围，打开阀门，通入二氧化碳流体，当温度和压力达到萃取的要求时，保持一定时间，打开分离用的进气阀，进行分离操作；当实验压力为 10 MPa 并稳定时，进行脱除银杏酚酸和叶绿素等杂质的过程；当实验压力大于 10 MPa 并稳定时，进行银杏叶有效成分的萃取分离和收集，同时进行萃取产物的测定。其生产工艺流程如图 8-12 所示。

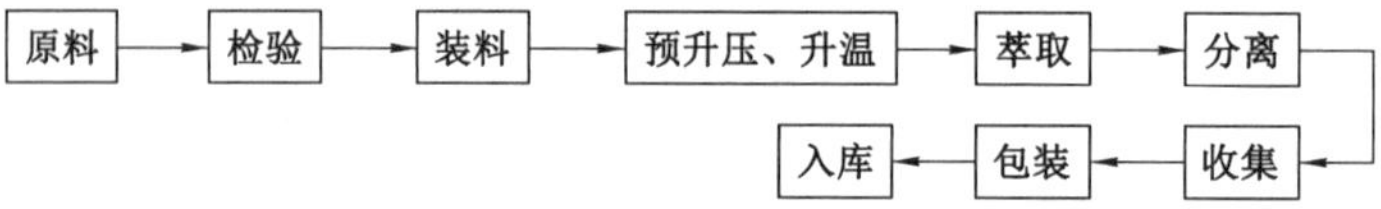

图 8-12 银杏叶有效成分的超临界二氧化碳萃取工艺流程

将 SCFE 法和溶剂萃取法进行比较可知：SCFE 法的萃取率(3.4%)高，比溶剂萃取法高 2 倍；SCFE 法流程短，萃取分离一次完成，萃取操作时间约为 2 h，比溶剂萃取法(24 h)大大缩短，提高了效率；银杏有效成分质量(银杏黄酮含量为 28%，银杏内酯含量为7.2%)高于国际上公认的标准。基 SCFE 法采用二氧化碳为萃取介质，在 35～40 ℃进行萃取操作，保持了银杏叶有效成分的天然品质，且没有重金属和有毒溶剂残留，是一条好的绿色化工清洁工艺。

四、甘露醇

1. 物化性质

甘露醇(甘露糖醇)，化学式 $C_6H_{14}O_6$，为白色或无色结晶性粉末，熔点 166 ℃，沸点 295 ℃。甘露醇为六元醇，是山梨醇的异构体。山梨醇的吸湿性很强，而甘露醇完全没有吸湿性。甘露醇的甜度相当于蔗糖的 70%，可溶于水，微溶于甲醇、乙醇。

甘露醇可被人的胃肠吸收，但在体内并不积蓄。被吸收后，一部分在体内被代谢，另一部分从尿中排除。小鼠口服 LD_{50} 为 22 g/kg，大鼠口服 LD_{50} 为 17.3 g/kg。尚未发现亚急性、慢性毒性。对小鼠、大鼠的致畸性试验均为阴性。

2. 生产方法

甘露醇的制法有：① 用液氨从海藻中提取；② 葡萄糖溶液的电解还原；③ 蔗糖溶液的催化还原；④ 以组合离子交换膜法工艺提取等。

催化还原法是在 50% 的蔗糖溶液中，加酸水解成葡萄糖和果糖，然后中和，加入雷尼镍(Raney Nickel)催化剂并使呈悬浮态，调整 pH 值，在氢压 5～18 MPa、温度 50～150 ℃及剧烈搅拌下反应。这时葡萄糖就转化为山梨醇，果糖则转化为大致等量的山梨醇和甘露醇。其理论生成量：山梨醇为 75%，甘露醇为 25%。但实际所得到产物的比例为：山梨醇约 80%，甘露醇约 20%。将反应液过滤，用活性炭脱色，再用离子交换树脂处理除去重金属盐后，将所得的制糖液浓缩，慢慢冷却，即得甘露醇结晶。因该结晶中含有副产物山梨醇，需经离心分离，再干燥而得成品。其反应方程式如下：

$$C_6H_{12}O_6 + H_2 \xrightarrow[\text{活性镍}]{140\ ℃,18\ \text{MPa}} C_6H_{14}O_6 \tag{8-19}$$

传统的水重结晶-离子交换法工艺，不但流程复杂，劳动强度大，而且甘露醇的提取率低，耗汽量大，成本高。

以组合膜法工艺提取甘露醇，可使电耗降低 1/3、蒸汽消耗降低 2/3，产率从 6% 升高到 7.8% 以上，缩短了工艺流程，减轻了劳动强度，也提高了产品质量。

组合离子交换膜法生产甘露醇流程为：海带浸泡液含甘露醇 1%，经过预处理去除糖胶、有机物、悬浮物及其他杂质，经超滤澄清，透过液进行反渗透预浓缩，进一步净化，并浓缩至甘露醇含量为 3%～6%。浓缩液在离子膜电渗装置中除去 95% 的盐，离子交换后浓缩得到甘露醇。见图 8-13。

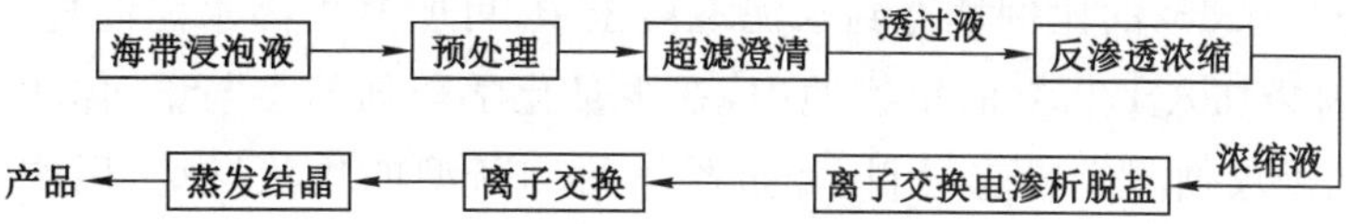

图 8-13　组合离子交换膜法生产甘露醇的工艺流程

第三节 绿色高分子化工产品

随着高分子材料和合成技术的飞速发展，高分子材料在高新技术领域和国民经济各方面的应用越来越广泛，以塑代钢、代木、代瓷的趋势越来越强。与此同时，废旧塑料的产生量也同步增长，废旧塑料的数量约占其当年制品产量的70%，废旧橡胶数量约占其当年制品产量的40%。由于高分子材料有“易老化、难分解”的固有弱点，高分子材料的高速增长意味着高分子废弃物的大量累积，总有一天会严重影响地球的自然生态环境。目前，难分解的废塑料已成为城市固体废弃物的主要来源，如何绿色化处理大量的废旧塑料已成为全球的一大难题。一些学者对废弃高分子材料的回收利用提出了一些建设性意见，认为理想的绿色技术是通过反应性加工（反应性挤出，反应性注射）、反应性增容，并采用高效、无污染的物理方法，如电晕、紫外线、电子束、γ射线及微波照射等，改善混杂废弃高分子材料的相容性和加工流变性，以制备有不同使用价值的再生高分子材料。

一、“白色污染”的绿色化

随着塑料产量和用量的不断增加，废弃塑料造成的“白色污染”越来越严重，我国每年有上百万吨废旧塑料产生。

目前，对废旧塑料的处理方法主要是焚烧和填埋。焚烧法处理对焚烧炉要求较高，而且废旧塑料在焚烧过程中会产生大量有毒的气体从而对大气环境造成二次污染。填埋的缺点是塑料废弃物密度小、体积大、占用空间大；塑料废弃物难以降解，填埋后将成为永久垃圾；塑料中添加剂的析出还会污染土壤和水体资源。

光降解塑料、生物降解塑料、光-生物联合降解塑料等可降解塑料的开发可以做到从源头上根治“白色污染”。但是，目前的可降解塑料产品的产量有限且价格较高，不可能在短时间内广泛推广使用。因此，综合利用废旧塑料，防止“白色污染”是绿色过程工程科学的研究任务之一。

1. 直接利用

废旧塑料的直接利用是将废旧塑料经过清洗、破碎、塑化直接加工成型或其他物质经简单加工制成有用的制品。该类制品广泛应用于农业、渔业、建筑业和工业等领域。这类制品的性能较差，产品的附加值不高。有研究人员把薄的废塑料板或塑料电话卡片切成纤维状，按质量分数0.5%的比例填充到水泥混凝土中，可明显提高水泥混凝土的弯曲强度。还有将废弃塑料袋加入170 ℃的植物油中，在少量化学药剂的参与下，体积可缩小到原来的1/50，再加入助染剂制成粉末燃料，经过凝缩得到新型的块状燃烧，用作大型锅炉的燃料，价格比柴油便宜。

日本钢铁联盟把废塑料粉碎、造粒后作为炼铁原料，以代替传统的使铁矿石还原成铁的焦炭。这可大幅度减少二氧化碳的排放量，废物再利用效率极高。

2. 改性利用

废旧塑料的直接利用工艺简单、成本低廉。但是再生塑料制品力学性能下降较大，不宜制作高档次的制品。为了改善废旧塑料再生料的基本力学性能，满足专用制品的质量需求，可对废旧塑料进行改性以达到或超过原料制品的性能。

共混增容改性回收技术是将废旧塑料与其他塑料或物质共混，来提高废旧塑料的力学性能。例如，在废聚丙烯中掺入质量分数为10%～25%的废高密度聚乙烯(HDPE)，其改性后共混物的冲击强度比聚丙烯提高了8倍，且流动性增加，可适用于大型容器的注塑成型。把短玻璃纤维(SGF)按10%～40%的比例增强废聚丙烯可显著提高废聚丙烯的拉伸强度，这种改性聚丙烯材料可以广泛用于散热器零件、照明设备零件、蓄电池外壳及防护板衬里等汽车配件。

Eminegul等将废聚对苯二甲酸乙二醇酯(PET)研磨成粉末并进行表面处理，填充到聚氯乙烯(PVC)制品中，可明显提高PVC制品的拉伸强度。Kale等将废PET掺杂到新HDPE中吹塑成薄膜，加入增溶剂乙烯/丙烯酸共聚物(EAA)，可提高HDPE薄膜的抗氧化性和加工性能。用偶联剂处理过的木纤维增强废聚乙烯、聚丙烯和聚氯乙烯，可大幅度提高其制品的拉伸强度和冲击强度。

3. 化学改性与解聚回收技术

化学改性与解聚回收技术是当前废旧塑料回收技术研究的热门课题。研究人员用废聚苯乙烯泡沫塑料100份、乙酸乙酯-三氯乙烯-汽油体系360份、酚醛树脂10～30份、松香树脂45～65份、异氰酸酯0.5～1份、溶剂50～100份、硅酸钙40～120份的比例，在50 ℃反应4 h左右，得到胶黏剂，用于木材、瓷砖、马赛克和水泥块等材料间粘接，具有很好的粘接强度，并有很好的耐水性，可在建筑行业广泛使用。

聚对苯二甲酸乙二醇酯的化学解聚是将其废料解聚为单体或其他化学品，经分离、纯化后，重新作为生产聚酯的原料或其他化工原料，实现资源的循环利用。甲醇解聚法是在适当的反应温度和反应压力下，用甲醇将废聚酯解聚为对苯二甲酸二甲酯(DMT)和乙二醇(EG)。

美国杜邦公司开发的常压气相甲醇解聚法，是将聚酯碎片和循环低聚物混合加入熔融釜内，用过热蒸汽熔化，冷却固化后用旋风研磨机粉碎为1 mm粒径的粉体，用氮气和甲醇的过热蒸气将聚酯粉末以气溶胶形态导入反应器中，在常压、250～300 ℃下湍流通过反应管发生解聚反应。过滤后，沉淀产物经冷凝、结晶、离心分离、洗涤后获得精制的DMT。液体产物经蒸馏后获得甲醇和乙二醇。甲醇可循环使用，解聚不完全的低聚混合物重新回到熔融釜中。该技术的特点是可以连续化操作，可处理不同形状和不同来源的废聚酯(如饮料瓶、膜、纤维、汽车部件等)，亦可处理含各种杂质的聚酯制品，回收得到的DMT和EG可达到纤维级标准。

美国伊士曼公司开发出三段连续化工艺，其装备包括一个溶解器、一个解聚反应器和一个精馏塔。聚醌废料首先进入溶解器，与来自反应器的熔融聚酯和精馏塔的液相齐聚体混合发生作用，使聚酯废料聚合链缩短。温度控制在180～270 ℃，压力在0.08～0.15 MPa。在反应器中通入过热甲醇蒸气使温度达200～285 ℃，压力为2.0～6.0 MPa，进行解聚反应，解聚产物在精馏装置中被分离成含单体的气相和由低聚物组成的液相。液相返回溶解器，气相进入蒸馏塔，经过冷凝得到DMT和乙二醇。

日本学者佐古猛将废聚酯在甲醇超临界条件下醇解，在温度大于 239.15 ℃、压力大于 8.09 MPa、甲醇与废聚酯质量比为 4∶1 的条件下，废聚酯几乎完全被解聚，产物中低聚物及其他副产物很少，DMT 收率可达 100%，反应时间约 0.5 h。其反应速度快，解聚彻底，而且不需要加催化剂，产物 DMT 选择性高。

乙二醇解聚法是另一种重要的废聚酯循环利用方法，已有美国杜邦、德国赫斯特等公司实现了商业化装置运转。解聚剂用乙二醇，反应温度一般为 180～250 ℃，压力为 0.1～0.6 MPa。乙二醇与 PET 重复单元摩尔比为 4∶1，反应时间为 6～8 h，需加少量催化剂（如醋酸盐等），用量一般不超过所用聚酯质量的 1%。反应式如下：

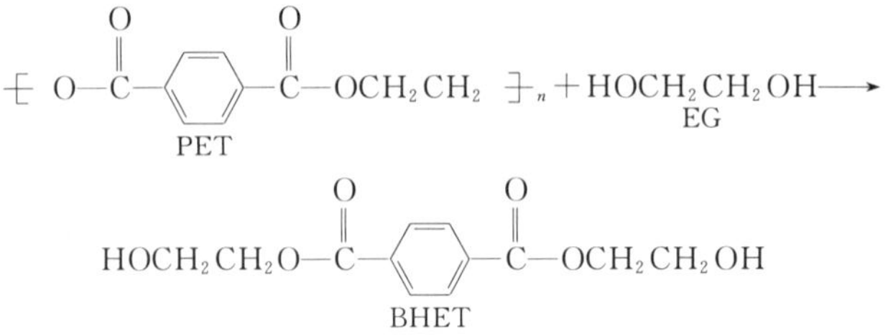

(8-20)

这是一个复杂的可逆反应，反应生成物较为复杂，主要取决于反应条件。EG/PET 进料比较低时，产物中相对分子质量较大的齐聚体（oligomers）含量较高；反之，对苯二甲酸二乙二醇酯（BHET）就较高。此方法的特点是可连续化生产，可对各种 PET 进行解聚，反应条件较温和，安全性好且无腐蚀性，适于中小规模商业化装置，但解聚产物较为复杂。

乙二醇分解/甲醇酯交换法实际上由乙二醇分解法与酯交换法组合而成。首先由乙二醇与聚酯进行醇解反应，生成 BHET 及乙二醇，然后用甲醇进行酯交换，BHET 再转化为 DMT。对粗 DMT 过滤洗涤，进一步蒸馏而制得精制的 DMT，再送入 PET 合成工段。对液体产物蒸馏，得到精制的乙二醇和甲醇。乙二醇送入合成工段或解决工段循环使用，甲醇送入酯交换工段。这种工艺虽然较为复杂，但可使乙二醇循环利用，生产出精制的 PET，其回收率高，产品质量较好，已在日本帝人公司实现产业化。

4. 煤与废塑料共液化技术

煤与废塑料共液化处理是一项富有前景的新技术。废塑料中含有大量可供转移的氢原子，在反应过程中会向煤裂解产物进行氢转移，使煤部分甚至全部液化。废塑料是煤液化的主要供氢者，可以大大减少煤液化时的氢气耗量，同时，反应条件也相对较温和。该技术既为废塑料的综合利用找到了一条切实可行的出路，又大大降低了煤液化的氢耗量和生产成本。有研究者等以石油渣油作溶剂，研究了煤与废塑料（聚丙烯、低密度聚乙烯、高密度聚乙烯、聚对苯二甲酸二乙二醇酯）共液化的转化率和产物分布。结果表明，采用预硫化的催化剂镍、钼、三氧化二铝，可获得 76.6%～94.8%的煤转化率和 52.9%～75.5%的油收率。Luo Ming 研究了溶剂对“共处理”的影响，当废聚乙烯、废聚苯醚和废无规聚氯丁烯塑料与煤“共处理”时，用四氢萘或四氢萘与石油渣油的混合物作溶剂时，液化油收率最高。由此可见，煤与废塑料共液化技术具有降低煤质液体燃料成本的巨大潜力。

二、PE 降解塑料

1. 物化性质

PE 降解塑料(又称全天候 PE 降解塑料),化学式$\left[CH_2—CH_2\right]_n$,为黄绿色或白色粒子,拉伸强度 5.46 MPa,伸长率 25%,熔融指数 7.40 g/10 min,相对分子质量 2.5×10^4,密度 1.124 8 g/cm^3,熔点 104 ℃。

2. 生产方法

其生产原理是在聚乙烯中添加光敏剂、光降解控制剂、自氧化剂和生物降解剂等。聚乙烯在光敏剂作用下吸收自然光能,会产生自由基而发生降解;通过光降解控制剂的加入,调节降解诱导时间。而在没有光照或光照很弱时,在土壤中金属离子的作用下,自氧化剂被活化而产生自由基使塑料继续降解;在生物降解剂的作用下完全分解成小分子量聚乙烯,最终生成二氧化碳和水。其生产中无“三废”产生,产品原子利用率高。

3. 生产工艺

原料规格及用量如表 8-8 所示。

表 8-8　生产 PE 降解塑料所需原料规格及用量

原料名称	规格	用量(质量)/份
聚乙烯	LDPE	38.9
淀粉	含水 13%以下	48.6
玉米油	食用	9.5
油酸(自氧化剂)	工业级	0.2
二茂铁(光敏剂)	熔点 173～174 ℃	1.0
二乙基二硫代(光控剂)氨基甲酸	工业	1.0
硅烷偶联剂	KH550	0.8

其工艺流程如图 8-14 所示。

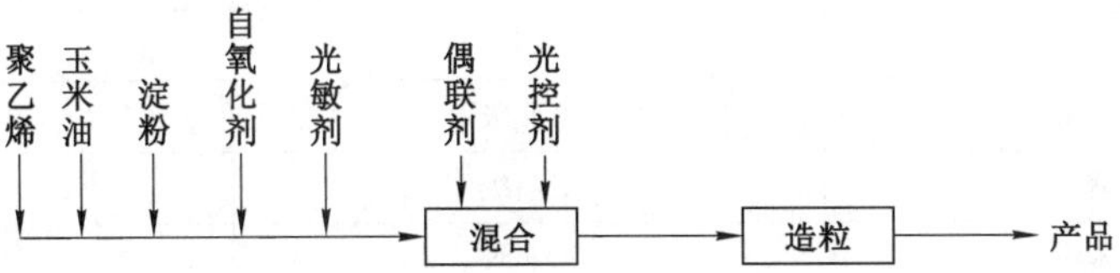

图 8-14　生产 PE 降解塑料的工艺流程

具体操作及生产控制参数:

(1) 在混合气中将聚乙烯、淀粉及各种助剂混合,约混合 10 min 至均匀后出料。

(2) 将混合料投入造粒机料斗中。

(3) 造粒机螺杆升温,控制一段温度 83～113 ℃、二段温度 112～139 ℃、三段温度 122～152 ℃、四段温度 124～147 ℃、机头温度 124～143 ℃。温度达标后恒温 1 h,开机挤出成条，风冷切粒。螺杆转速 100～105 r/min。

(4) 料粒直径约 4 mm，呈圆柱形，过筛后包装。

本工艺特点：生产中无有害物排放，在操作不慎时，可能造成塑料降解产生难闻气体，一般无毒，注意通风。

三、淀粉塑料

1. 物化性质

淀粉塑料（又称淀粉基塑料），化学式 $(CH_2CH_2)_n \cdot (C_6H_{10}O_2)_m \cdot (C_6H_6O_2)_x$，为白色粒状高分子物，熔点高于 100 ℃，相对分子质量 $\geqslant 10^4$，具有微生物可降解性。制成薄膜测得其抗拉强度 31 MPa，断裂伸长率 450%。生物降解能力达到 4 级（按 ASTM G21 方法测定），加工性好，可热成型，产品无毒。

2. 生产方法

将聚乙烯、聚己内酯和淀粉，在过氧化物催化剂存在下，通过交联剂作用，接枝共聚成可生物降解高分子。其反应式如下：

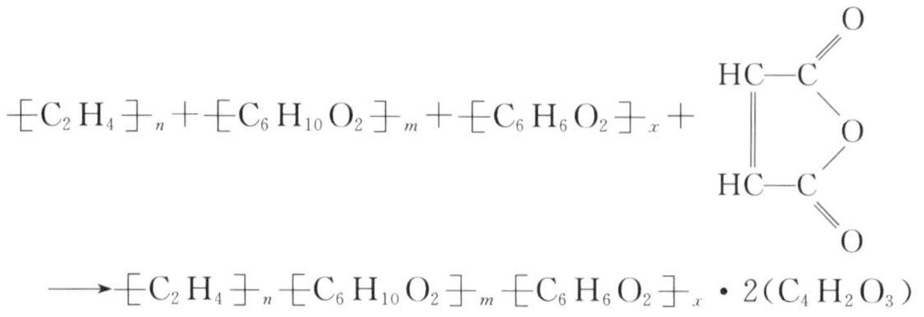

(8-21)

3. 生产工艺

原料规格及用量如表 8-9 所示。

表 8-9 生产淀粉塑料所需原料规格及用量

原料名称	规　格	用量(质量)/份
聚乙烯	LDPE	100
聚己内酯	TONEP-787	100
马来酸酐	工业级	4
油酸	工业级	0.4
过氧化苯甲酰	工业级	1.20
油酸镁	工业级	0.80
丙烯酸	工业级	2
苯乙烯	工业级	2
甘油	工业级	2
对甲苯磺酰胺	工业级	2
淀粉	含水≤13%	60～120

其工艺流程如图 8-15 所示。

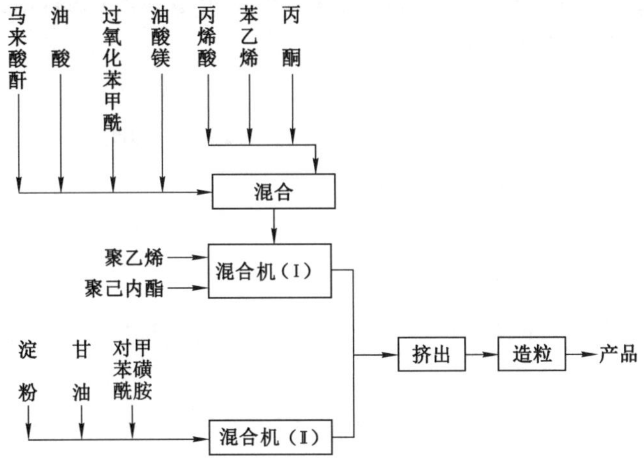

图 8-15　生产淀粉塑料工艺流程

生产控制参数及具体操作：

(1) 将马来酸酐、油酸、过氧化苯甲酰、油酸镁混合，再加入先用丙酮溶解的丙烯酸和苯乙烯[丙酮∶丙烯酸∶苯乙烯＝2∶1∶1(质量)]，搅拌混匀后注入混合机(Ⅰ)。

(2) 将聚乙烯、聚己内酯计量加入混合机(Ⅰ)中，搅拌 10 min，使其全部浸涂上(Ⅰ)中的混合物料。

(3) 将淀粉、甘油和对甲苯磺酰胺加入混合机(Ⅱ)中，搅拌混合 10 min。

(4) 将(2)和(3)两项物料混合，分别装入双螺杆挤出机的附设两料斗中。

(5) 将螺杆挤出机预热 1 h，达到预定温度后，同时将两料斗物料按比例送入挤出机中，挤出切粒为产品，挤出机转速 250 r/min，温度维持 170 ℃左右。

本工艺特点：生产过程无“三废”产生，原子利用率高，产品在自然界中自然消融，不污染环境，产品中原料淀粉为可再生资源，自然界存量丰富，可人工种植。生产中无有害物质排出，在操作不慎时，可能造成塑料降解产生难闻气味，一般无毒，注意通风。

四、对苯二甲酸二异辛酯

1. 物化性质

对苯二甲酸二异辛酯(又称对苯二甲酸二乙基已酯、DOTP)，化学式 $C_{24}H_{38}O_4$，外观为无色或略带淡黄色油状液体，相对分子质量为 390.57，相对密度($d_{20℃}^{20}$)0.983 5，沸点(101 kPa)383 ℃，闪点 238 ℃，折射率(n_D^{25})1.488 7，黏度(25 ℃)63 mPa·s，几乎不溶于水，20 ℃时水中溶解度 0.4%。其他特性与邻苯二甲酸二异辛酯(DOP)相似。

2. 生产方法

DOTP 是由对苯二甲酸和异辛醇形成的双酯，可采用直接酯化或酯交换的方法获得。使用的原料为对苯二甲酸和辛醇或对苯二甲酸二甲酯和辛醇。采用涤纶生产过程中产生的废聚酯(PET)、废丝为原料也可生产出质量符合标准的 DOTP 产品，因为涤纶化学成分为聚对苯二甲酸乙二醇酯，将其解聚后可获取对苯二甲酸和乙二醇，用异辛醇酯化而制得对苯二甲酸异辛酯，其反应式如下：

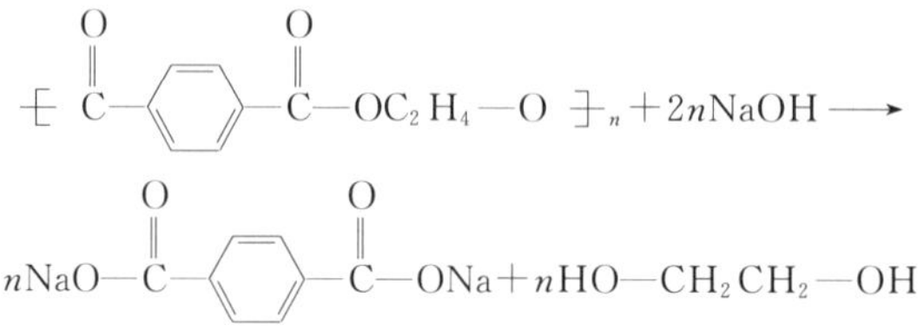
(8-22)

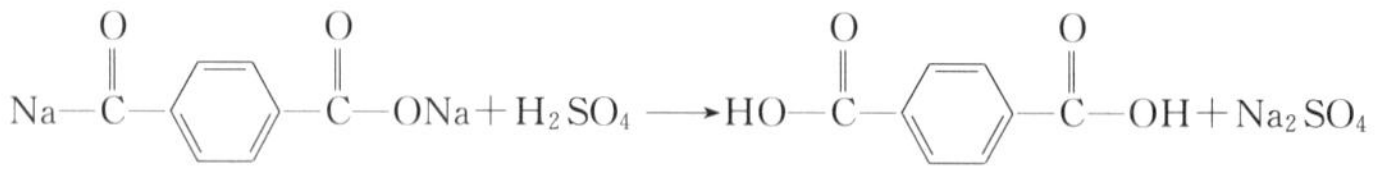
(8-23)

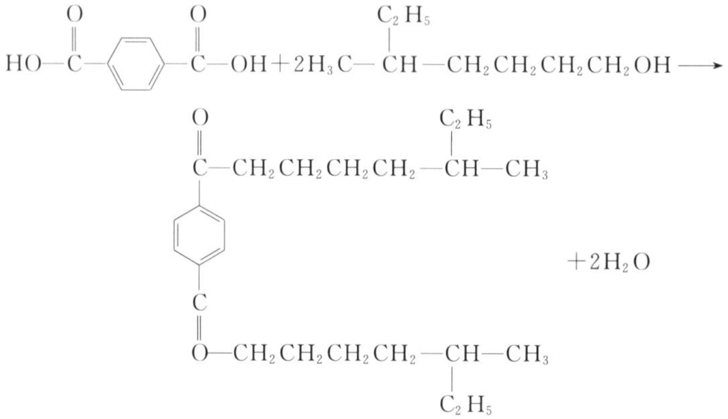
(8-24)

将聚酯与异辛酯一同加热，在催化剂作用下，聚酯解聚同时与异辛醇进行酯交换反应生成对苯二甲酸二异辛酯，解离出的乙二醇副产物，在回流时从体系中除去以促使反应完成，称为一步法。其反应式如下：

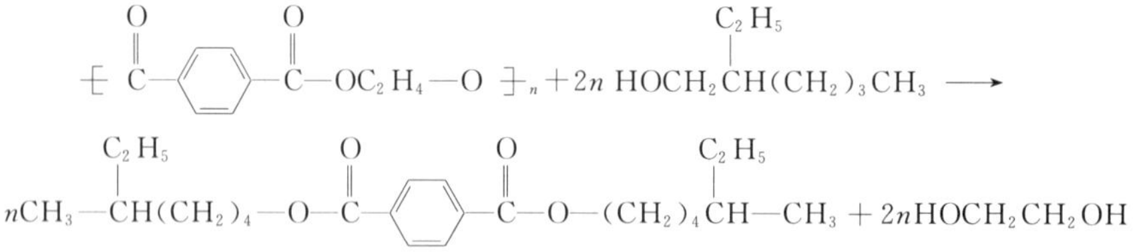
(8-25)

对苯二甲酸二异辛酯原料规格及用量如表 8-10 所示。

表 8-10 生产对苯二甲酸二异辛酯所需原料规格及用量

原料名称	规格	用量(质量)/份
PET	涤纶废丝及边角料	100
异辛醇	工业级	203
催化剂	工业级	0.9
碳酸钠	工业级	适量

3. 生产工艺

(1) 具体操作。选择未经染色、内部没有严重污染的废聚酯(PET)，粉碎后投入反应釜中，加入异辛醇和催化剂，搅拌升温，至约 160 ℃时有回流产生，逐渐升温至 200～220 ℃，在此温度下，反应至酸值达到要求。升温至约 230 ℃，蒸出其中过剩的异辛醇和乙二醇，冷却，用 20%碳酸钠溶液中和。用水洗涤三次，减压脱水、脱醇。过滤，包装。

操作中因为乙二醇与异丁醇在 210 ℃高温下会同时蒸出，为了让异辛醇回流入釜，可利用异辛醇与乙二醇在水中溶解度差异，将馏出的混合醇用水洗涤，乙二醇即可被水萃取留在水相中，上层异辛醇回流入反应釜内，从而使操作顺利进行。

由于反应温度较高，加热需用导热油作加热介质，也可采用电热釜式反应器或另设油锅炉组成油加热循环系统提供反应必要的热源。

酯交换催化剂有醇化物，铅、钴、锰、锌、钙等的醋酸盐，17 ℃以上脂肪酸盐以及钛酸酯等。以钛酸酯效果最好，反应速度快，收率高；其缺点是对水较敏感，性质活泼且价格较高，一般将之与醋酸盐复合使用。醋酸盐中的醋酸铅、醋酸锌又比其他盐活性高，选用醋酸锌与钛酸四丁酯复合是较理想的催化剂。

一步法由于是用废聚酯直接制成成品，废料中的不相干成分与聚酯一起带入反应系统，不易与产品分离，影响产品质量。例如，油剂、颜料、染料以及其他污物，在投料前要尽量处理干净。块状物、丝状物或片状物要预先切碎，表面的油剂应予以洗净，不能除尽颜色的物料最好不用，以免造成产品色泽不合格。

配料中异辛醇保持过量，理论上每摩尔聚酯结构单元需 2 mol 异辛醇，实际上需按摩尔比1∶3投料。

(2) 操作参数。聚酯粉碎至粒径 0.5 mm，按摩尔比聚酯∶异辛醇＝1∶3 配料，醇过量。用复合催化剂，各组分质量比为：醋酸锌∶钛酸四丁酯＝2∶1，加量 0.3%。反应温度210 ℃(自然回流)，反应时间约 7 h。

该工艺过程的特点是以涤纶废丝及边角料为原料进行对苯二甲酸二异辛酯生产，既减少废弃物所造成的环境污染，又使废弃资源得到利用，有较高的经济效益和环境效益。

五、壳聚糖

1. 物化性质

壳聚糖(又名甲壳胺，学名为聚 2-氨基-2-脱-D-β-1，4-葡萄糖)，化学式$(C_6H_{11}O_4N)_n$。壳聚糖为白色片状或粉末，无臭、无味、无毒。因原料不同和制备方法不同，其相对分子质量从数十万至数百万不等。壳聚糖一般也难全部脱去乙酰基，当脱乙酰基达 70%以上时的甲壳素即为壳聚糖。它难溶于水和稀碱液，可溶于盐酸、醋酸、环烷酸、苯甲酸等稀酸溶液中，且有生物相容性、生物降解性、溶解性、螯合性、黏合性、吸附性和成膜成纤等重要性质。

2. 生产方法

虾蟹壳中除含甲壳素外，还含有碳酸钙 30%～40%，蛋白质 20%～30%及少量的脂肪和色素。先用碱处理，使脂肪皂化成脂肪酸盐，蛋白质溶解于碱液除去；加入盐酸，使碳酸钙反应成氯化钙与二氧化碳而除去；用高锰酸钾氧化色素，生成难溶性的黑色二氧化锰；分离氧化液，加入亚硫酸钠，带色的锰化物还原成无色可溶的二价锰盐，经分离洗净，即得白色的甲壳素；甲壳素与浓度较高的烧碱反应，可脱掉乙酰基，即得壳聚糖。

烧碱皂化脂肪成脂肪酸盐反应式为：

$$CH_2OOCR + NaOH \longrightarrow RCOONa + CH_2OH \qquad (8\text{-}26)$$

盐酸除碳酸钙反应式为：

$$CaCO_3 + 2HCl \longrightarrow CaCl_2 + H_2O + CO_2 \qquad (8\text{-}27)$$

亚硫酸钠还原高锰酸钾和二氧化锰反应式为：

$$2KMnO_4 + 6Na_2SO_3 + 4H_2SO_4 \longrightarrow K_2SO_4 + 2MnSO_4 + 5Na_2SO_4 + Na_2S_2O_6 + 4H_2O$$

$$MnO_2 + Na_2SO_3 + H_2SO_4 \longrightarrow MnSO_4 + Na_2SO_4 + H_2O \qquad (8\text{-}28)$$

甲壳素脱乙酰基生成壳聚糖反应式为：

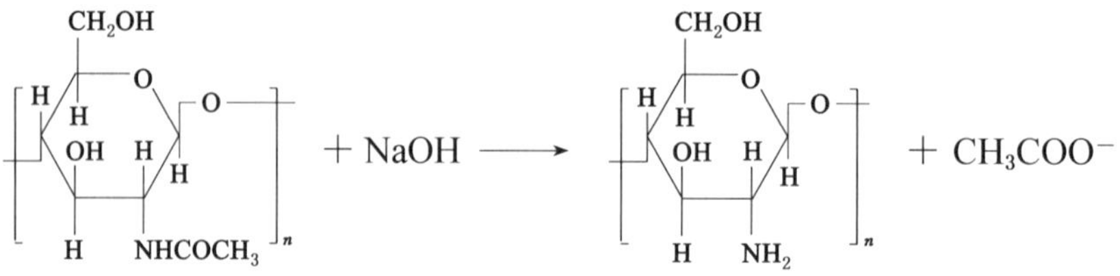

(8-29)

3. 生产工艺

原材料规格及用量如表 8-11 所示。

表 8-11 生产壳聚糖原材料规格及用量

原料名称	规格	用量(质量)/份
虾蟹壳	以 20%甲壳素计	1
盐酸	化学纯(30%HCl)	0.6
氢氧化钠	化学纯	0.8
高锰酸钾	化学纯	适量
亚硫酸钠	化学纯	适量

其生产工艺流程如图 8-16 所示。

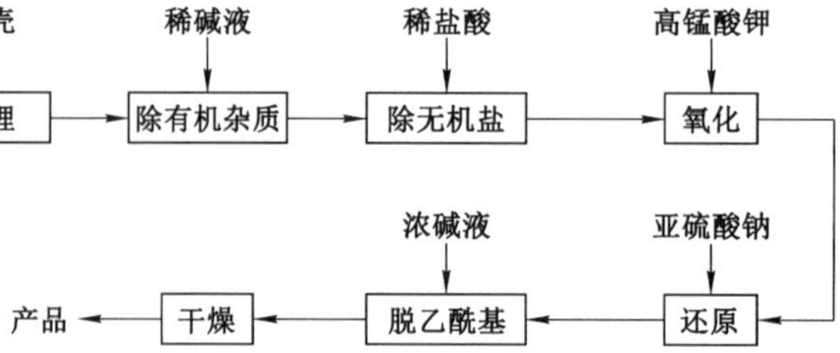

图 8-16 生产壳聚糖的工艺流程

具体操作及生产控制参数：

(1) 虾蟹壳预处理。虾蟹壳来自食后或加工后的废弃物，附有易变质的余肉油脂，常以水洗干净后再干燥备用。水洗难以干净，用除有机杂质后的碱性分离液浸泡，使残留碱与脂肪余肉初步作用，能控制腐烂发臭，又减少后面工序碱耗。

(2) 除有机杂质。虾蟹壳中的有机杂质主要是蛋白质和脂肪。把预处理后的虾蟹壳投入去杂桶,加入 1.5～2 倍重的 8%～10%的氢氧化钠溶液,升温至 85～95 ℃,间歇搅动反应 2 h 左右,使脂肪皂化成脂肪酸钠,蛋白质全部溶解于碱液中。分离出反应液,除去脂肪酸盐,调整碱液浓度为 8%～10%后,可再次用于除有机杂质反应。待蛋白质积蓄到一定浓度,送原料预处理工序做浸渍液。虾蟹壳除去有机杂质后,用水洗至中性待用。

(3) 除无机盐。先在反应桶中加入 4%～6%的稀盐酸,再投入已除去有机杂质的虾蟹壳,让其在常温下浸泡 12 h 后,碳酸钙变成氯化钙,经固液分离,水洗到中性待用。分离液中含有一定量的余酸,可做除钙预反应,进一步降低残留酸后,再送中和处理。

(4) 氧化脱色。把除杂后的虾蟹壳,浸泡于 1%的高锰酸钾溶液中,搅动氧化 2 h,分离出反应液,水洗数次备用。分离液中含有红紫色高锰酸钾和黑色二氧化锰,输送至氧化还原处理池。氧化后的虾蟹壳,浸泡于 2%的亚硫酸钠溶液中,用硫酸调整为酸性,搅拌均匀,反应 15 min 后,分离掉反应液,用水洗涤得白色甲壳素。分离液送至氧化还原处理池与氧化液混合后,即得无色清液。

(5) 壳聚糖的制取。由于脱乙酰化反应受碱浓度、反应温度、反应时间的影响,对不同原料、不同产品用途,要选择有差别的条件组合。对虾蟹壳先配置 40%～50%的氢氧化钠溶液,投入脱酰釜中,再加入纯净的甲壳素,在温度 100～115 ℃下,间歇搅拌反应 2～3 h,就可脱掉乙酰基。判定反应是否达到终点,应取样水洗至中性后,如全部溶解于 1%的醋酸液中,证明反应达到终点,否则应延长反应时间,直到符合要求。反应结束后,分出反应液,反复水洗至中性,甩干,于 60～70 ℃烘干后得壳聚糖产品。分离液返回除去有机杂质后使用。

本工艺的技术特点是壳聚糖由甲壳素加工而成。虾蟹壳中含有甲壳素约 15%～30%,利用废弃的虾蟹壳生产壳聚糖,有利环境卫生,变废为宝。我国丰富的虾蟹壳资源有待利用,地球上由生物制造的甲壳素,每年约有 1 000 亿 t。虾蟹壳化学法制壳聚糖新工艺,根据各工序对酸碱浓度的不同要求,把酸碱浓度较高的分离液送入浓度要求较低的工序反应,较好地利用残留酸碱,降低了原料消耗。废液最后相互中和至中性,先后回收脂肪酸盐和蛋白质,基本上消除了污染。

第四节　其他绿色化工技术产品

一、绿色清洁能源——甲醇

1. 物化性质

甲醇(又名木醇),化学式 CH_3OH,为无色透明易燃易挥发极性液体,有毒,饮后能致目盲,密度($d_{4℃}^{20}$)0.791 5 g/cm^3,熔点−97.8 ℃,沸点 64.65 ℃,折射率(n_D^{20})1.329,表面张力 2.26 N/m^2,闪点 12.22 ℃(开杯),自燃点 463.88 ℃,黏度 0.005 93 P。其蒸气与空气能形成爆炸混合物,爆炸极限 6.0%～36.5%(体积)。甲醇为重要的有机化工原料之一,主要用于制造甲醇、醋酸、氯甲烷、甲胺和硫酸二甲酯等多种有机产品，也是农药、医药的原料或溶剂。甲醇还是重要的溶剂，可掺入汽油作替代燃料。

合成甲醇可以是以固体（如煤、焦炭）、液体（如原油、重油、轻油）或气体（如天然气及其他可燃性气体）为原料，经造气、净化（脱硫）变换，除二氧化碳，配制成一定配比的合成气，在不同的催化剂存在下，选用不同的工艺条件单产甲醇（分高、低、中压法），或与合成氨联产甲醇（联醇法），将合成后的粗甲醇经预精馏脱除甲醚，再精馏而得成品甲醇。其反应式如下：

$$2H_2+CO \longrightarrow CH_3OH \tag{8-30}$$

合成气合成的甲醇、二甲醚（DME）既是重要化工产品的原料，又是公认的清洁燃料。利用煤气化或甲烷蒸气重整技术还可直接制取甲醇、二甲醚等太阳能水合燃料。其反应式如下：

$$C+H_2O \longrightarrow CO+H_2\text{（煤气化）}$$

$$CH_4+H_2O \longrightarrow CO+3H_2\text{（}CH_4\text{ 重整）}$$

$$CO+2H_2 \longrightarrow CH_3OH$$

$$2CO+4H_2 \longrightarrow (CH_3)_2O+H_2O$$

总反应式：

$$C+CH_4+2H_2O \longrightarrow 2CH_3OH \tag{8-31}$$

$$C+CH_4+H_2O \longrightarrow (CH_3)_2O \tag{8-32}$$

2. 生产工艺

传统合成甲醇工艺条件如表 8-12 所示，工艺流程如图 8-17 所示。

表 8-12　传统合成甲醇的工艺条件

合成方法	压力/MPa	温度/℃	催化剂
高压法	30～50	340～420	锌铬氧化物
低压法	5.0	275	铜基催化剂（Cu-Zn-Al）
中压法	10～27	235～420	铜基催化剂（Cu-Zn-Cr）
联醇法	10～13	200～270	铜基催化剂

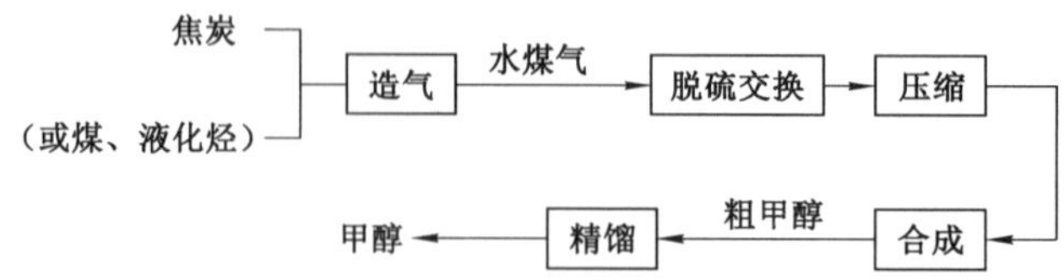

图 8-17　合成甲醇的工艺流程

合成气可直接用作燃气-蒸汽轮机联合循环发电的燃料及城市煤气，还可作为生产 NH_3 的原料，能进一步合成尿素、醋酸、铵盐等产品。利用合成气可合成甲醇和二甲醚清洁燃料。

目前，在我国部分地区实验性推广的清洁汽油——燃料甲醇是一种性能优良的车用替代燃料。全面启动燃料甲醇和甲醇汽车产业工程，可以实现有效替代石油、保障国家能源安全、保护环境的功效，对我国经济和社会发展有重大的战略意义。

但是目前，甲醇燃料的应用推广过程还有许多技术上的问题，主要是混合燃料遇水分层问题，燃料的低热值，低温启动困难，燃料对发动机金属部件的腐蚀和对橡胶部件的溶胀性问题，以及燃料燃烧造成的发动机内部积炭问题等。虽然发达国家早在20世纪70年代就开始了这项研究，但目前技术难点仍未完全解决，特别是在不改变汽车发动机的情况下难度更大。

二、生物质资源利用绿色化——制造酒精汽油

1. 物化性质

酒精(学名乙醇)，化学式 CH_3CH_2OH，为无色透明、易燃易挥发液体，有酒的气味和刺激性辛辣味。纯乙醇密度($d_{4℃}^{20}$)0.789 3 g/cm^3，凝固点−117.3 ℃，沸点78.3 ℃。工业乙醇(含乙醇95%)折射率(n_D^{15})1.365 1，表面张力2.28 N/m^2(20 ℃)，黏度0.041 P(20 ℃)，比热2.58 J/g (23 ℃)，闪点12.77 ℃，密度($d_{4℃}^{15.56}$)0.816 g/cm^3，沸点78 ℃，冰点−114 ℃，自燃温度422.77 ℃。

乙醇溶于水、甲醇、乙醚和氯仿，能溶解许多有机化合物和若干无机化合物，具有吸湿性，能与水形成共沸混合物。乙醇蒸气与空气混合能形成爆炸性混合物，爆炸极限3.5%～18.0%(体积)。

酒精汽油是由10%的改性燃料酒精和90%的基础汽油勾兑而成，相应分为90号、93号和95号3个品种(价格与同等标号的无铅汽油相同)。含水酒精不能溶入汽油中，无水酒精(马达燃料级乙醇)在汽油水中的溶解度可达10%。无水酒精混入汽油中可提高辛烷值，促进燃烧完全，减少烟雾和不饱和烃的排放量，减轻对环境的污染。

2. 用途

乙醇是重要的基础化工原料之一。以乙醇为原料的化工产品达200余种，其广泛用于基本有机原料、农药、医药、橡胶、塑料、人造纤维以及洗涤剂等有机化工产品的生产。乙醇又是一种重要的有机溶剂，大量应用于油漆、染料、油脂和军工等工业生产中。

目前世界上以粮食发酵和甘蔗生产的酒精除少量用作工业溶剂合成原料和医药卫生用品外，大量的被作为代用燃料的生物能源。我国现有发酵法酒精生产企业170多家，年产80多万吨，其中用薯干生产的产量占80%，用玉米生产的占16%。目前，代替汽车用汽油的燃料酒精至少需要200万吨以上，发展空间很大，有巨大的市场潜力。

3. 生产方法

生产酒精的方法有多种，主要有发酵法和水合法。

(1) 发酵法

发酵法是指酒精由农副产品或工业副产物糖蜜、亚硫酸纸浆废液为原料，经糖化发酵制得。其生产流程如图8-18所示。

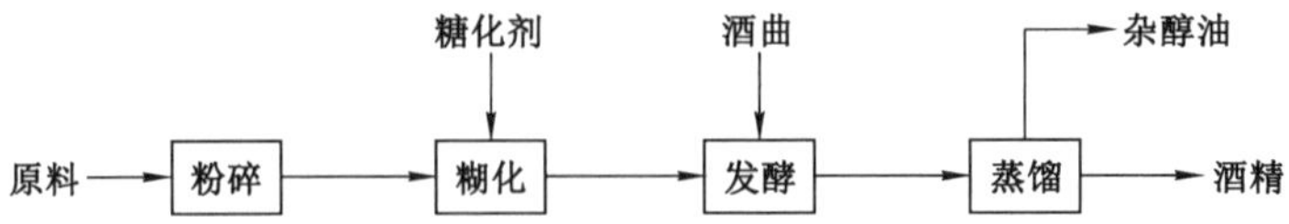

图 8-18 发酵法生产酒精的工艺流程

(2) 水合法

水合法是指以乙烯和水为原料通过加成反应而制得酒精。水合法又分为间接水合法和直接水合法两种。

间接水合法即二步法:第一步乙烯用硫酸吸收,生成硫酸氢乙酯,第二步硫酸氢乙酯水解生成酒精。其反应式如下:

$$C_2H_4 + H_2SO_4 \xrightarrow[70\sim80\ ℃]{2\sim3\ MPa} C_2H_5HSO_4 \tag{8-33}$$

$$C_2H_5HSO_4 + H_2O \xrightarrow{100\ ℃} C_2H_5OH + H_2SO_4 \tag{8-34}$$

直接水合法即一步法:乙烯和水在磷酸催化剂存在下,高温加压水合制得乙醇。其反应式如下:

$$C_2H_4 + H_2O \xrightarrow[285\sim300\ ℃,7.5\ MPa]{磷酸催化剂} C_2H_5OH \tag{8-35}$$

4. 生产工艺

由生物质资源制造酒精汽油,酒精可作为机动车燃料已成为不争的事实。但传统的发酵工艺,以谷物为原料,成本高,且利用率低,能耗大,酒精成本较高,要想将其大规模用于制造机动车燃料还必须降低成本。

降低成本的方法,一是利用基因工程改进酵母的性能以提高发酵过程效率,二是采用更为廉价的纤维素原料,三是运用更为先进的脱水技术。日本三得利公司把从酶菌中分离出的葡萄糖淀粉酶基因克隆到酵母中,可直接发酵生产酒精,省去了淀粉原料蒸煮糊化的传统工序及蒸煮物冷却设备,减少 60% 的耗能,培育适宜于连续发酵苛刻条件的固定化酵母,使生产效率比间歇式生产工艺数倍、数十倍地提高。美国已成功开发以廉价的农业和林业废弃物为原料的制造酒精新工艺,年产几十万吨的工厂正在筹建中,酒精燃料已进入实用化阶段,在税收政策上适当给予优惠,就可以大规模用作汽车燃料。

我国河南省郑州、洛阳、南阳等城市在 93 号汽油中添加 10% 的改性酒精,作为汽车的新型燃料推向市场。这种酒精燃料一改过去为改善汽油抗爆性而掺入四乙基铅、甲基叔丁基醚等化学品对环境的不良影响,减少了 30% 以上有害尾气的排放,且价格与 93 号汽油相近,同时不会造成汽油发动机的不良反应。

综合利用植物/农作物基等可再生资源,发展绿色高新精细化工技术,既可调整我国化工和相关行业的产业结构和产品结构,又可促进我国生态农业的发展,对我国经济的可持续发展,生活健康标准的提高和国防安全,都将起到很大的促进作用。

三、其他合成原料工艺路线的绿色清洁化

用绿色化工原料碳酸二甲酯取代光气、硫酸二甲酯等剧毒原料,以及采用绿色溶剂、绿

色催化剂的绿色清洁合成技术，已经成为今后工业发展的主流战略。下面简要介绍几种合成原料工艺路线的绿色清洁工艺。

1. 碳酰肼的绿色合成

原工艺要使用剧毒的光气作原料，对环境危害很大；用碳酸二甲酯直接同水合肼反应生产碳酰肼，则十分方便、安全。其转化率达 95%以上，而选择性几乎 100%，并且设备简单，反应条件温和，无“三废”，是一种绿色清洁工艺。

2. 碳酸甲乙酯、二乙酯的绿色合成

乙醇与碳酸二甲酯反应生成碳酸甲乙酯、二乙酯，传统工艺要使用极具爆炸性的联氨和剧毒的光气作原料，或者以氯甲酸甲酯为原料，毒性大，对环境危害大。用碳酸二甲酯同乙酸反应生产碳酸甲乙酯，则十分方便、安全。其转化率达 99.9%以上，而选择性可大范围任意调控，并且设备简单，反应条件温和，已实现工业化。

3. 碳酸二(正、异)丙酯的绿色合成

碳酸二甲酯与丙醇反应生成碳酸二丙酯，传统工艺要使用极具爆炸性的联氨和剧毒的光气作原料，对环境危害大，或者以氯甲酸甲酯为原料，毒性大，对环境危害大。用碳酸二甲酯同乙酸反应生产碳酸甲乙酯，则十分方便、安全。其转化率达 99.9%以上，而选择性可大范围任意调控，并且设备简单，反应条件温和。

4. 苯胺基甲酸甲酯绿色合成

苯胺与碳酸二甲酯在有机锌、有机锰等催化剂作用下，在 100～120 ℃下反应 10～30 h，苯胺的转化率近 100%，选择性大于 96%；在锌、铜、铅等有机金属化合物的复合催化作用下，选择性可达 99.5%。

5. 苄胺基甲酯的绿色合成

苄胺与碳酸二甲酯在有机锌、有机锰等催化剂作用下，在 100～120 ℃下反应 4～6 h，苄胺的转化率达 99.5%以上，选择性大于 97%；在锌、铜、铅等有机金属化合物的复合催化作用下，选择性可达 99.5%。

6. 烷基胺基甲酸甲酯的绿色合成

烷基胺(R 为 C_2～C_6)与碳酸二甲酯在 90～140 ℃，以铅、锌、锡、锰等金属有机化合物及其氧化物为催化剂合成烷基胺甲酸甲酯，其产率可以达到 99.6%。

7. 以碳酸二甲酯代替光气绿色合成

绿色合成磺酰脲类除草剂——磺草灵、嘧黄隆、甲黄隆、苄嘧磺隆、胺苯磺隆、吡嘧磺隆、噻磺隆等，绿色合成氨基甲酸酯类杀虫剂——速灭威、混灭威、异丙威、仲丁威、残杀威、抗芽威、丁硫克百威、乙硫苯威、灭幼脲、除虫脲、氟铃脲、杀铃脲、卡巴多、西维因等。

参考文献

[1] 尚堆才，童忠良. 精细化学品绿色合成技术与实例[M]. 北京：化学工业出版社，2011.

[2] 王敏，宋志国. 绿色化学化工技术[M]. 北京：化学工业出版社，2020.

[3] 宋启煌. 精细化工绿色生产工艺[M]. 广州：广东科技出版社，2006.

第九章 绿色煤化工技术

第一节 煤基甲醇制汽油技术

费-托合成工艺是间接煤制油一般选用的方案，另一方案煤制甲醇再制汽油（MTG）工艺正在成为合成气转化为运输燃料的途径之一，受到广泛关注。

一、MTG 技术介绍

1. MTG 化学

MTG 化学由美孚公司于 20 世纪 70 年代发现，经过多年的研究，其反应化学已得到充分了解。

MTG 化学可简述如下：

$$2CH_3OH \longrightarrow CH_3OCH_3 + H_2O \longrightarrow \text{轻烯烃} + H_2O \longrightarrow$$
$$\text{较高级烯烃} + n/i\text{-石蜡烃} + \text{芳烃} + \text{环烷烃}$$

MTG 过程为：首先使甲醇脱水，成为二甲醚（DME）；甲醇、二甲醚和水混合平衡，然后转化为低碳烯烃（$C_2 \sim C_4$）；最后一步合成较高级烯烃、正构/异构烷烃、芳烃和环烷烃。择形催化剂使合成反应限制在 10 个碳以内。图 9-1 所示为 MTG 反应路径。

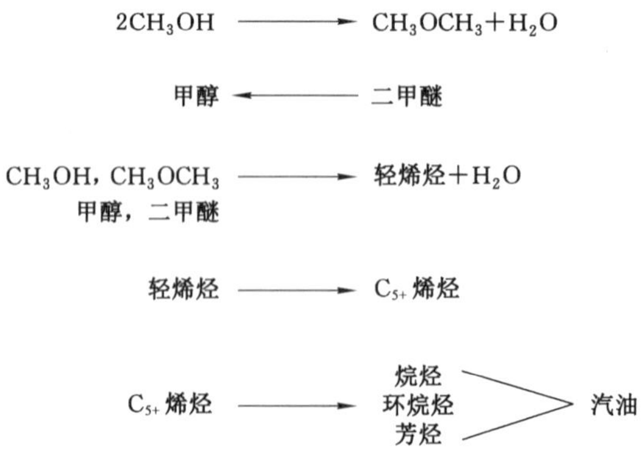

图 9-1 MTG 反应路径

MTG 反应产品被分离为气体、粗汽油和水。粗汽油被分离为 LPG、轻汽油和重汽油，重汽油被加氢处理，以减少均四甲苯含量，然后重汽油和轻汽油重新组合为成品 MTG 汽油，得到典型的研究法辛烷值(RON)92 的无硫汽油。表 9-1 所示为 MTG 汽油的性质。

表 9-1　MTG 汽油的性质

性质参数	平均值	范围
辛烷值(RON)	92.2	92.0～92.5
辛烷值(MON)	82.6	82.2～83.0
雷德蒸气压/kPa	85	82～90
密度/(kg/m^3)	930	928～933
诱导期/min	325	260～370
均四甲苯含量(质量分数)/%	2	1.74～2.29
蒸发量 (70 ℃)/%	31.5	29.5～34.5
蒸发量 (100 ℃)/%	53.2	51.5～55.5
蒸发量 (180 ℃)/%	94.9	94.0～96.5
干点/ ℃	204.5	196～209

2. MTG 工艺

图 9-2 所示为埃克森美孚公司 MTG 技术工艺流程。

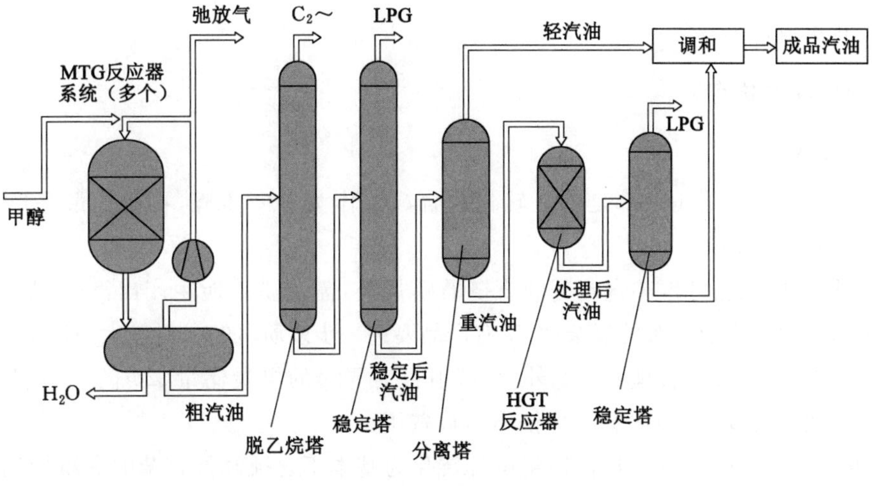

图 9-2　埃克森美孚公司 MTG 技术工艺流程

在甲醇制汽油(MTG)工艺中，甲醇转化为烃类和水基本上是按化学式计量。反应为放热反应，反应热约 1.74 MJ/kg，绝热温升约 600 ℃，在新西兰商业化装置的固定床工艺中，将反应分成两步来管理：第一步，甲醇转化成甲醇、DME 和水的平衡混合物。这一步释放出整个反应热的 15%～20%，并通过化学平衡来控制。第二步，平衡混合物与循环气混合，并通过特定设计的 ZSM-5 催化剂来生成烃类和水。绝大部分烃类产品在汽油范围内，绝大多数气体循环至ZSM-5反应器，水相含有(质量分数)0.1%～0.2%含氧化合物，可通过常规的生化处理方法使其达标排放。

转化反应器入口温度分别通过调节反应流出物进入循环气/反应流出物换热器流量以及通过调节换热器温差来控制。过剩反应流出物(对于循环气/反应流出物换热器需用于循环气加热属于多余的)可用于预热、蒸发和过热进入DME反应器的甲醇进料。过剩反应流出物系统中的热量保持利用的灵活性，可通过利用某些反应流出物在锅炉中产生中压蒸汽来调节平衡过程所需的热量。

来自进料预热系统的过剩反应流出物与来自循环气换热器的反应流出物一起进一步冷却至25～35 ℃，并通过产品分离器分离出气体、液体烃类和水。含有微量含氧有机化合物的水相送去水处理，气相(大多为轻质烃类、氢气、CO和CO_2)再返回循环气压缩机。

液体烃类产品(粗汽油)主要含有汽油沸程范围的物料以及被溶解的氢气、二氧化碳和轻烃(C_1～C_4)。通过蒸馏基本上可全部除去非烃类和轻烃，生产的汽油符合所需的挥发度规格。甲烷、乙烷和某些丙烷在脱乙烷塔除去，来自脱乙烷塔的液体产品送入稳定塔，并从塔顶除去丙烷和部分丁烷组分，用作燃料气。稳定后的汽油再通过汽油分离塔，分离成轻汽油和重汽油馏分，冷却后送入储罐。

MTG汽油含有1,2,4,5-四甲基苯(均四甲苯)，尽管其在商业化汽油中也存在，但在MTG产品中含量较高，它可改进汽车驱动性能。均四甲苯在汽油分离塔的重汽油馏分中浓缩，再送至重汽油处理器，借助专有的埃克森美孚催化剂进行缓和加氢精制。在氢气存在下，均四甲苯经异构化、歧化和脱甲基，回收的产品数量接近，RON辛烷值基本不变，但均四甲苯含量可大大减少。

二、MTG的优点

1. 产品简单

MTG和费-托合成工艺都是将煤转化成合成气作为中间步骤，再生产最终产品，而各自的产品模式很不相同。

① 费托合成工艺可生产宽范围的直链石蜡烃类，需改质才能生产出汽油、柴油燃料和润滑油原料。由于产品分布的复杂性，所有产品要进一步改质/加工，对于大规模项目(5万～8万桶/d)，在经济上才是合理的。此外，大型项目需要大的煤炭储量(20亿～40亿t)，需要量大于一个典型的煤矿，因而会增加铁路运输费用。

② 相对比较，MTG可选择性地将甲醇转化为基本不含硫和低含苯的高质量汽油，可与炼厂汽油总组成调和或单独出售。烃类约90%以甲醇形式被转化为汽油，作为单一的液体产品。由于采用简单的固定床工艺设计，这也易于使反应器放大和缩小。

2. 过程的简易性

MTG过程首先使甲醇脱水为二甲醚(DME)、甲醇、二甲醚和水的平衡混合物，然后转化为轻质烯烃(C_2～C_4)，最后合成高碳烯烃、正/异构烷烃、芳烃和环烷烃。择形催化剂可限制合成反应至10个碳原子，结果是生成典型的研究法辛烷值92的无硫汽油。

MTG工艺采用常规的气相法固定床反应器，固定床反应器易于放大，新西兰首次商业化应用就成功地将 500 kg/d 放大到 1.7×10^6 kg/d。而另一方面，新的费-托合成技术方案大多数的技术改进依赖浆液床反应器，而浆液床反应器较为复杂，其放大在缺乏直接商业化操作经验情况下需进行较多的验证和模拟。

3. 灵活性和过程可靠性

近年我国甲醇产能有了很大增长，预计今后还将有一些项目投运。MTG 可望为一些公司提供产品延伸，开拓清洁汽油市场。将煤转化生产汽油的甲醇路线也潜在地随市场条件变化，为生产甲醇或生产汽油提供灵活性。

甲醇制汽油路线的另一优点是甲醇合成工艺和 MTG 工艺通过液体甲醇相联系，液体甲醇可很容易地储存在一个甲醇储罐内，两套装置可单独操作，无需整个装置完全停工。比较而言，费-托合成装置通过合成气与煤气化过程相联系，如果其中一套装置发生问题，要维持操作就很困难。

第二节 煤制烯烃技术

以乙烯和丙烯为代表的烯烃产品是重要的基础化合物，也是衡量一个国家石油化工产业发展水平的重要产品，烯烃工业的发展带动着其他有机化工产品的发展。目前，国内乙烯、丙烯主要以石化路线生产，严重依赖石油。我国原油对外依存度的增加在一定程度上对以石化路线生产乙烯、丙烯产品的发展形成了限制，我国“富煤、贫油、少气”的能源特点决定了国民经济的可持续发展需要调整和优化能源结构，降低对石油进口的依存度，充分发挥煤炭资源优势，大力发展煤化工高新技术产业，以煤化工产品替代石油化工产品。适度合理地发展甲醇制烯烃，实现乙烯和丙烯生产原料多元化，对减轻原油供应压力，发展乙烯、丙烯工业有重大意义。

一、甲醇制烯烃(MTO)技术与应用

甲醇制烯烃的工业化研究已进行了多年，国际上一些著名的石油和化学公司如埃克森美孚公司、巴斯夫公司、环球油品公司、海德鲁公司和鲁奇公司都投入了大量资金进行研究；国内诸多科研机构和企业也在该领域进行大量的开发与研究，如中国科学院大连化物所、清华大学、复旦大学、上海石油化工研究院、惠生工程(中国)有限公司以及江苏煤化工程研究设计院等，也取得了一定的成绩。按照目标产品的不同，甲醇制烯烃可以分为两类：目标产品为乙烯和丙烯的 MTO 过程与目标产品为丙烯的 MTP 过程。

1. 国外技术开发与应用

UOP/诺斯克-海德罗公司开发的甲醇制烯烃(MTO)工艺采用改进型 SAPO-34 或硅铝磷酸盐催化剂，其骨架结构类似于 ZSM-5，但可控制酸中心位置和强度，具有择形能力，可提高乙烯和丙烯的选择性。该工艺已在挪威诺斯克-海德罗公司的验证装置上验证运转，原料进入量为 0.75 t/d，甲醇转化率一直保持 99.8%。流化床反应器前端设分离单元，控制进料的甲醇/水比，典型含水率 20%，以控制烃类分压和优化流化床中烯烃产率。甲醇进料与催化剂接触即发生反应。改变反应操作条件，可根据下游市场需求，按最大量生产乙烯

或最大量生产丙烯模式操作。UOP/诺斯克-海德罗公司的甲醇制烯烃(MTO)工艺在高丙烯工况下,丙烯产率可达45%,乙烯为34%,丁烯为13%,其余为副产品。该工艺采用流化床反应器和再生器设计,使用基于非沸石分子筛、可再生的MTO-100催化剂,乙烷、丙烷、二烯烃和炔烃生成少。MTO工艺生成较多量丁烯和C_{5+}物料,每生成1 t乙烯,约产生0.34 t C_{5+},C_{5+}可用作燃料。表9-2列出UOP/诺斯克-海德罗公司MTO工业示范装置的物料平衡及产率,表9-3列出MTO技术采用不同催化剂时的甲醇转化结果。

表 9-2 UOP/诺斯克-海德罗公司 MTO 工业示范装置的物料平衡及产率

组分	产量/(t/a)	碳基产率/%
乙烯	52.75	48.0
丙烯	36.50	33.0
丁烯	10.50	9.6
C_{5+}	2.63	2.4
H_2,C_1~C_4	3.90	3.5
CO_2	0.53	0.5
焦炭	0.53	3.0
H_2O	142.66	
出料总计	250.0	100.0

表 9-3 MTO 技术采用不同催化剂时的甲醇转化结果

项目		催化剂		
		HZSM-5	SAPO-34	SAPO-34
模板剂			TEA	TEAOH
产物质量组成/%	C_1^0	6.78	2.86	3.14
	$C_2^=$	13.30	40.77	41.29
	C_2^0	1.20	2.19	5.02
	$C_3^=$	20.04	39.42	33.23
	C_3^0	9.10	4.75	5.99
	$C_4^=$	12.20	5.91	8.10
	C_4^0	15.70	4.10	3.23
	$C_2^=$~$C_4^=$	49.40	86.10	82.62
	芳烃	8.30	0	0

UOP/诺斯克-海德罗MTO工艺采用了流化床反应器和再生系统,用于将甲醇转化为烯烃,并采用专有的SAPO-34型催化剂。

先进的MTO工艺是指集成的MTO-OCP过程,可使生产的丙烯、乙烯产品比在1.2~1.8之间,有助于满足对丙烯不断增长的需求,并可达到额外的灵活性。图9-3所示为UOP

先进的 MTO 过程——MTO 过程与烯烃裂化过程(OCP)的组合。图 9-4 所示为道达尔公司在比利时费卢依的 MTO/OCP 验证装置。图 9-5 所示为 UOP 先进的 MTO 工艺的丙烯/乙烯比(P/E)。

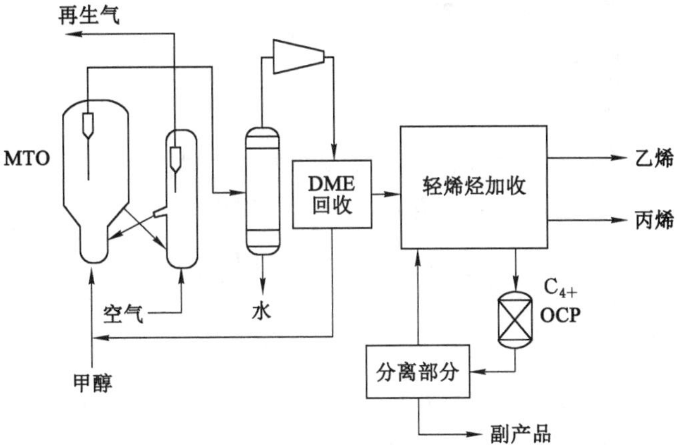

图 9-3　UOP 先进的 MTO 过程——MTO 过程与烯烃裂化过程(OCP)的组合

图 9-4　道达尔公司在比利时费卢依的 MTO/OCP 验证装置

法国道达尔公司表示，甲醇制烯烃(MTO)工艺将在未来石化产品生产中起重要作用。将甲醇制烯烃(MTO)与烯烃裂解(OCP)工艺相集成，使其有可能在很合适的成本下生产轻质烯烃。

在 UOP/诺斯克-海德罗 MTO 工艺中，甲醇中 80% 的碳转化为 50/50 的乙烯/丙烯混合物，放热反应过程在流化床反应器中进行，反应条件为 350～550 ℃和 0.1～0.3 MPa，采用硅铝磷酸盐催化剂。费用分析表明，尼日利亚建设的 MTO 装置可与同规模的石脑油裂解装置相比拟，该 MTO 装置的投资偿还期为 4～5 年。图 9-6 所示为 UOP 和海德罗公司

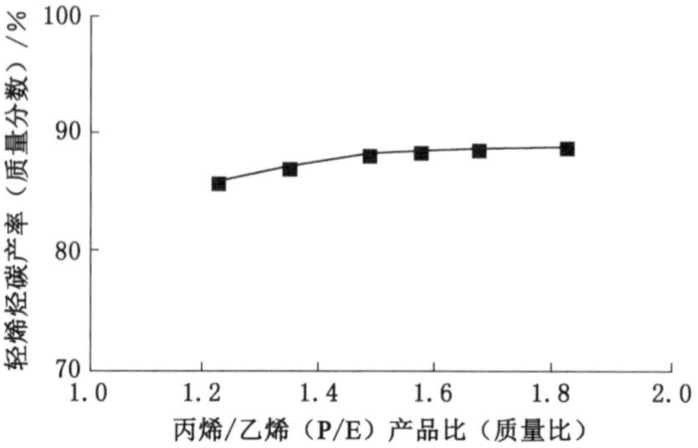

图 9-5 UOP 先进的 MTO 工艺的丙烯/乙烯比(P/E)

的甲醇制烯烃(MTO)工艺过程。

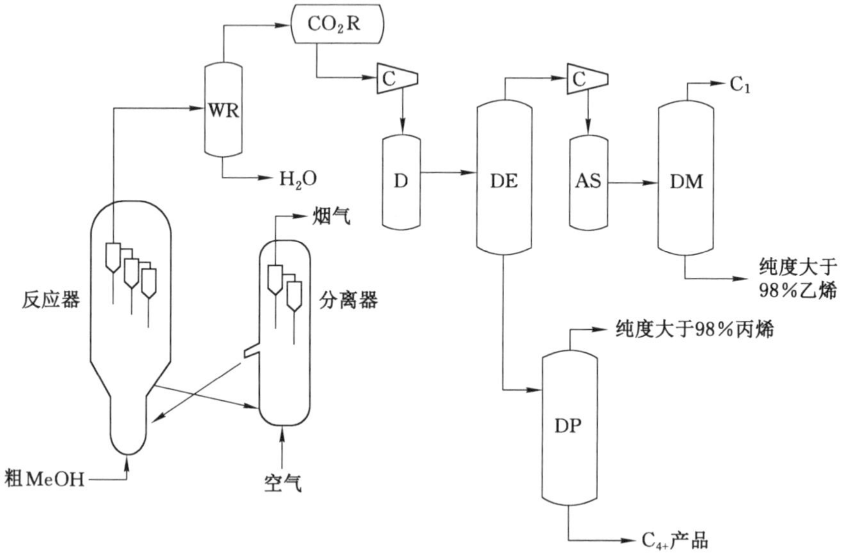

WR—水脱除；DE—脱乙烷塔；CO_2R—CO_2 脱除；AS—乙炔饱和器；

DM—脱甲烷塔；C—压缩机；DP—脱丙烷塔；D—干燥器。

图 9-6 UOP 和海德罗公司的甲醇制烯烃(MTO)工艺过程

埃克森美孚公司也基于催化裂化经验从事甲醇制烯烃(MTO)工艺开发，使 MTO 可望成为乙烷、石脑油或较重质原料蒸汽裂解的替代方案，它可产生较高产率的烯烃——乙烯和丙烯。埃克森美孚化学公司开发出新型磷酸硅铝分子筛甲醇制丙烯催化剂，该催化剂催化活性显著提高，并可改善乙烯和丙烯选择性。在微型反应器中进行的催化剂验证试验表明，在特定工艺条件下，使用磷酸硅铝分子筛(SAPO-34)与ⅢB 族金属氧化物(Y_2O_3)混合进行反应，比单独使用 SAPO-34 延长反应活性时间 10 倍以上。另外，Y_2O_3 还可提高乙烯和丙烯产率，使乙烯/丙烯产率比例从 0.90∶1 降至 0.76∶1。

2. 我国技术开发与应用

(1) 中国科学院大连化物所甲醇制低碳烯烃(DMTO-Ⅱ)技术

随着新型合成材料 SAPO 分子筛的发明，中国科学院大连化物所在世界上首次完成了以小孔 SAPO 分子筛为催化剂的 MTO 试验。20 世纪 90 年代初，他们又对以小孔 SAPO 分子筛为催化剂的流化反应技术进行了重点研究与开发，“八五”期间完成了流化反应工艺的中试放大试验。2004 年，大连化物所与陕西新兴煤化工科技发展有限责任公司、中国石化集团洛阳石油化工工程公司三方合作，建成了世界上第一套万吨级工业性试验装置，开展甲醇制烯烃技术工业性试验。该工艺技术正式命名为 DMTO，2005 年 12 月试验正式投运，2006 年 6 月完成了 50 t 甲醇/d 的工业性试验，2006 年 8 月通过了原中国石油和化学工业协会组织的技术鉴定，世界首套万吨级甲醇制烯烃工业化成套技术获得成功。DMTO 技术的研发和工业化过程得到了国家的高度重视，2010 年，国家发改委将 DMTO 工业性试验列为国家重大产业技术开发项目专项。

中国科学院大连化物所开发的甲醇制取低碳烯烃（DMTO）技术被授予 2011 年度中国石油和化学工业技术发明特等奖，其甲醇或/和二甲醚生产低碳烯烃的方法专利获中国专利金奖。2010 年 5 月 19 日，由大连化物所开发的具有自主知识产权的新一代甲醇制烯烃工业化技术（DMTO-Ⅱ）在陕西省华县通过 72 h 工业化试验技术现场考核，随后在北京通过由中国石油和化学工业联合会组织的成果鉴定。2010 年 8 月，该装置在神华包头全流程一次投料试车成功，并实现满负荷稳定运行，标志着我国煤制烯烃新兴产业取得了里程碑式的进展。2010 年 10 月，陕西煤业化工集团有限责任公司、大连化物所和中石化洛阳石化工程公司就共同开发的新一代甲醇制取低碳烯烃（DMTO-Ⅱ）工业化技术在北京与陕西蒲城清洁能源化工有限公司签约，这是 DMTO-Ⅱ首个工业化示范项目。陕西蒲城清洁能源化工有限公司实施了煤制甲醇年产 180 万 t、甲醇制烯烃年产 70 万 t 及配套项目。神华包头煤化工有限责任公司煤制烯烃项目包括建设规模 30 万 t/a 聚乙烯、30 万 t/a 聚丙烯[含 180 万 t/a 煤制甲醇、60 万 t/a 甲醇制烯烃（MTO）]及其配套设施，于 2006 年 12 月获得国家发改委核准，2011 年进入商业化试运行，2014 年 6 月 16 日竣工验收（见图 9-7）。神华包头煤制烯烃工程是世界首套、全球最大的以煤为原料，通过煤气化制甲醇，甲醇转化制烯烃，烯烃聚合工艺路线生产聚烯烃的大型煤化工项目，从催化剂到工艺路线，一共申请了 60 多项发明专利，构成了完整的自主知识产权。

图 9-7 神华包头煤制烯烃项目（DMTO）

大连化物所与 UOP 公司煤制烯烃技术处于世界领先地位，国内 MTO 工艺实验室阶段及中试阶段的工作已结束，数据比较完善，见表 9-4。国内示范厂的试车阶段也已经结束。甲醇制烯烃（MTO）工艺采用流化床反应器，1 t 烯烃产品的催化剂消耗量约为 1 kg，一个典型的 60 万吨 MTO 装置的催化剂年消耗量为 600 t。

表 9-4 大连化物所与 UOP 公司的中试装置评价结果比较

项目		UOP 公司技术	大连化物所 MTO-100 型
原料		甲醇	二甲醚
中试规模/(t/d)		0.75	相当甲醇 0.08～0.15
分子筛类型		SAPO-34	SAPO-34
反应器类型		流化床	流化床
烯烃选择性（质量分数）/%	乙烯	34～46	50
	乙烯＋丙烯	76～79	＞80
	乙烯＋丙烯＋丁烯	85～90	约 90
单位质量混合烯烃原料消耗		2.659	相当 2.567 甲醇
已经运行的反应-再生次数		＞450 次	约 1 500 次
催化剂价格		高	比较低
催化剂牌号		DO123	MTO-100

2015 年 1 月 9 日，大连化物所甲醇制取低碳烯烃（DMTO）技术荣获国家技术发明一等奖。为实现单套工业装置烯烃产能超过 100 万 t/a，大连化物所通过持续创新，又开发了第三代甲醇制烯烃技术（DMTO-Ⅲ）。2020 年 10 月，大连化物所与宁夏宝丰集团一次性签订了 5 套烯烃产能 100 万 t/a 的 DMTO-Ⅲ工业装置技术许可合同，在宁东和鄂尔多斯建设大型煤制烯烃项目，这标志着 DMTO-Ⅲ技术的工业化推广取得重要突破。2020 年 11 月 9 日，DMTO-Ⅲ技术在北京通过了中国石油和化学工业联合会组织的科技成果鉴定。该工艺在原有工艺基础上进行了深入优化，目前已建成 5 000 t/a 规模的催化剂生产线并成功实现工业化生产。

（2）中国石化上海石油化工研究院甲醇制烯烃技术

中原石化公司 60 万 t 甲醇制烯烃（SMTO）项目，2011 年 10 月 10 日投产，产出合格的乙烯和丙烯。项目总投资 15 亿元，包括新建 60 万 t 天然气甲醇制 20 万 t 烯烃。该项目所用的甲醇制烯烃（SMTP）技术由中国石化上海石油化工研究院、中国石化工程建设公司和北京燕山石化公司联合开发。

2013 年 12 月 26 日，中石化炼化工程（集团）股份有限公司发布公告称，该公司与中天合创能源有限责任公司签署了新型煤化工工程总承包合同，有关项目位于内蒙古鄂尔多斯市。中石化炼化工程于合同下的工作范围包括煤气化装置、净化装置、360 万 t/a 甲醇合成装置、两套 180 万 t/a 甲醇制烯烃装置（SMTO）、20 万 t/a 烯烃催化裂解装置、35 万 t/a 聚丙烯装置（环管）、35 万 t/a 聚丙烯装置（气相）、12 万 t/a 低密度聚乙烯装置（釜式）、25 万 t/a 低密度聚乙烯装置（管式）、30 万 t/a 线型低密度聚乙烯装置（气相）、1 万 t/a 甲基叔丁基醚和 3 万 t/a 丁烯-1 联合装置等主要生产装置，以及配套空分空压装置、烯烃中间罐区等公用工程和辅助生产设施的设计、采购、施工（EPC）总承包工作。中天合创项目采用中石化炼化工程与中国石油化工股份有限公司合作开发的 SMTP 技术，该项目也是中石化炼化工程打造新型煤化工一体化产业链的标志性项目。

2014年7月7日，由中石化上海工程公司联合上海石油化工研究院、扬子石化承担的甲醇制丙烯催化剂扩试及工业侧线试验和年产甲醇180万t SMTP成套技术工艺包开发项目通过中石化科技部组织的审查。项目于2010年1月开始前期工作，2012年12月开车成功。项目开发了年产5 000 t甲醇制丙烯工业侧线成套技术工艺包及侧线装置工程化优化和设计，建成了工业侧线试验装置，完成了工业侧线试验。在工业侧线试验基础上，开发了年产甲醇180万t SMTP成套技术工艺包，该工艺包采用中石化自主研发的高性能MTP及DME催化剂。2017年1月，安徽淮南中安联合煤化一体化项目复工，该项目采用中国石化单喷嘴干粉煤气化炉(SE炉)及SMTO技术，分两期进行，一期工程建设170万t/a煤制甲醇及转化烯烃和衍生产品项目。此外，采用SMTO工艺的还有河南鹤壁60万t/a、贵州织金60万t/a煤制烯烃等项目。

二、甲醇制丙烯(MTP)技术与应用

1. 国外技术开发与应用

鲁奇公司甲醇制丙烯(MTP)工艺是从天然气通过甲醇生产丙烯的低费用方法，该MTP工艺采用稳定的分子筛催化剂和固定床反应器，在0.13～0.16 MPa压力和380～480 ℃下操作，德国南方化学公司提供的催化剂有高的丙烯选择性、低的结焦和低的丙烷产率。鲁奇公司和伊朗石化研究技术公司与伊朗法纳瓦兰(Fanavaran)石化公司签署甲醇生产丙烯(MTP)技术转让协议，丙烯生产能力为10万t/a，于2011年投产。在生产过程中，甲醇首先通过催化剂进行脱水，生成二甲醚、未反应甲醇和蒸汽的平衡混合物。混合物在装有沸石催化剂(德国南方化学公司生产)的固定床反应器中，在420～490 ℃和0.13～0.16 MPa条件下反应生成丙烯，收率约70%，部分未反应的原料进行循环。沸石催化剂生产丙烯的选择性高，而且可以简单就地再生，再生用含氧3%～21%的氮气在接近反应温度和压力的条件下进行。

神华宁煤集团50万t/a煤制聚丙烯(MTP)装置采用德国鲁奇公司MTP技术，是世界首套工业化示范装置，于2011年4月底生产出第一批聚丙烯产品。法国液化空气集团旗下的工程及建设分部于2011年8月26日与神华宁夏煤业集团签约，在中国建设采用鲁奇工艺的甲醇制丙烯(MTP)装置。鲁奇公司是法国液化空气集团的子公司，该项目在宁夏回族自治区宁东建设MTP装置，设计用煤炭生产50万t/a丙烯。2014年8月27日，神华宁煤集团年产50万吨甲醇制烯烃项目全部生产装置经试运行，产出纯度9.8%的合格丙烯及牌号为1102K的合格聚丙烯产品，标志着甲醇制烯烃项目一次性投料试车成功。

日本三菱化学公司和日本日挥公司建设的以甲醇/二甲醚以及副产烯烃为原料生产丙烯的专利技术试验装置，于2010年7月在三菱化学公司位于日本冈山县水岛的工厂内建成。该试验装置以源自液化天然气(LNG)或焦炉煤气的甲醇/二甲醚以及来自石脑油裂解装置或流化催化裂化(FCC)装置的烯烃为原料生产丙烯。

2. 我国技术开发与应用

MTP技术是以煤为原料，经甲醇、二甲醚脱水生产丙烯的工艺路线，是目前替代石油路线生产丙烯最成熟、经济的生产技术。MTP是由甲醇首先转化成二甲醚，然后将二甲醚

直接转化成丙烯的工艺，其副产物是汽油、液化气和少量乙烯等烃类化合物。清华大学和大连化物所均已完成了相关工艺的中试。清华大学和中国化学工程集团公司、安徽淮化集团合作建设的万吨级 MTP 工业试验装置，于 2010 年建成投运。大连化物所和陕西煤业集团、中石化洛阳石油化工工程公司合作开发的流化床 MTP 工业试验工作，也已进入实施阶段。

"十一五"期间，中国化学工程集团公司联合清华大学和安徽淮化集团，在新一代煤(能源)化工产业技术创新战略联盟的平台上，于 2009 年 11 月成功开发流化床甲醇制丙烯工业技术(FMTP)。

2012 年 12 月，采用中石化上海石化研究院自主开发的固定床甲醇制丙烯(MTP)技术建设的 5 000 t/a 工业侧线试验装置在扬子石化投产，为我国非石油路线制烯烃再添工业化技术路径。这是中石化继成功开发煤制烯烃 SMTO 技术并建成中原石化 20 万 t/a 工业化装置后，在非石油路线制烯烃领域的又一突破。这一试验项目的建成投产，彻底打破了 MTP 技术国外垄断的格局，采用国内自有技术建设的 10 万 t/a 甲醇一步法固定床制烃类工业化装置，自 2012 年 3 月成功投产后，不到一年时间为公司创收 3 亿多元。

2014 年 10 月，由中石化石油化工科学研究院、浙江大学、中石化洛阳石油化工工程公司和湖南建长石化股份有限公司联合承担的移动床甲醇制丙烯(MMTP)催化剂和工艺研究项目，通过中国石化总部科技部组织的技术评议，标志着该项技术进入工业应用阶段。MMTP 技术是一种全新的甲醇生产丙烯工艺技术，与国内外流化床和固定床 MTP 相比，该项工艺技术反应温度和反应压力维持恒定，产品分布更优化，收率更稳定，其丙烯收率较固定床技术提高至少 5%，催化剂跑损比流化床工艺技术平均下降 80%以上。

大唐多伦煤化工公司自主生产的甲醇制丙烯(MTP)催化剂是国内第一个进入工业化应用的国产 MTP 催化剂，各项指标优于进口产品。MTP 装置是大唐多伦煤化工公司整套化工装置的核心，这套装置丙烯生产能力大，属于国际上煤制烯烃技术的典型代表。

第三节 煤制乙二醇技术

煤制乙二醇有两条技术路线，即煤经草酸二甲酯加氢制备乙二醇的路线和煤经甲醇制烯烃制备乙二醇的路线，以下的煤制乙二醇指前者，技术路线见图 9-8。

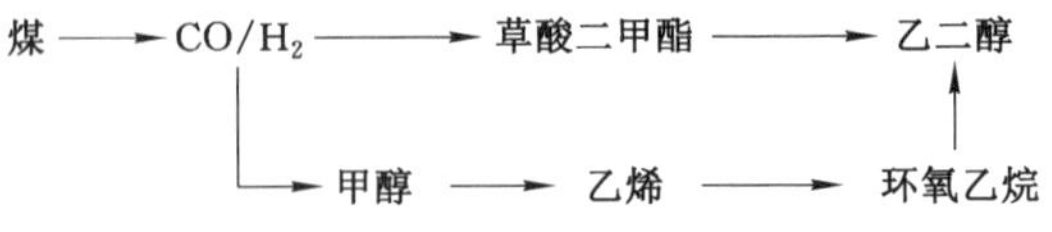

图 9-8 煤制乙二醇工艺技术路线图

目前，我国开发的煤制乙二醇路线是通过 CO 气相偶联合成草酸酯，草酸酯再加氢制取乙二醇，实践表明草酸酯转化率可达 100%，乙二醇选择性高于 95%。

我国在世界上已率先实现了煤制乙二醇(CO 气相催化合成草酸酯和草酸酯催化加氢

合成乙二醇)成套技术的工业化应用。乙二醇生产采用环氧乙烷水合路线,其水的用量超过理论值的 20 倍,而且约有 9%生产二甘醇,1%生产三甘醇和更高分子量的聚乙二醇,从而降低了单乙二醇的选择性。因而,降低用水量已经成为乙二醇新工艺的研究焦点。另外基于乙烯路线经环氧乙烷的乙二醇生产,由于石油资源的短缺和天然气资源相对丰富,开发以合成气为基础的各种新乙二醇生产工艺十分引人关注,更是受到各化工企业的青睐。

一、国外技术开发进展

液相合成草酸酯首先由美国优尼科公司于 1966 年提出,采用 $PdCl_2$-$CuCl_2$ 催化剂,在 125 ℃、7.0MPa 下反应。此方法由于使用含有氯的催化剂,设备腐蚀严重,而且为保持无水状态,需要使用大量脱水剂,致使过程经济性差。此后美国 ARCO 公司和日本宇部兴产株式会社对催化剂体系进行了改进,但仍未能解决设备腐蚀问题。1978 年,宇部兴产和美国 UCC 公司联合开发了草酸二酯的合成新工艺路线,采用 2%Pd/C 催化剂,在反应条件为 90 ℃、9.8 MPa 下,引入亚硝酸酯,使 CO 与丁醇发生偶合,解决了原方法的腐蚀等问题,并建成一套年产 6 000 t 草酸二丁酯的工业装置,但该方法草酸酯生成速率慢,副产物多,且加氢要在 20 MPa 以上进行。宇部兴产开发了气相催化合成草酸酯的工艺,反应压力 0.5 MPa、温度为 80～150 ℃,连续运行 480 h 后,草酸二甲酯平均时空收率为 432 g/(L·h)。此法也使加氢制乙二醇(EG)取得了重要进展,加氢压力降为 3 MPa。

自 20 世纪 80 年代起,宇部兴产着力于煤基合成气制草酸二甲酯和碳酸二甲酯的工艺研究和工程放大装置的研究。万吨级工业化羰基化装置的稳定运行经验至今已三四十年,深厚的技术积累是煤制乙二醇技术广泛应用的基本前提。2009 年,日本高化学株式会社获得了宇部兴产合成气制乙二醇技术的全权代理权,并与中国东华工程科技股份有限公司、浙江联盛化工公司签订了联合开发协议。2010 年 5 月,该联合体共同出资在台州建成了年产 1 500 t 乙二醇的中试装置,并取得了完整的运行数据,其产品符合国家标准 GB/T 4649 乙二醇优等品标准。2013 年 1 月 6 日,位于新疆的首套年产 5 万 t 合成气制乙二醇工业化装置一次开车成功。

宇部法 CTEG 技术工艺流程见图 9-9。

日本高化学公司在宇部兴产的支持下和国内知名化学工程公司合作,进行了草酸二甲酯加氢制乙二醇工业化试验的研究。装置运行稳定,装置实际产能达到设计 100%的负荷,工业化试验加氢催化剂表现出了极高的 EG 选择性和稳定性,始终稳定或超过 95%,工业化试验乙二醇产品品质经国家权威检测机构检测完全达到 GB/T 4649 工业用乙二醇优等品的产品标准,工业化加氢试验研究成果完全重复了当年宇部兴产的技术水平。

羰基化装置的稳定运行和两大催化剂(羰化催化剂和加氢催化剂)是整个 CTEG 工艺技术的核心部分。装置安全稳定运行和催化剂的性能高低将直接影响到整个煤基乙二醇技术的经济性。来自宇部兴产公司配方的羰化催化剂和加氢催化剂性能明显优于同类单位技术水平。两大催化剂的主要性能指标如下:

羰化催化剂:草酸二甲酯选择性 98%～99%。

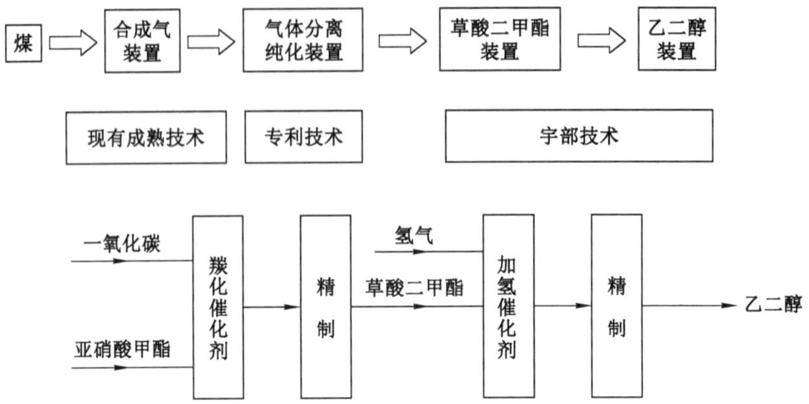

图 9-9 煤制乙二醇技术工艺流程

草酸二甲酯产率：600～800 kg/(m^3·h)。

加氢催化剂：草酸二甲酯转化率≥99.5%。

乙二醇选择性：95%～97%。

乙二醇产率：300～450 kg/(m^3·h)。

二、国内技术开发成果与应用

1. 煤制乙二醇技术路线

直接法：以煤气化制取合成气($CO+H_2$)，再由合成气一步直接合成乙二醇。此技术的关键是催化剂的选择，在相当长的时期内难以实现工业化。

烯烃法：以煤为原料，通过气化、变换、净化后得到合成气，经甲醇合成，甲醇制烯烃(MTO)得到乙烯，再经乙烯环氧化、环氧乙烷水合及产品精制最终得到乙二醇，该过程将煤制烯烃与传统石油路线乙二醇相结合，技术较为成熟。

草酸酯法：以煤为原料，通过气化、变换、净化及分离提纯后分别得到 CO 和 H_2，其中 CO 通过催化偶联合成及精制生产草酸酯，再与 H_2 进行加氢反应并通过精制得到聚酯级乙二醇。该工艺流程短，成本低，是目前国内关注度最高的煤制乙二醇技术。

目前，国内宣布掌握煤制乙二醇技术的集合体主要包括中国科学院福建物质研究所、丹化集团、河南煤业集合体，天津大学、惠生工程、华本能源集合体，华东理工大学、上海浦景、淮化集团集合体，华谊集团、日本高化学代理的宇部兴产、东华工程集合体等。

2. 华东理工大学国家重点实验室

华东理工大学于 2010 年 4 月底表示，自主开发的煤基合成气制乙二醇技术取得重要进展，在成功进行年产 30 t 模拟试验的基础上，组织实施年产 1 000 t 规模中试。2005 年华东理工大学通过产学研合作模式与上海焦化达成合作开发协议。2006 年，通过校方和企业的共同努力，在上海焦化进行了煤基合成气制乙二醇年产 30 t 的工业化模拟试验，并成功产出了乙二醇。模拟试验的结果证明了该技术的可行性，可获得聚酯级的乙二醇产品。但同时也暴露出一些问题，包括加氢催化剂寿命、草酸二甲酯与碳酸二甲酯分离、反应器设计和温控、工艺条件优化等方面的问题。为了形成更成熟、更完善的工艺，在随后的两年时间内进行了理论研究和工艺改进，使该技术具备了再次进行工业化试验的条件。要实现该技术的工业化，要解决几个关键问题，即 3 个工艺、2 种催化剂、2 个分离技术。具体说来，包括确定草酸二甲酯合成、草酸二甲酯加氢的反应器和适宜工艺条件，以及亚硝酸甲酯的反应器和技术；开发醋酸二甲酯合成催化剂及醋酸二甲酯加氢催化剂合成技术，解决催化剂的选择性、环境友好性和长期寿命问题；完善草酸甲酯和乙二醇的分离和精制技术。

华东理工大学煤基合成气制乙二醇技术的特色：一是注意化学工程与化学工艺相结合，在单独研究煤基合成气制乙二醇各关键技术的同时也对全工艺流程进行研究；二是实验研究与数学模型相结合，运用化学工程的理论研究主要反应过程，为工业化设计提供理论基础和设计数据；三是催化剂实验室小试与催化剂工程放大相结合，通过反应过程及机理的透彻研究，为催化剂的开发提供依据，制备出反应性能优良、制备成本较低，且贵金属负载量低的羰化偶联反应催化剂，研究了加氢催化剂失活机理，通过改进，制备出反应性能良好、环境友好型加氢催化剂；四是分离技术的实验与模拟计算相结合，针对醋酸二甲酯生产过程副产碳酸二甲酯的特点，开发出特殊的分离技术，同时实现了醋酸二甲酯的分离和副产物碳酸二甲酯的回收。

3. 中国科学院福建物质结构研究所

中国科学院物质结构研究所从 20 世纪 80 年代开始从事煤制乙二醇的研发工作，获得国家“八五”“十五”科技支撑计划支持。CO 气相在亚硝酸甲酯参与下，偶联、再生、催化循环制草酸二甲酯，草酸二甲酯再加氢生成乙二醇，通过精馏分离来获得纯净乙二醇。

以 CO 为原料，在强氧化剂亚硝酸甲酯参与下，反应温度为 120～140 ℃，常压进行，催化剂为 $Pd/A1_2O_3$，催化剂的时空产率 0.8～1.5 $t/(m^3 \cdot h)$，反应器为固定床反应器。该反应属于气-液反应，反应器为填料塔，反应温度 30～80 ℃，常压，不需要催化剂。第一步生成草酸二甲酯，草酸二甲酯在 Cu 催化剂条件下，进一步加氢生成乙二醇：

$$(COOCH_3)_2 + 4H_2 \longrightarrow (CH_2OH)_2 + 2CH_3OH$$

该工艺第一步制备草酸二甲酯工艺已经非常成熟，Pd 催化剂在活性、寿命方面也表现良好；但是第二步加氢反应却依然存在不足，加氢催化剂为 Cu 催化剂，其寿命、活性、稳定性等方面还有待进一步改进，加氢催化剂寿命能够达到两千小时以上。该工艺催化剂成本过高，在整个产品的成本中，催化剂成本大约占到 10%～15%。在制备草酸酯的过程中，原料气 CO 要求太高，原料气中的 H_2 含量要求非常低，在工艺上有一定难度。

中国科学院福建物质结构研究所联合上海金煤化工新技术有限公司研发出煤制乙二醇新技术。福建物质结构研究所经过近 30 年的不懈努力，攻克了煤制乙二醇核心催化剂关键技术，打通了工艺流程。该工艺采用工业级 CO、NO、氢气、氧气和醇类等作为原料，显著降低了生产成本，这套工艺流程包括氨氧化技术、高浓度 CO 气体脱氧催化剂及脱氧净化技术、NO 氧化酯化技术、高活性草酸酯催化剂加氢合成乙二醇催化剂及其工艺等核心单元，该成果符合循环经济原则，全部采用工业级的 CO、NO、氢气、氧气和醇类为原料，有利于形成规模化产业。2009 年 3 月，万吨级 CO 气相催化合成草酸酯和草酸酯催化加氢合成乙二醇成套技术通过了由中国科学院组织的成果鉴定。

该技术采用室温下 Cu 离子辅助原位还原法合成了一种超低贵金属负载量(约 0.1%)、高性能、长寿命的新型 Pd 纳米催化剂，极大地降低了催化剂成本，节约大量贵金属资源。该研究结果实现了贵金属的高效利用与替代。煤制乙二醇技术不仅可以有效缓解我国乙二醇的供需矛盾，同时可以提升煤炭资源高效清洁转化利用水平，CO 气相氧化偶联制草酸二甲酯反应是煤制乙二醇中实现无机物 C_1 到有机物 C_2 转化的关键步骤。已应用的催化剂中 Pd 的负载量较高，致使催化剂成本大幅增加。因此，贵金属高效利用与替代研究对解决贵金属资源消耗过度具有重要意义。

4. 天津大学

天津大学自 1987 年开始合成气制乙二醇项目的研究工作，在 CO 偶联反应和再生反应以及催化剂工程放大方面做了大量的研究工作，天津大学以 Pt-Fe/$A1_2O_3$ 双金属负载型催化剂催化偶联生成草酸二乙酯，承担了国家“九五”科技攻关计划“CO 偶联制草酸酯模式及催化剂工程放大”与“300 t/a CO 气相催化偶联制草酸酯、草酸中试”，在工业 CO 原料气条件下，完成了 CO 气相催化合成草酸酯模试 1 000 h 稳定性考察、催化剂制备与工程放大研究、原料气杂质对催化剂性能影响、催化剂失活动力学研究及原位表征研究、合成草酸酯过程中相关分离工程研究。该中试装置实现了反应系统的稳态封闭循环运行，并于 2001 年通了天津市科委组织的工艺技术鉴定，达到领先水平。

天津大学进一步开展了利用工业废气资源 CO 气相催化合成草酸酯的中试工作，并在科技部“十一五”科技支撑计划项目的支持下，完成了亚硝酸脂回收循环利用及反应器优化研究、相关物系的分离过程研究、催化剂工程放大与制备技术研究。对 CO 合成草酸酯系统进行了优化与集成，提出万吨级工艺软件包。

在煤制乙二醇技术中，草酸酯加氢制乙二醇催化剂的稳定性被业内普遍认为是最大的难点。天津大学在草酸酯加氢制乙二醇技术开发方面也进行了多年的攻关，并取得了突破性进展，成功地研发出具有独立知识产权的高活性、高选择性与长寿命的草酸酯加氢制乙二醇催化剂，顺利开展了草酸酯加氢制乙二醇 300 mL 模式研究，草酸酯转化率为 100%，乙二醇选择性 94%以上，稳定运行时间已经达到 4 700 h(寿命预期超过 1 年)，并且催化剂活性和选择性无明显降低趋势，表现出优异的稳定性能和工程化前景。在此基础上，天津大学煤制乙二醇团队开发了 1 000 t 草酸酯加氢制乙二醇的工艺软件包。

为了确保天津大学煤制乙二醇技术在未来的竞争中保持旺盛的生命力和竞争力，天津大学研发团队正在进行新一代高效、绿色、长寿命催化剂的研制工作，该工作的成功将会进一步大幅度降低乙二醇成本和提高单套装置的生产能力。

天津大学煤制乙二醇的核心技术主要有：① 拥有完善的煤制乙二醇物性数据库；② 偶联-再生稳态封闭自循环关键技术；③ 亚硝酸酯回收循环利用关键技术；④ 草酸酯合成反应器及其工艺；⑤ 草酸酯加氢反应器及其工艺；⑥ 草酸酯合成催化剂制备关键技术；⑦ 草酸酯加氢催化剂制备关键技术；⑧ 聚酯级乙二醇分离关键技术；⑨ 产业链下游产品合成(草酸、碳酸二苯酯等)关键技术。

参考文献

[1] 贺永德.现代煤化工技术手册[M].3版.北京:化学工业出版社,2020.
[2] 申峻.煤化工工艺学[M].北京:化学工业出版社,2020.
[3] 钱伯章.煤化工技术与应用[M].北京:化学工业出版社,2015.